Computer Network and Project Practice

计算机网络
及
项目实践

主　编　　邓礼全
副主编　　侯红梅

西南财经大学出版社
Southwestern University of Finance & Economics Press

中国·成都

U0173334

图书在版编目(CIP)数据

计算机网络及项目实践/邓礼全主编.—成都:西南财经大学出版社,
2020.8(2021.8 重印)
ISBN 978-7-5504-4418-8

Ⅰ.①计… Ⅱ.①邓… Ⅲ.①计算机网络 Ⅳ.①TP393

中国版本图书馆 CIP 数据核字(2020)第 093088 号

计算机网络及项目实践

JISUANJI WANGLUO JI XIANGMU SHIJIAN

主　编　邓礼全
副主编　侯红梅

策划编辑:李邓超
责任编辑:李特军
封面设计:张姗姗
责任印制:朱曼丽

出版发行	西南财经大学出版社(四川省成都市光华村街 55 号)
网　　址	http://cbs.swufe.edu.cn
电子邮件	bookcj@ swufe.edu.cn
邮政编码	610074
电　　话	028-87353785
照　　排	四川胜翔数码印务设计有限公司
印　　刷	郫县犀浦印刷厂
成品尺寸	185mm×260mm
印　　张	16
字　　数	382 千字
版　　次	2020 年 8 月第 1 版
印　　次	2021 年 8 月第 2 次印刷
印　　数	1001—2000 册
书　　号	ISBN 978-7-5504-4418-8
定　　价	49.80 元

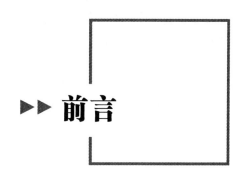

▶▶ 前言

　　计算机网络诞生于20世纪60年代，网络相关技术的迅速发展使得网络应用遍及社会的各个方面，并深入地影响了人们的日常生活和工作。学习计算机网络，掌握计算机网络知识已经成为现代社会人们的普遍需求。

　　计算机技术最重要的特点是发展迅速、更新快、涉及面广，它的每一个领域都有大量理论概念和实用技术，因此，本书充分考虑了对传统知识和新知识的取舍，在书中既反映基础知识的内容，又吸收新的、具有前途的现代技术，使其既适合计算机网络的理论学习，又能为工程技术人员的实际应用提供参考。

　　本书编写具有如下特点：

　　1. 由于计算机网络是一门理论性和实践性都很强的科学，特别适合采用项目制的工程学习方法，因此，为了适应采用CDIO工程教学的需要，全书教学内容分配到了九大项目教学中，以项目引出相关的知识点，这些知识点的组合形成了比较完整的计算机网络体系。

　　2. 组织了数十个项目任务作为实践教学素材。读者分组或独立完成这些项目任务，能够培养其分析问题、解决问题的能力、实际动手的能力和团队合作精神。在现代社会，这些实践能力和团队精神对于高校学生和工程技术人员都是必不可少、十分重要的。

　　3. 增加了网络新技术的介绍，特别是项目实践部分，有助于读者对新技术的理解和掌握，具有一定的前瞻性、新颖性。

　　4. 本书重视实际工作需求，强调技术与工程、技术与管理的结合，针对性强，是从工程师和管理者的角度来介绍计算机网络基础知识的，与其他从学术研究者的角度介绍理论细节的教材有所不同，因此，本书具有较强的实用性。

　　本书是多位作者合作编写的结晶，项目1和项目4由成都银杏酒店管理学院邓礼全完成，项目2、项目3和项目5由四川工商学院侯红梅完成，项目6由电子科技大学成都学院沈洪敏完成，项目7由电子科技大学成都学院卢俊完成，项目8由成都银杏酒店管理学院王赵舜完成，项目9由成都银杏酒店管理学院周旭东完成，全书整理和统稿由邓礼全完成。

在本书编写过程中，编者得到了成都银杏酒店管理学院、四川工商学院和电子科技大学成都学院领导和老师的支持和帮助，在此表示衷心的感谢。

限于编者的水平，书中存在的不足之处，请读者批评指正。为了便于大家学习，本书配备有相关教学大纲和电子课件等教学材料，有需要者可发邮件至邮箱 rldeng@163.com 索取。

编者

2020 年 6 月

►► 目录

142/ 项目 6 网络安全

160/ 项目 7 网络管理

192/ 项目 8 网络系统规划与实施

项目 1

计算机网络概论

项目任务

1. 制作无屏蔽双绞线。
2. 连接光纤。

知识要点

➢计算机网络的定义。

➢计算机网络的结构和功能。

➢计算机网络体系结构。

➢ OSI 参考模型。

➢ TCP/IP 模型。

➢ OSI 参考模型与 TCP/IP 模型的联系与区别。

1.1 计算机网络的定义

1.1.1 通信与计算机

为了计算炮弹的飞行轨迹,世界上第一台电子计算机(ENIAC)于 1946 年在美国宾夕法尼亚大学问世。最初,计算机和通信没有多少联系,当时的计算机以"计算中心"的服务模式工作。1954 年,一种称之为收发器(transceiver)的终端制造出来,人们通过电话线路首次使用这种终端将数据发送到远程计算机。此后,计算机逐步与通信结合,计算中心的服务模式逐渐让位于计算机网络的服务模式。实践表明,计算机网络的产生与发展对人类社会产生了深远的影响。

(1)计算机网络通信

采用计算机网络通信,不仅大大提高了通信线路的利用率,改善了通信质量,而且为实现全数字化、宽频带、多媒体信息的高速传输及计算机、电视和电话的三合一奠定了基础。这种相互连接的计算机信息网络，大大缩短了距离和时间，大大降低了人们对物理位置靠近的需求。计算机网络把整个社会结构紧密结合在一起。特别是在高速宽带网络广泛应用的今天，计算机网络已经完全改变了人们的生活、工作和学习方式。

（2）远程数据库存取

人们通过计算机网络存取远程数据库，实现数据共享。例如，利用 Internet，人们可以在家中预订飞机票、火车票、电影票、客房等，开发电子商务业务，在网上办理银行转账、金融服务等业务，查阅电子图书和报刊，开办网络教育，等等。

（3）远程程序访问

人们通过计算机网络调用远程计算机的应用程序，开展"云"服务。这种调用与应用程序的大小、用何种语言编写及所在地理位置的远近无关。目前，云计算、云杀毒等已成为计算机网络领域的专业名词。

1.1.2　计算机网络定义

虽然我们看到了计算机网络的很多功能，但计算机网络并无一个严格的定义，随着科学技术的发展和人们关注的侧重点的不同，人们对计算机网络的含义有不同的理解。

1970 年，美国联邦信息处理学会（AFIPS）在春季计算机联合会议上，把计算机网络定义为"用通信线路互连起来，能够共享资源（硬件、软件和数据等），并且各自具备独立功能的计算机系统的集合"。这一定义强调了计算机网络是计算机系统的集合，各计算机之间不存在主从关系，计算机互连的目的是实现资源共享。

目前通常采用的计算机网络定义如下：计算机网络是将分散在不同地点且具有独立功能的多个计算机系统，利用通信设备和线路相互连接起来，在网络协议和软件的支持下进行数据通信，实现资源共享的计算机系统的集合。

1.1.3　计算机网络的发展

计算机网络是随着计算机技术和通信技术的发展而发展的，大致分为如下四代：

（1）第一代：面向终端的计算机通信网

面向终端的计算机通信网用一台计算机专门进行数据处理，利用通信处理机通过调制解调器与远程终端相连，如图 1.1 所示。通信处理机完成全部通信任务，包括串行和并行传输的转换，信号在通信线路上是串行传输的，在计算机内部是并行传输的，调制解调器将终端或计算机的数字信号转换成可以在电话线上传输的模拟信号或完成相反的转换。由于前端机可以采用比较便宜的小型计算机，所以在 20 世纪 60 年代初一直被广泛使用。这种联机系统称为面向终端的计算机通信网，是最简单的计算机网络，也称为第一代计算机网。这种网络本质上是以单个主机为中心的星状网，各终端通过通信线路共享主机的软件和硬件资源，所以也称为主机系统。

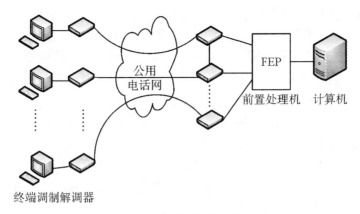

图 1.1　面向终端的计算机通信网

（2）第二代：分组交换网

分组交换（packet switching）也称为包交换，是现代计算机网络的技术基础。它采用交换机实现用户之间的互联。

人们以前采用电路交换（circuit switching）实现线路的转接。在两个要求通话的用户之间建立一条专用的通信线路，用户在通话之前，先申请拨号，当建立起一条从发端到收端的物理通路后，双方才能互相通话。在通话的全部时间里，用户始终占用端到端的固定线路，直到通话结束，挂断电话（释放线路）为止，这种通信系统由于占用线路时间长，与计算机设备兼容性差，可靠性差，因此不适合传送计算机或终端的数据。

因此，人们必须找到适用于计算机通信的交换技术，才能使计算机网络得到发展。1964年8月，巴兰首先提出了分组交换的概念。1969年12月，美国的分组交换网——ARPA网投入运行，从此计算机网络进入了一个崭新的发展阶段，标志着现代通信时代的开始。

图1.2为分组交换网的示意图，图中结点A，B，…，G和连接这些结点的链路AB，BC，……组成了分组交换网，通常称为通信子网，结点上的计算机称为结点交换机。在ARPA网中结点交换机曾被称为接口报文处理机（interface message processor，IMP）。图中 $H_1 \sim H_6$ 都是一些独立的并且可以进行通信的计算机，称为主机；T为终端，是人机对话设备，并通过它与网络进行联系，通信子网以外的这些设备统称为资源子网。

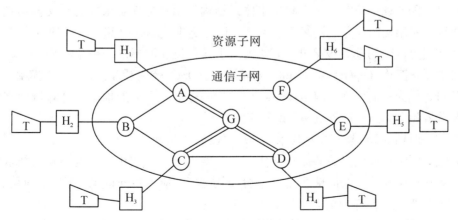

图 1.2　分组交换网

注：H—主计算机；T—终端；A~G—通信处理机

当主机 H_1 向主机 H_4 发送数据时，H_1 首先将数据划分为一系列等长（如 1 000 bit）的分组，同时附上一些有关目的地址等信息，然后将这些分组依次发往与 H_1 相连的结点 A。这时，除链路 H_1A 外，网内其他通信链路并不被目前通信的双方所占用，即使链路 H_1A 也只是当分组正在该链路上传送时才被占用，在各分组传送的空闲时间，仍可用于传送其他主机发送的分组。结点 A 收到分组后，先将收到的分组存入缓冲区，再根据分组携带的地址信息按一定的路由算法，确定该分组发往的目的结点。由此可见，各结点交换机的主要作用是分组的存储、转发及路由选择。

由上述可知，存储转发分组交换技术，实质上采用的策略是断续（或动态）分配传输通道，因此，非常适合传输突发式的计算机数据，极大地提高了通信线路的利用率，降低了用户的使用费用。

分组交换网也存在一些问题。例如，分组在各结点存储转发时，会因为排队带来一定的时延；各分组携带的控制信息会造成额外开销；分组交换网的管理与控制比较复杂。尽管如此，ARPA 网的试验成功，使计算机网络的概念发生了根本性的变化，由以单个主机为中心的面向终端的计算机网络转变为以通信子网为中心的分组交换网，而主机和终端则处于网络的外围，构成用户资源子网。用户不仅可以共享通信子网的资源，还可以共享资源子网的硬件和软件资源。这种以通信子网为中心的计算机网络常称为第二代计算机网络，它的功能比第一代计算机网络扩大了很多，Internet 就是在此基础上形成的。

分组交换网可以专用，也可以公用，一些发达国家已建造了不少公用分组交换网，它们与公用电话网相似，为更多的用户服务。我国公用分组交换网（CNPAC）于 1989年 11 月建成。

（3）第三代：开放式互连

计算机网络是一个非常复杂的系统，需要解决的问题很多。早在 ARPA 网建立之初，学者们就提出了"分层"的方法，即将庞大而复杂的问题分为若干较小的、易于处理的局部问题。1974 年，国际商业机器公司（IBM）按照分层的方法制定了系统网络体系结构（system network architecture，SNA）。现在 SNA 已成为世界上广泛使用的一种网络体系结构。

但是，随着社会的发展，不同网络体系结构的用户迫切要求能互相交换信息。为了使不同体系结构的计算机网络都能互连，国际标准化组织（ISO）于 1977 年成立了专门机构研究这个问题。1978 年，ISO 提出了异种机联网标准的框架结构，这就是著名的开放系统互连（open systems interconnection，OSI）参考模型。OSI 参考模型得到了国际认可，成为其他计算机网络体系结构靠拢的标准，大大地推动了计算机网络的发展。从此开始了第三代计算机网络的新纪元。

在这一时期（20 世纪 70 年代末到 80 年代初），出现了利用人造通信卫星进行中继的国际通信网络；局域网的商品化和实用化；网络互连和实用化；网络互联技术的成熟和完善；网络环境下的信息处理——分布式处理的应用和分布式数据库的应用。

（4）第四代：高速网络

从 20 世纪 80 年代末开始，计算机网络开始进入其发展的第四代，主要标志可归纳如下：网络传输介质的光纤化、信息高速公路的建设、多媒体网络及宽带综合业务数字网络的开发和应用、智能网络的发展，以及比计算机网络更高级的分布式系统、高速以太网、光纤分布式数据接口、快速分组交换技术等。

1.2 计算机网络结构和功能

1.2.1 计算机网络的结构

一般来讲，计算机网络由计算机系统、通信链路（线路及其设备）和网络结点组成。从功能上，计算机网络可以分为资源子网和通信子网两部分。

资源子网主要包括拥有资源的用户主机和请求资源的用户终端、通信子网接口设备和软件等，提供访问网络和处理数据的功能。

通信子网提供网络通信功能，完成主机之间的数据传输、交换、控制等通信任务。通信子网可分为交换和传输两部分：交换部分指结点交换机，结点交换机通常是一台小型计算机，起通信控制与转发作用；传输部分指高速通信线路，负责传输信息。

如果把网络单元定义为结点，两个结点间的连线称为链路，则从拓扑学的观点看，计算机网络就是由一组结点和链路组成的。网络结点和链路的几何图形就是网络拓扑结构或网络结构。网络中的结点有两类：端结点和转接结点。端结点指通信的源和目的结点，也称为访问结点，如用户主机和用户终端；转接结点指在网络通信过程中起控制和转发信息作用的结点，如路由器、交换机、通信处理机、集线器和终端控制器等。

通信子网的拓扑结构有很多种，主要有星状、树状、总线型、环状和网状等，如图1.3所示。

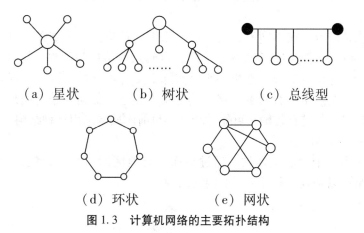

（a）星状　　　（b）树状　　　（c）总线型

（d）环状　　　（e）网状

图1.3　计算机网络的主要拓扑结构

（1）星状

星状结构如图1.3（a）所示，每个从结点均有单独信道与中心主结点相连，中心主结点可与各从结点直接通信，而从结点之间必须经过中心主结点转接才能通信。中心主结点可以是功能很强的计算机，它具有数据处理和存储转发双重功能，也可以为交换机。这种结构简单、建网容易，当一条信道或一个从结点有故障时，不影响其他部分的工作，但当中心主结点有故障时全网停止工作。

星状结构常用于以下三种场合：

①数据传输主要在从结点与中心主结点之间，而从结点间很少交换数据。

②采用专用自动交换机（PABX）或计算机交换分机（CBX）的电话网。

③智能大厦：在智能大厦双绞线布线中，一般在每个楼层设置交换机，连接足够数量的站点设备，再通过大楼交换机将楼层交换机连接起来。

（2）树状

树状结构是星状结构的扩展，分层结构，具有根结点和分支结点星状结构，如图1.3（b）所示。星状网络中只有一个转发结点，而树状网络中除了叶子结点外，根结点和所有中间结点都是转发结点。

星状和树状都属于集中控制的通信网。只要采用合理的连接方案就可使树状结构通信线路的总费用比星状结构的费用低很多，但其结构比星状复杂，数据在传输中要经过多条链路，时延较大，适用于分级管理和控制系统。

（3）总线型

总线型结构采用一条公共总线通过相应的硬件接口连接所有工作站（主机）和其他共享设备（文件服务器、打印机等），结构简单，连接方便，如图1.3（c）所示。由于只有一条信道，所以在一个时刻只能有一个站发送数据，如何解决多站争用总线是总线型网络的关键问题。另外，总线中间不能出现故障，否则整个网络都会瘫痪，因此网络可靠性差，目前总线型已基本被淘汰。

（4）环状

各主机或终端经过环接口连成一个封闭环，图1.3（d）所示。环状结构初始安装比较容易，故障诊断定位较准确，由于环状网络是单向传输，点到点连接的，故非常适用于光纤连接，由于网络中间的故障会导致整个网络中断，所以可靠性较差，为此，人们通常采用双环结构双向传递数据来增强数据的传输安全性，如FDDI网。

（5）网状

网状结构是由分布在不同地点的计算机系统经信道连接而成的，其形状任意，如图1.3（e）所示。当把结点全连接起来时，点到点通信最为理想，但由于连接数是结点数的平方倍，连接数增长非常快，所以实际上是行不通的，因此其通常是不规则形状。其中的每个结点至少有两条链路与其他结点相连，任何一条链路出现故障时，数据报文仍可经过其他链路传输，可靠性较高。目前广域网采用这种结构。

（6）卫星通信网

通信卫星为一个中心交换站，通过地面站与地区网络互相连接，如图1.4所示。图中地区网络可以是以上各种类型的网络结构。

图1.4　卫星通信网络

1.2.2 计算机网络的分类

计算机网络可以从以下角度进行分类：

（1）按网络的交换功能进行分类

网络的设计者常常根据网络使用的数据交换技术，将网络分为电路交换网、报文交换网、分组交换网、帧中继（frame relay）网和 ATM 网。

（2）按网络的拓扑结构分类

计算机网络按拓扑结构可分为星状网、树状网、总线网、环状网、网状网等。

（3）按网络的使用范围分类

按网络的使用范围分类，网络可划分为公用网（public network）和专用网（private network）。公用网一般是国家邮电部门建造的网络，为全社会提供服务；专用网是为某部门特殊业务工作的需要而建设的网络，不对外单位的人员提供服务，如军队、公安等系统的网络均为专用网。

（4）按网络的控制方式进行分类

网络的管理者往往非常关心网络的控制方式。按网络的控制方式分类，网络可以分为集中式网络、分散式网络和分布式网络。

（5）按网络的分布范围分类

①局域网（local area network，LAN）分布在较小的范围，一般范围为几千米，常常在一个工厂、一栋楼内，为一个单位所有。它一般用微型计算机通过高速通信线路（如双绞线、同轴电缆或光纤）相连。

②城域网（metropolitan area network，MAN）的分布范围在局域网和广域网之间，如一个城市或一个大型企业集团，其作用范围为 5~50 km，传输速率在 100 Mb/s 以上。

③广域网（wide area network，WAN）分布范围通常为几十至几千千米，如一个国家或洲际网。广域网有时也称为远程网，采用光纤连接，传输速率在每秒百兆位以上。

不同的广域网、城域网或局域网还可根据需要互相连接形成规模更大的国际网，如因特网。

若把相距不到 1 m 的多个中央处理机连接成一个强大的并行处理系统，则这种系统一般称为多处理机系统，它不是计算机网络。

如果将许多大型计算机放在一个机房内互连形成功能强大、能高速并行处理的计算机系统，则这种系统称为多机系统。多机系统是近距离的多机互连，不存在远程传输中的许多问题，这里要解决的问题是高带宽和灵活多样的连通性，多机之间有很多的关联性，是一种紧耦合系统，而计算机网络中的计算机之间是一种松耦合关联。

网络的分类还有其他方法。例如，按传输介质进行分类，网络可分为同轴电缆网（低速）、双绞线网（低速）、光纤网（高速）、微波及卫星网（高速）；按网络的带宽和传输能力进行分类，网络可分为基带（窄带）低速网和宽带高速网等。

最近几年"内联网（Intranet）"颇为流行。它是集 LAN、WAN 和数据服务为一体的一种网络，采用因特网的相关技术（如 TCP/IP 协议、Web 服务器和浏览器技术等）将计算机连接起来，从而建立起企业的内部网络。内联网有许多优点，如：简单易用，用户培训负担较小；系统建立容易，成本低；标准化程度高，容易集成各类信息系统等。

1.2.3　计算机网络的主要功能

（1）数据传送

这是计算机网络的基本功能，正是这一功能才能实现计算机与终端、计算机与计算机之间传送各种信息的功能，对地理位置分散的单位进行集中管理与控制。

（2）资源共享

资源共享指共享计算机系统的硬件、软件和数据，是计算机网络最有吸引力的功能。例如，配置在网上的数据库可供全网使用，网上的专用软件可供其他人调用，具有特殊功能的计算机或外部设备面向全网用户。因此，计算机网络的引入大大提高了整个系统的数据处理能力，降低了设备使用费用。

（3）提高计算机的可靠性和可用性

可靠性的提高体现在网络中计算机互为备用。一台计算机出现故障时，可将任务交由其他计算机完成，不会出现单机在无后备情况下因机器故障而使全系统瘫痪的现象。可用性指当网络中某台计算机负担过重时，可将新任务转交网络中较空闲的计算机完成，通过计算机网络均衡各台计算机的负担，避免产生忙闲不均的现象，从而提高了每台计算机的可用性。

（4）分布式处理

一般来讲，网络中的用户可根据具体情况合理地选择网络中的资源，就近快速处理。但对较大型的综合性问题而言，当一台机器不能完成处理任务时，可按一定的算法将任务交给不同计算机分工协作完成，达到均衡地使用网络资源进行分布处理的目的。所以利用网络技术，能够将多台计算机连接成具有高性能的计算机系统，使用这种系统解决大型复杂的问题，其费用比采用高性能的大中型计算机低得多。

可见，计算机网络大大扩展了计算机系统的功能，扩大了应用范围，提高了可靠性，使用户应用更方便、更灵活，降低了系统费用，提高了系统的性能价格比。计算机网络不仅传输计算机数据，也可以实现数据、语音、图像、图片的综合传输，构成综合服务数字网络，为社会提供更广泛的应用服务。

1.3　计算机网络体系结构

1.3.1　计算机网络体系结构的概念

近几十年来，计算机网络发展相当迅速。但计算机网络的实现要解决很多复杂的技术问题：支持多种通信介质，如双绞线、同轴电缆、光纤、微波、红外线等；支持多厂商、异构互连，包括软件的通信约定及硬件接口的规范；支持多种业务，如批处理、交互分时、数据库等；支持高级人机接口，满足人们对多媒体日益增长的需求。为了能够使处于不同地理位置且功能相对独立的计算机之间实现资源共享，计算机网络系统需要涉及和解决许多复杂的问题，包括信号传输、差错控制、寻址、数据交换和提供用户接口等一系列问题。

计算机网络体系结构是为简化这些问题的研究、设计与实现而抽象出来的一种结构模型。结构模型有多种，如平面模型、层次模型和网状模型等，对于复杂的计算机网络系统，一般采用层次模型。在层次模型中，往往将系统所要实现的复杂功能划分为若干个相对简单的细小功能，每一项分功能以相对独立的方式实现。正如结构化程序设计中对复杂问题的模块化分层处理一样，在处理计算机网络这种复杂系统时所采用的方法就是把复杂的大系统分层处理，每层完成特定功能，各层协调起来实现整个网络系统的功能。计算机网络体系结构就是介绍计算机网络中普遍采用的层次化网络研究方法。这样有助于将复杂的问题简化为若干个相对简单的问题，从而达到分而治之、各个击破的目的。

网络体系结构是为了完成计算机间的协同工作而制定的，把计算机间互连的功能划分成具有明确定义的层次，规定了同层次进程通信的协议及相邻层之间的接口服务，网络体系结构是网络各层及其协议的集合，所研究的是层次结构及其通信规则的约定。

为了便于理解，这里以邮政通信系统为例（如图 1.5 所示），以此引出计算机网络通信和网络体系结构的概念，这一概念对计算机网络中电子邮件的发送和接收有着重要的参考意义。

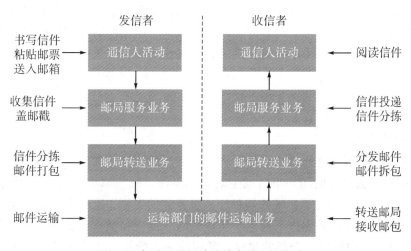

图 1.5　邮政通信系统信件发送、接收过程

1.3.2　计算机网络体系结构的组成

网络体系结构就是以完成不同计算机之间的通信合作为目标，把需要连接的每个计算机相互连接的功用分成明确的层次，在结构中规定了同层次进程通信的协议及相邻层之间的接口及服务。实际上，网络体系结构就是用分层研究方法定义的计算机网络各层的功能、各层协议及接口的集合。

（1）通信协议

在网络系统中，为了满足数据通信的双方准确无误地进行通信，就需要我们根据在通信过程中产生的各种问题，制定一系列的通信双方必须遵守的规定，这就是通信协议。从通信协议的表现形式来看，它规定了交互双方用于通信的一系列语言法则和语言意义，这些相关的协议能够规范各个功能部件在通信过程中的正确操作。

协议通常分为对等层间对话协议和相邻层间的接口协议。网络协议主要由以下三个要素组成。

①语法：规定如何进行通信，即对通信双方采用的数据格式、编码等进行定义。

②语义：规定用于协调双方动作的信息及其含义，它是发出的命令请求、完成的动作和返回的响应组成的集合，即对发出的请求、执行的动作及对方的应答做出解释。

③时序：规定事件实现顺序的详细说明，即确定通信状态的变化和过程，如通信双方的应答关系、采用同步传输还是异步传输等。

（2）实体

每层的具体功能是由该层的实体完成的。所谓实体指在某一层中具有数据收发能力的活动单元（元素），一般就是该层的软件进程或者实现该层协议的硬件单元。在不同系统上同一层的实体互称为对等实体。

（3）接口

上下层之间交换信息通过接口来实现。一般使上下层之间传输信息量尽可能少，这样可使两层之间保持其功能的相对独立性。

（4）服务

服务就是网络中各层向其相邻上层提供的一组功能集合，是相邻两层之间的界面。因为在网络的各个分层机构中的单方面依靠关系，所以在网络中相邻层之间的相关界面也是单向性的：下层作为服务的提供者，上层作为服务的接受者。上层实体必须通过下次的相关服务访问点（service access point，SAP），才能够获得下层的服务。SAP作为上层与下层进行访问的服务场所，每一个 SAP 都会有自己的一个标识，并且每个层间接口可以有多个 SAP。

（5）服务原语

网络中的各种服务是通过相应的语言进行描述的，这些服务原语可以帮助用户访问相应的服务，也可以向用户报告发生的相应事件。服务原语可以带有不同的参数，这些参数可以指明需要与哪台服务器相连、服务器的类别、准备在这次连接上使用的数据长度。假如被呼叫的用户不同意呼叫用户建立的连接数据的大小，则它会在一个"连接响应"原语中提出一个新的建议，呼叫的一方能够从"连接确认"的原语中得知情况。这样的整个过程细节就是协议内容的一部分。

（6）数据单元

在网络中信息传送的单位称为数据单元。数据单元可分为协议数据单元（protocol data unit，PDU）、接口数据单元（interface data unit，IDU）和服务数据单元（service data unit，SDU）。

①协议数据单元：不同系统某层对等实体为实现该层协议所交换的信息单位。其中，协议控制信息是为实现协议而在传送的数据的首部或尾部加上的控制信息，如地址、差错控制信息、序号信息等；用户数据为实体提供服务而为上层传送的信息。考虑到协议的要求，如时延、效率等因素，对协议数据单元的大小一般都有所限制。

②服务数据单元：上层服务用户要求服务提供者传递的逻辑数据单元。考虑到协议数据单元对长度的限制，协议数据单元中的用户数据部分可能会对服务数据单元进行分段或合并。

③接口数据单元：在同一系统的相邻两层实体的一次交互中，经过层间接口的信

息单元。其中，接口控制信息是协议在通过层间接口时，需要加上的一些控制信息，如通过多少字节或要求的服务质量等，它只对协议数据单元通过接口时有作用，进入下层后丢弃；接口数据为通过接口传送的信息内容。

（7）网络体系结构的分层原理

当今社会上存在着各个年代、各个厂家、各种类型的计算机系统，如果要将这些不同的系统进行连接就必须遵守某种互连标准规则。为了减少协议设计的复杂性，大多数网络都是按照层的方式来组织的。在网络的各个不同分层结构中，每一层都要服务于它的上层，并且说明服务对象的相应接口，上层只利用下层所提供的服务和相关的功能，而不用知道下面的层次为了此次服务到底采用了什么样的方法和相关的协议，下层也仅仅知道上面一个层次传送了什么参数，这就是层次间的无关性。处在各个不同的系统中的相同层次之间的实体之间没有直接相互通信的能力，它们的通信必须经过相邻近的下层和更加下层的各种通信来完成。分层结构的优点如下。

①独立性强。各个层次之间有具体的分工，被分层的具有相对独立功能的每一层只要知道下面的层次能够为自己提供的服务是什么和自己能够向上面一个层次提供什么服务即可，不用知道下面的层次为自己提供的服务需要什么方式。

②适应性强。层与层之间是相互独立的，一层内部发生的变化并不影响与它相连接的其他各层。

③易于实现和维护。整个大的系统进行分层后，一个复杂的系统被分解成很多个功能单一、范围较小的子系统，每一个层次仅仅实现了与自己相关的功能，不仅使复杂的系统变得清晰明了，也使网络系统中各个环节的实现和调试变得简单和容易。

1.4 OSI 参考模型

1.4.1 OSI 参考模型的概念

在 OSI 参考模型出现之前，计算机网络中存在众多体系结构，其中以 IBM 的 SNA和 DEC 的数字网络体系结构最为著名。

为了解决不同体系结构的网络的互联问题，ISO 于 1981 年制定了 OSI 参考模型，如图 1.6 所示。

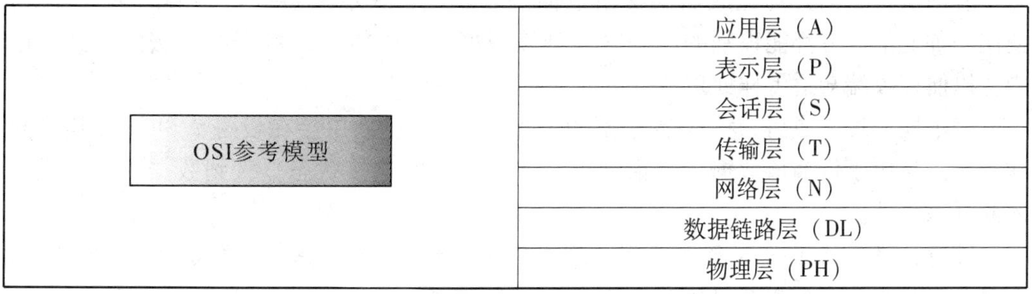

OSI参考模型	应用层（A）
	表示层（P）
	会话层（S）
	传输层（T）
	网络层（N）
	数据链路层（DL）
	物理层（PH）

图 1.6 OSI 参考模型的分层结构

OSI 参考模型为连接分布式应用处理的"开放"系统提供了基础。"开放"这个词表示能使任何两个遵守参考模型和有关标准的系统具备互联的能力。

OSI 参考模型以综合开发通信协议体系为目的，从系统转移数据直至对各系统中的文件、数据库、程序资源的访问调用及各种通信功能都作为它的标准化对象。凡遵守 OSI 标准的系统可以互连，彼此能开放式地进行通信，并且确保在导入新的通信业务时能够很容易地追加新的功能。

1.4.2 OSI 参考模型中数据的传输过程

OSI 参考模型中数据的传输过程如图 1.7 所示，设备 A 向设备 B 发送数据，该数据是一个应用层程序产生的，如 IE 或者电子邮件的客户端等。这些程序在应用层需要有不同的接口，IE 是使用 HTTP 浏览网页的浏览器，HTTP 应用层为浏览网页的软件留下了网络接口；电子邮件客户端使用 SMTP 和 POP3 来收发电子邮件，SMTP 和 POP3 是应用层为电子邮件软件留下的接口。假设设备 A 向设备 B 发送了一封电子邮件，设备 A 会使用 SMTP 来处理该数据，即在数据前加上 SMTP 的标记，以便使设备 B 在收到电子邮件后知道使用什么软件来处理该数据。

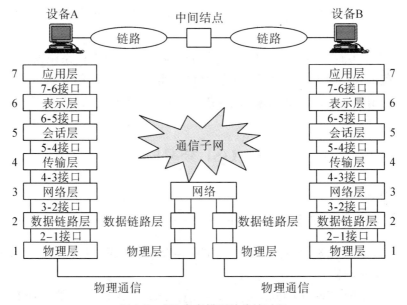

图 1.7 OSI 参考模型的传输过程

应用层将数据处理完成后会交给下面的表示层，表示层会进行必要的格式转换，使用一种通信双方都能识别的编码来处理该数据，同时将处理数据的方法添加到数据中，以便接收端知道怎样处理数据。

表示层处理完成后，将数据交给下面的会话层，会话层会在设备 A 和设备 B 之间建立一条只用于传输该数据的会话通道，并监视它的连接状态，直到数据同步完成后才断开该会话。

注意：设备 A 和设备 B 之间可以同时有多条会话通道，但每一条都和其他的不同，会话层的作用就是区别不同的会话通道。

会话通道建立后，为了保证数据传输中的可靠性，需要在数据传输的构成中对数据进行必要的处理，如分段、编号、差错校验、确认、重传等。这些方法的实现必须依赖通信双方的控制，传输层的作用就是在通信双方利用通道传输控制信息，完成数据的可靠传输。

网络层是实际传输数据的层次，在网络层中必须将传输层中处理完成的数据再次封装，添加上自己的地址信息和接收端的地址信息，并且要在网络中找到一条由自己到接收端的最佳路径，然后按照最佳路径发送到网络中。

数据链路层将网络层的数据再次封装，该层会添加能唯一标识每台设备的地址（MAC 地址）信息，使这个数据在相邻的两个设备之间一段一段地传输，最终到达目的地。

物理层是将数据链路层的数据转换成电信号传输的物理线路。设备 A 通过物理线路传递数据到设备 B 后，设备 B 会将电信号转换成数据链路层的数据，数据链路层再去掉本层的 MAC 地址信息和发送端添加的内容上交给网络层，网络层同样去掉发送端网络层添加的内容并上交给自己的上层，最终数据到达设备 B 的应用层，应用层看到数据使用了 SMTP 封装，就会应用电子邮件的软件来处理。

两个 OSI 参考模型之间的通信看似是水平的，但实际上数据的流动过程是由最高层垂直地向下交给相邻下层的过程，只有最下面的物理层进行了实际的通信，而其他层次只是一种相同层次使用相同协议的虚通信。其数据的传输过程如图 1.8 所示。

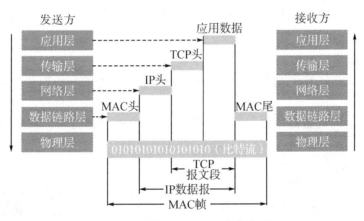

图 1.8　OSI 参考模型数据的传输过程

1.4.3　OSI 参考模型的实现机制

（1）物理层

物理层是 OSI 参考模型的最底层。该层通过物理介质（如网络电缆）传输无结构的原始位流。物理层完全面向硬件，它负责通信计算机间物理链路的建立和维护过程中各方面的工作。物理层还负责运载由其上各层产生的数据信号。

①物理层的四个特性

机械特性：主要规定 DTE/DCE 接口连接器的形状和尺寸，引脚数和引脚的安排。

电气特性：主要规定每种电信号的电平，信号脉冲宽度，允许的数据传输速率和最大传输距离。

功能特性：规定接口电路引脚的功能和作用。

规程特性：规定接口电路信号发出的时序、应答关系和操作过程。

②物理层的功能

物理连接的建立和拆除：对于面向连接的服务而言，传输数据时建立连接，数据传输完毕释放连接。

物理服务数据单元传输：采用同步或异步方式传输数据单元。

物理层管理：功能激活或差错控制。

③物理层接口 RS-232

RS-232 是美国电子工业协会（EIA）依照 CCITT 的相关标准加以实现的一个物理层异步通信接口标准，用于在模拟信道环境下传输数据信号。其特性如下。

机械特性：RS-232 规定了一个 25 引脚针状的连接器（DB25 接口），用来连接 DTE 和 DCE。

功能特性：规定了 25 个引脚中各个信号的含义。

电气特性：采用负逻辑，用低于-3V 的电压表示二进制 1，用高于 3V 的电压表示二进制 0。最大速率 19.2 kb/s，电缆长度 15 m。

规程特性：由一组标准信号线与之对应，描述了接口事件发生的顺序。

（2）数据链路层

数据链路层将数据帧从网络层发送到物理层。它控制进出网络电缆的电脉冲。它在接收端将来自物理层的位流转换为数据帧（一种可存放数据的逻辑组织结构）。数据的电子表示法（位模型、编码方法和令牌）只能在这一层识别。

①数据链路层的分类

面向字符型的数据链路层：主要特点是利用已定义好的一组控制字符完成数据链路控制功能。

面向比特型的数据链路层：其规程传送信息的单位称为帧。帧分为控制帧和信息帧。

②数据链路层的功能

比特流被组织成数据链路协议数据单元（帧）进行传输，实现二进制的正确传输。将不可靠的物理链路改造成对网络层来说无差错的数据链路。数据链路层还要协调收发双方的数据传输速率，即进行流量控制，以防止接收方因来不及处理发送方发送的高速数据而导致缓冲器溢出及线路阻塞。

（3）网络层

数据以网络协议数据单元（分组）为单位进行传输。该层主要解决如何使数据分组跨越各个子网从源地址传送到目的地址的问题，这就需要在通信子网中进行路由选择。另外，为避免通信子网中出现过多的分组而造成网络阻塞，需要对流入的分组数量进行控制。当分组要跨越多个通信子网才能到达目的地址时，还要解决网络互连问题。

（4）传输层

传输层的主要任务是完成同处于资源子网中的源主机和目的主机之间的连接和数据传输。其具体功能如下：

①为高层数据传输建立、维护和拆除传输连接，实现透明的端到端数据传送。

②提供端到端的错误恢复和流量控制。

③信息分段与合并,将高层传递的大段数据分段形成传输层报文。

④考虑复用多条网络连接,提高数据传输的吞吐量。

传输层主要关心的问题是建立、维护和中断虚电路,传输差错校验和恢复及信息流量控制等。它提供"面向连接"(虚电路)和"无连接"(数据报)两种服务。

(5)会话层

会话层的主要任务是实现会话进程间的通信管理和同步,允许不同机器上的用户建立会话关系,允许进行类似传输层的普通数据的传输。会话层的具体功能如下:

①提供进程间会话连接的建立、维持和中止服务,可以提供单向会话或双向同时会话。

②在数据流中插入适当的同步点,当发生差错时,可以从同步点重新进行会话,而不需要重新发送全部数据。

(6)表示层

表示层的主要任务是完成语法格式转换,在计算机所处理的数据格式与网络传输所需要的数据格式之间进行转换。表示层的具体功能如下:

①语法变换。表示层接收到应用层传递过来的以某种语法形式表示的数据之后,将其转变为适合在网络实体之间传送的以公共语法表示的数据。具体包括数据格式转换,字符集转换,图形、文字、声音的表示,数据压缩与恢复,数据加密与解密,协议转换等。

②选择并与接收方确认采用的公共语法类型。

③表示层对等实体之间连接的建立、数据传输和连接的释放。

(7)应用层

应用层是 OSI 参考模型的最高层,是计算机网络与用户之间的界面,由若干个应用进程(或程序)组成,包括电子邮件、目录服务、文件传输等应用程序。

应用层的常用服务如下:

①目录服务:记录网络对象的各种信息,提供网络服务对象名称到网络地址之间的转换和查询服务。

②电子邮件:提供不同用户间的信件传递服务,自动为用户建立电子邮箱来管理信件。

③文件传输:包括文件传送、文件存取访问和文件管理功能。

④作业传送和操作:将作业从一个开放系统传送到另一个开放系统、对作业所需的输入数据进行定义、将作业的结果输出到任意系统、对作业进行监控等。

⑤虚拟终端:是将各种类型的实际终端的功能一般化、标准化后得到的终端类型。

1.5 TCP/IP 体系结构

本节将围绕传统体系结构简单介绍 TCP/IP 体系结构,并将简单涉及 TCP/IP 体系结构中的重要层次和协议。

1.5.1　TCP/IP

不同的厂家生产了各种型号的计算机，它们运行于完全不同的操作系统，但 TCP/IP 协议族允许它们进行互相通信。TCP/IP 起源于 20 世纪 60 年代末美国政府资助的一个分组交换网络研究项目，到 20 世纪 90 年代已发展成为计算机之间最常应用的组网形式。它是一个真正的开放系统，因为协议族的实现可以不花费或花费很少的钱即可公开地得到，它成为互联网或 Internet 的基础。

互联网把遍布世界各地的计算机连接起来，TCP/IP 协议已经成为工业上实际的标准。

1.5.2　TCP/IP 的特点

（1）开放的协议标准：免费使用，可用于各种平台，具有平台无关性。
（2）独立于特定的网络硬件：可运行在局域网、广域网等各种网络环境。
（3）统一的网络地址分配方案：使得整个 TCP/IP 设备在网络中具有唯一的 IP 地址。
（4）标准化的高层协议：可以提供多种可靠的用户服务。

1.5.3　TCP/IP 的层次模型

TCP/IP 模型分为四层，由下而上分别为网络接口层、网络层、传输层、应用层，如图 1.9 所示。TCP/IP 模型是 OSI 参考模型之前的产物，所以两者间不存在严格的层对应关系。TCP/IP 模型并不存在与 OSI 参考模型中的物理层与数据链路层相对应的部分，相反，由于 TCP/IP 模型的主要目标是异构网络的互联，所以 OSI 参考模型中的物理层与数据链路层相对应的部分没有做任何限定。

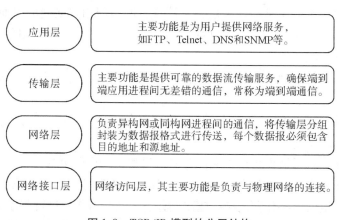

图 1.9　TCP/IP 模型的分层结构

1.5.4　TCP/IP 模型的传输过程

TCP/IP 是一组不同层次上的多个协议的组合。TCP/IP 通常被认为是一个四层协议系统，每一层负责不同的功能。TCP/IP 采用对等层通信的模式，封装和解除封装也在各层进行。发送方在发送数据时，应用程序将要发送的数据加上应用层头部交给传输层，TCP 或 UDP 再将数据分成大小一定的数据段，然后加上本层的报文头。其数据传输过程如图 1.10 所示。

在 TCP/IP 模型中，网络接口层是 TCP/IP 模型的最底层，负责接收从网络层发送来的 IP 数据报并将 IP 数据报通过底层物理网络发送出去，或者从底层物理网络上接收物理帧，抽出 IP 数据报，交给网络层。网络接口层使采用不同技术和网络硬件的网络之间能够互连，它包括属于操作系统的设备驱动器和计算机网络接口卡，以处理具体的硬件物理接口。网络层负责独立地将分组从源主机送往目的主机，涉及为分组提供最佳路径的选择和交换功能，并使这一过程与它们所经过的路径和网络无关。这好比邮寄信件时，发信人并不需要知道它是如何到达目的地的，而只关心它是否到达了。TCP/IP 模型的网络层在功能上非常类似于 OSI 参考模型中的网络层。传输层的作用与 OSI 参考模型中传输层的作用类似，即在源结点和目的结点两个对等实体间提供可靠的端到端的数据通信。为保证数据传输的可靠性，传输层协议也提供了确认、差错控制和流量控制等机制。另外，由于在一般计算机中，常常是多个应用程序同时访问网络，所以传输层还要提供不同应用程序的标识。应用层涉及为用户提供网络应用，并为这些应用提供网络支撑服务。由于 TCP/IP 模型将所有与应用相关的内容都归为一层，所以应用层要处理高层协议、数据表达和会话控制等任务。

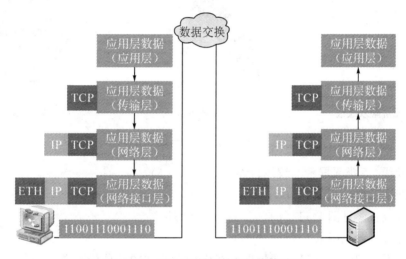

图 1.10　TCP/IP 模型的数据传输过程

1.5.5　TCP/IP 模型与 OSI 参考模型的比较

OSI 参考模型和 TCP/IP 模型有许多相似之处。具体表现如下：两者均采用了层次结构并存在可比的传输层和网络层；两者都有应用层（虽然所提供的服务有所不同）；均是一种基于协议数据单元的包交换网络，而且分别作为概念上的模型和实际上的标准，具有同等的重要性。但是 OSI 参考模型和 TCP/IP 模型还有许多不同之处。下面讨论这两种模型的不同之处。

①OSI 参考模型包括了 7 层，而 TCP/IP 模型只有 4 层。虽然它们具有功能相当的网络层、传输层和应用层，但其他层并不相同。

②TCP/IP 模型中没有专门的表示层和会话层，它将与这两层相关的表达、编码和会话控制等功能包含到了应用层中。另外，TCP/IP 模型还将 OSI 参考模型的数据链路层和物理层包括到了网络接口层中。

③OSI 模型在网络层支持无连接和面向连接两种服务，而在传输层仅支持面向连接的服务；TCP/IP 模型在网络层只支持无连接服务，但在传输层支持面向连接和无连接两种服务。TCP/IP 模型由于有较少的层次，因而显得更简单，并且作为从 Internet 上发展起来的协议，已经成了网络互连的实际上的标准。但是，目前还没有实际网络是建立在 OSI 参考模型基础上的，OSI 参考模型仅仅作为理论的模型被广泛使用。

项目实践

1. 分组制作无屏蔽双绞线，提交实践报告。

每 3~4 人一组，利用 5 类双绞线、水晶头、剥线钳和网络测线仪制作一根两头都是 568A 可连接电脑与交换机的双绞线，再制作一根一头是 568A、另一头是 568B 可连接电脑与电脑的双绞线，并用网络测线仪测试，看灯亮顺序确定是否合格。

（1）所用工具（如图 1.11 所示）

 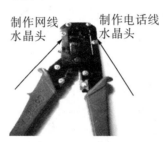 

（a）无屏蔽双绞线　　　　　（b）剥线钳　　　　　　（c）网络测线仪

图 1.11　所用工具

·双绞线：5 类无屏蔽双绞线，参见图 1.11（a）。

·剥线钳：参见图 1.11（b）。

·测线仪：参见图 1.11（c）。

·水晶头：参见图 1.13。

无屏蔽 5 类双绞线 UTP 是局域网布线中最常用到的一种传输介质，尤其在星状拓扑网络中，双绞线是必不可少的布线材料。双绞线电缆中封装着一对或一对以上的双绞线，为了降低信号的相互干扰，每一对双绞线一般由两根绝缘铜导线互相缠绕而成，每根绝缘铜导线的绝缘层上分别涂有不同的颜色，以示区别，如图 1.11（a）所示。

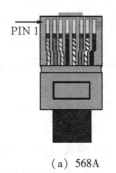 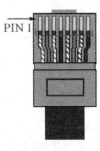

（a）568A　　　　　　　（b）568B

图 1.12　EIA/TIA 568A 和 EIA/TIA568B

（2）双绞线连接规范：参见图1.12（a）和图1.12（b）。

EIA/TIA 568A 标准：1——T3 白绿，2——R3 绿，3——T2 白橙，4——R1 蓝，

5——T1 白蓝，6——R2 橙，7——T4 白棕，8——R4 棕。

EIA/TIA 568B 标准：1——T2 白橙，2——R2 橙，3——T3 白绿，4——R1 蓝，

5——T1 白蓝，6——R3 绿，7——T4 白棕，8——R4 棕。

双绞线一般分为非屏蔽双绞线和屏蔽双绞线两大类，每条双绞线通过两端安装的 RJ-45 连接器即水晶头与网卡、交换机相连，最大网线长度为 100 m，如果加大网络的范围，则可在两段双绞线电缆间安装中继器（一般用交换机联接实现），但最多只能安装 4 个中继器，使网络的最大范围达到 500 m。

在局域网中，双绞线主要用于连接网卡与交换机或交换机与交换机，有时也可直接用于两个网卡之间的连接。

（3）交换机与计算机的连接线

连接线要求两端使用同一标准的 RJ-45 连接器，即两端都使用 EIA/TIA 568A 或 EIA/TIA 568B 标准。

（4）两台计算机直连线

需用网线一端用 EIA/TIA 568A 标准连接，另一端使用 EIA/TIA 568B 标准连接。

（5）交换机与交换机之间的连接

①一般交换机上都有一个 Uplink 端口，其主要作用是方便级联。它与其相邻的普通 UTP 口使用的是同一通道，因而，如果使用了 Uplink 端口，则这个普通端口就不能再使用了。在级联时，可使用一般的网线（两端是相同标准的 RJ-45 连接器）将一个交换机的普通端口和另一个交换机的 Uplink 端口连接起来。

②如不使用 Uplink 端口，而通过两个普通端口将交换机连起来，网线需要一端使用 EIA/TIA 568A 标准，另一端使用 EIA/TIA 568B 标准。

③对于可堆叠的交换机，也可通过后面的堆叠口将交换机堆叠起来。

注意：一般只有同一型号的交换机才能堆叠。

2. 连接光纤

每 2 人一组，将二根断开的光纤通过光纤熔接机连接起来。

（1）材料与工具

如图 1.13 的光纤是计算机网络连接的主要材料，特别是 5G 时代的来临，使得计算机网络需要更多的光纤连接，目前，中国电信和中国移动已经实现了光纤入户，满足居民对数据、语音和视频传输的需要。

熔接机是光纤连接的主要设备，如图 1.14 所示。光纤熔接机的工作原理是利用高压电弧将两光纤断面熔化的同时用高精度运动机构平缓推进，让两根光纤融合成一根，以实现光纤模场的耦合。

图1.13　网络光纤

图1.14　光纤熔接机

（2）熔接过程（见图1.15）。

（a）制备光纤端面

（b）放置光纤

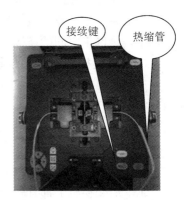

（c）接续光纤

图1.15　熔接过程

①制备光纤端面

用专用的剥线工具剥去涂覆层，再用沾了酒精的清洁麻布或棉花在裸纤上擦拭几次，使用精密光纤切割刀切割光纤，对0.25 mm（外涂层）光纤，切割长度为8 mm～16 mm，对0.9 mm（外涂层）光纤，切割长度只能是16 mm。

其中一端应穿过热缩管。

实验时建议长度：14 mm

②放置光纤

将光纤放在熔接机的V型槽中，小心压上光纤压板和光纤夹具，要根据光纤切割长度设置光纤在压板中的位置，并正确地放入防风罩中。

以左光纤为例，V型槽从左至右有一变小节点，建议从左至右推进，推不动时即可压上压板。

按照从右至左的方向，放置右光纤并压上压板。

③接续光纤

盖上防风罩，按下接续键后，光纤相向移动，在移动过程中，产生一个短的放电清洁光纤表面，当光纤端面之间的间隙合适后熔接机停止相向移动，设定初始间隙，熔接机测量，并显示切割角度。

在初始间隙设定完成后，开始执行纤芯或包层对准，然后熔接机减小间隙（最后的间隙设定），高压放电产生的电弧将左边光纤熔到右边光纤中，最后微处理器计算损耗并将数值显示在显示器上。

分组讨论

把全班同学分成几个学习小组,讨论下列问题并提交讨论报告。

1. 什么是分组交换网?以一个案例加以说明。

2. 以路由器为例说明 TCP/IP 模型与 OSI 参考模型层次之间的联系。

作业

1. 简述计算机网络的定义、功能与分类。

2. 试述计算机网络体系结构的组成。

3. OSI 参考模型是如何将网络进行分层的?

4. 简述 OSI 参考模型中各层的功能及各层间数据传输的过程。

5. 试述 TCP/IP 模型的主要特点。

6. 试述 TCP/IP 模型的层次划分及相应层次的功能。

项目 2

构建局域网

项目任务

1. 使用网卡。
2. 使用交换机。
3. 对等网共享资源。
4. 认识 Packet Tracer。
5. 配置星型局域网 LAN。

知识要点

➢ 局域网概述。
➢ IEEE 802 标准。
➢ 共享式以太网和交换式以太网。
➢ 无线局域网。
➢ 虚拟局域网。

2.1 局域网概述

局域网是计算机网络中的重要组成部分，是当今计算机网络技术应用与发展非常活跃的一个领域。企业、政府部门及住宅小区内的计算机都通过局域网连接起来，以达到资源共享、信息传递和数据通信的目的。而信息化进程的加快，更使得通过局域网进行网络互连的需求剧增。因此，理解和掌握局域网技术也就更加重要。

局域网的发展始于 20 世纪 70 年代，到了 21 世纪，局域网在传输速率、带宽等指标方面有了更大进展，并且在局域网的访问、服务、管理、安全和保密等方面都有了进一步的改善。例如，以太网技术从传输速率为 10 Mb/s 发展到 100 Mb/s，并继续提高至千兆（1 000 Mb/s）以太网、万兆以太网。

2.1.1　局域网的特点

局域网技术是当前计算机网络研究与应用的一个热点问题，也是目前技术发展最快的领域之一，局域网为一个单位所拥有，地理范围和站点数日均有限。局域网具有如下特点：

（1）网络所覆盖的地理范围比较小，通常不超过几千米，甚至只在一个园区、一幢建筑或一个房间内。

（2）数据的传输速率比较高，从最初的 1 Mb/s 发展到后来的 10 Mb/s、100 Mb/s，近年来已达到 1 000 Mb/s、10 000 Mb/s。

（3）具有较低的延迟和误码率，其误码率一般为 $10^{-11} \sim 10^{-8}$。

（4）局域网的经营权和管理权属于某个单位，与广域网通常由服务提供商提供形成鲜明对照。

（5）便于安装、维护和扩充，建网成本低、周期短。

尽管局域网地理覆盖范围小，但这并不意味着它必定是小型的或简单的网络。局域网可以扩展得相当大或者非常复杂，配有成千上万个用户的局域网也是很常见的。局域网具有如下优点：

（1）能方便地共享昂贵的外部设备、主机及软件、数据，从一个站点可访问全网。

（2）便于系统的扩展和逐渐演变，各设备的位置可灵活调整和改变。

（3）提高了系统的可靠性、可用性。

局域网的应用范围极广，可应用于办公自动化、生产自动化、企事业单位的管理、银行业务的处理、军事指挥控制、商业管理等方面。局域网的主要功能是实现资源共享，其次是更好地实现数据通信与交换，以及数据的分布处理。

2.1.2　常见的局域网拓扑结构

在计算机网络中，人们把计算机、终端、通信处理机等设备抽象成点，把连接这些设备的通信线路抽象成线，并把由这些点和线所构成的拓扑结构称为网络拓扑结构。网络拓扑结构反映了网络的结构关系，它对于网络的性能、可靠性及建设管理成本等都有着重要的影响，因此网络拓扑结构的设计在整个网络设计中占有十分重要的地位，在构建网络时，网络拓扑结构往往是首先要考虑的因素之一。

局域网与广域网的一个重要区别在于它们覆盖的地理范围。由于局域网设计的主要目标是覆盖一个公司、一所大学，一幢或者几幢大楼的"有限的地理范围"，因此它在基本通信机制上选择了"共享介质"方式和"交换"方式。因此，局域网在传输介质的物理连接方式、介质访问控制方式上形成了自己的特点，在网络拓扑上主要有以下几种结构。

（1）星型拓扑

星型拓扑是由中央结点和通过点对点链路连接到中央结点的各站点（网络工作站等）组成的，如图 2.1 所示。星型拓扑以中央结点为中心，执行集中式通信控制策略，因此，中央结点相当复杂，而各个站的通信处理负担都很小，故又称集中式网络。中央控制器是一个具有信号分离功能的"隔离"装置，它能放大和改善网络信号，外部有一定数量的端口，每个端口连接一个站点，如集线器、交换机等。采用星型拓扑的交换方式有线路交换和报文交换，尤以线路交换更为普遍，现有的数据处理和声音通信的信息网大多采用这种拓扑结构。一旦建立了通信的连接，就可以没有延迟地在两个连通的站点之间传输数据。

图 2.1　星型拓扑结构

星型拓扑的优点：结构简单，管理方便，可扩充性强，组网容易。利用中央结点可方便地提供网络连接和重新配置；并且单个连接点的故障只影响一个设备，不会影响全网，容易检测和隔离故障，便于维护。

星型拓扑的缺点：每个站点直接与中央结点相连，需要大量电缆，因此费用较高；如果中央结点产生故障，则全网都不能工作，所以对中央结点的可靠性和冗余度要求很高。

星型拓扑广泛应用于网络中智能集中于中央结点的场合，目前在传统的数据传输中，这种拓扑结构占支配地位。

（2）总线型拓扑

总线型拓扑采用单根传输线作为传输介质，所有的站点都通过相应的硬件接口直接连接到传输介质或总线上。任何一个站点发送的信息都可以沿着介质传播，而且能被所有其他站点接收，如图 2.2 所示。

图 2.2　总线型拓扑结构

由于所有的站点共享一条公用的传输链路，所以一次只能有一个设备传输数据。总线型拓扑通常采用分布式控制策略来决定下一次由哪一个站点发送信息。发送时，发送站点将报文分组，然后依次发送这些分组，有时要与其他站点发送来的分组交替地在介质上传输。当分组经过各站点时，目的站点将识别分组中携带的目的地址，然后复制这些分组的内容。这种拓扑减轻了网络通信处理的负担，它仅仅是一个无源的传输介质，而通信处理分布在各站点进行。

总线型拓扑的优点：结构简单、实现容易、易于安装和维护、价格低廉、用户站点入网灵活。

总线型拓扑结构的缺点：传输介质故障难以排除，由于所有结点都直接连接在总线上，因此任何一处故障都会导致整个网络的瘫痪。

不过，站点不多（10个站点以下）的网络或各个站点相距不是很远的网络，采用总线型拓扑还是比较适合的。但随着局域网上传输多媒体信息的增多,目前这种网络已经基本被淘汰。

（3）环型拓扑

环型拓扑由一些中继器和连接中继器的点到点链路首尾相连形成一个闭合的环。如图2.3所示,每个中继器都与两条链路相连,它接收一条链路上的数据,并以同样的速度串行地把该数据送到另一条链路上,而不在中继器中缓冲。这种链路是单向的,也就是说,只能在一个方向上传输数据,而且所有的链路都按同一方向传输,数据在一个方向上围绕着环进行循环。

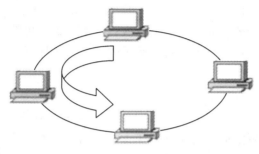

图2.3　环型拓扑结构

由于多个设备共享一个环,因此需要对此进行控制,以便决定每个站在什么时候可以把分组放在环上。这种功能是用分布控制的形式完成的,每个站都有控制发送和接收的访问逻辑。由于信息包在封闭环中必须沿每个结点单向传输,因此,环中任何一段的故障都会使各站之间的通信受阻。为了增加环型拓扑的可靠性,引入了双环拓扑。所谓双环拓扑就是在单环的基础上在各站点之间再连接一个备用环,从而使主环发生故障时,由备用环继续工作。

环型拓扑结构的优点是能够较有效地避免冲突,缺点是环型拓扑结构中的网络接口卡等通信部件比较昂贵且管理复杂得多。

在实际应用中,多采用环型拓扑作为宽带高速网络的结构。

（4）树型拓扑

树型拓扑是从总线拓扑演变而来的,它把星型和总线型拓扑结合起来,形状像一棵倒置的树,顶端有一个带分支的根,每个分支还可以延伸出子分支,如图2.4所示。

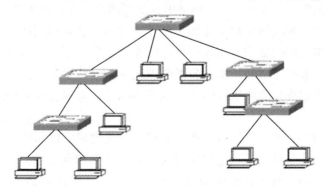

图2.4　树型拓扑结构

这种拓扑和带有几个段的总线拓扑的主要区别在于根的存在。当结点发送时,根接收该信号，然后重新广播发送到全网。

树状结构是星型的延伸，树状拓扑的优点是易于扩展和故障隔离，缺点是对树根的依赖性太大，如果根发生故障，则全网都不能正常工作，对根的可靠性要求很高。

（5）拓扑的选择

拓扑的选择往往和传输介质的选择及介质访问控制方式的确定紧密相关。除了上面阐述的 4 种拓扑外，还有其他分类，如不规则型、全互联型等，所以选择拓扑时，不能拘泥于一种结构，应该综合考虑以下要素。

①经济性

网络拓扑的选择直接决定了网络安装和维护的费用。不管选用什么样的传输介质，都需要进行安装，如安装电线沟、安装电线管道等。最理想的情况是在建楼以前先进行安装，并考虑今后扩建的要求。安装费用的高低与拓扑结构的选择及传输介质的选择、传输距离的确定有关。

②灵活性及可扩充性

灵活性及可扩充性也是选择网络拓扑结构时应充分重视的问题。任何一个网络，随着用户数的增加，网络应用的深入和扩大，网络新技术的不断涌现，特别是应用方式和要求的改变，会经常需要加以调整。网络的可调整性、灵活性及可扩充性都与网络拓扑直接相关。一般来说，总线拓扑和环状拓扑要比星状拓扑的可扩充性好得多。

③可靠性

网络的可靠性是网络的生命，网络拓扑决定了网络故障检测和故障隔离的方便性，星型结构是几种结构中可靠性较好的。

总之，在选择局域网拓扑时，人们需要考虑的因素很多，这些因素同时影响了网络的运行速率和网络软、硬件接口的复杂程度等。

2.1.3　介质访问控制方式

在局域网中，经常是在一条传输介质上连接多台计算机，如总线型和环型局域网，用户共享一条传输介质，而一条传输介质在某一时间内只能被一台计算机所使用，那么在某一时刻到底谁能使用或访问传输介质呢？这就需要有一个共同遵守的方法或原则来控制、协调各计算机对传输介质的访问。

将传输介质的频带有效地分配给网络中各站点用户的方式称为介质访问控制方式。介质访问控制方式是局域网中最重要的一项基本技术，会对局域网体系结构、工作过程和网络性能产生决定性影响。设计一个好的介质访问控制协议有 3 个基本目标：协议要简单，获得有效的通道利用率，公平合理地对待网络中各站点的用户。介质访问控制方式主要用于解决介质使用权的算法或机构问题，从而实现对网络传输信道的合理分配。

介质访问控制方式的主要内容有两个方面：一是要确定网络中每个结点能够将信息发送到介质上的特定时刻；二是如何对共享介质访问和利用加以控制。常用的介质访问控制方式有 3 种：总线结构的带冲突检测的载波监听多路访问（CSMA/CD）方式、环状结构的令牌环（token ring）访问控制方式和令牌总线（token bus）访问控制方式。这些内容将在 2.2 节中进行详细讲解。

2.1.4 传输方式

在局域网中，传输方式主要有两种：基带传输和宽带传输。一般情况下，有线网络为基带传输，无线网络为宽带传输。

（1）基带传输

基带传输又称数字传输，指把要传输的数据转换为数字信号，使用固定的频率在信道上传输，如计算机网络中的信号就是基带传输的。和基带传输相对的是频带传输，又称模拟传输，指信号在电话线等普通线路上，以正弦波形式传播的方式。我们现有的电话、模拟电视信号等，都属于频带传输。

在数字传输系统中，其传输对象通常是二进制数字信息，它可能来自计算机、网络或其他数字设备的各种数字代码，也可能来自数字电话终端的脉冲编码信号。设计数字传输系统的基本考虑是选择一组有限的、离散的波形来表示数字信息。这些离散波形可以是未经调制的不同电平信号，也可以是调制后的信号。由于未经调制的电平信号所占据的频带通常从直流和低频开始，因而称为数字基带信号。在某些有线信道中，特别是传输距离不太远的情况下，数字基带信号可以直接传送，我们称之为数字信号的基带传输。基带传输是一种最基本的数据传输方式。

（2）宽带传输

将信道分成多个子信道，分别传送音频、视频和数字信号的方式，称为宽带传输。宽带是比音频带宽更宽的频带，它包括大部分电磁波频谱。使用宽带传输的系统称为宽带传输系统。其通过借助频带传输，可以将链路容量分解成两个或更多的信道，每个信道可以携带不同的信号，这就是宽带传输。

宽带传输中的所有信道都可以同时发送信号，如 CATV、ISDN 等。传输的频带很宽，不小于 128kb/s。

宽带传输的是模拟信号，数据传输速率为 0~400Mb/s，而通常使用的传输速率是 5~10Mb/s。它可以容纳全部广播，并可以进行高速数据传输，宽带传输系统多是模拟信号传输系统。

2.2 IEEE 802 标准

局域网出现之后，发展非常迅速，类型繁多，为了促进产品的标准化以增加产品的互操作性，1980 年 2 月，IEEE 成立了局域网标准化委员会（IEEE 802 委员会），研究并制定了关于 IEEE 802 的局域网标准。

2.2.1 典型 IEEE 802 标准

1985 年 IEEE 公布了 IEEE 802 标准的 5 项标准文本，同年被美国国家标准局（ANSI）采纳作为美国国家标准。后来，ISO 经过讨论，建议将 802 标准定为局域网国际标准。

IEEE 802 为局域网制定了一系列标准，其主要有如下几种：

（1）IEEE 802.1：描述局域网体系结构及寻址、网络管理和网络互连（1997）。

IEEE 802.1G：远程 MAC 桥接（1998），规定本地 MAC 网桥操作远程网桥的方法。

IEEE 802.1H：局域网中以太网 2.0 版本 MAC 桥接（1997）。

IEEE 802.1Q：虚拟局域网（1998）。

（2）IEEE 802.2：定义了逻辑链路控制（logical link control，LLC）子层的功能与服务（1998）。

（3）IEEE 802.3：描述带冲突检测的载波监听多路访问的访问方法和物理层规范（1998）。

IEEE 802.3ab：描述 1000Base-T 访问控制方法和物理层技术规范（1999）。

IEEE 802.3ac：描述虚拟局域网的帧扩展（1998）。

IEEE 802.3ad：描述多重链路分段的聚合协议（2000）。

IEEE 802.3i：描述 10Base-T 访问控制方法和物理层技术规范。

IEEE 802.3u：描述 100Base-T 访问控制方法和物理层技术规范。

IEEE 802.3z：描述 1000Base-X 访问控制方法和物理层技术规范。

IEEE 802.3ae：描述 10GBase-X 访问控制方法和物理层技术规范。

（4）IEEE 802.4：描述令牌总线访问控制方法和物理层技术规范。

（5）IEEE 802.5：描述令牌环访问控制方法和物理层技术规范（1997）。

IEEE 802.5t：描述 100Mb/s 高速标记环访问方法（2000）。

（6）IEEE 802.6：描述城域网访问控制方法和物理层技术规范（1994）。1995 年又附加了城域网的 DQDB 子网上面向连接的服务协议。

（7）IEEE 802.7：描述宽带网访问控制方法和物理层技术规范。

（8）IEEE 802.8：描述 FDDI 访问控制方法和物理层技术规范。

（9）IEEE 802.9：描述综合语音、数据局域网技术（1996）。

（10）IEEE 802.10：描述局域网网络安全标准（1998）。

（11）IEEE 802.11：描述无线局域网访问控制方法和物理层技术规范（1999）。

（12）IEEE 802.12：描述 100VG-AnyLAN 访问控制方法和物理层技术规范。

（13）IEEE 802.14：描述利用 CATV（传统有限电视网）宽带通信的标准（1998）。

（14）IEEE 802.15：描述无线个人局域网（wireless personal area network，WPAN）。

（15）IEEE 802.16：描述宽带无线访问标准。

从图 2.5 可以看出，IEEE 802 标准实际上是一个由一系列协议组成的标准体系。随着局域网技术的发展，该体系在不断地增加新的标准和协议，如 802.3 系列标准就随着以太网技术的发展增加了许多新的成员。

图 2.5　IEEE 802 标准内部关系

2.2.2　局域网体系结构

局域网的体系结构与 OSI 参考模型有相当大的区别，如图 2.6 所示，局域网只涉及 OSI 参考模型的物理层和数据链路层。为什么没有网络层及网络层以上的各层呢？首先，局域网是一种通信网，只涉及有关的通信功能，所以至多与 OSI 参考模型中的下 3 层有关。其次，由于局域网基本上采用共享信道的技术，所以也可以不设立单独的网络层。也就是说，不同局域网技术的区别主要在物理层和数据链路层，当这些不同的局域网需要在网络层实现互联时，可以借助其他已有的通用网络层协议（如 IP）实现。所以局域网常用的设备也多为数据链路层和物理层设备，如二层交换机、集线器等。

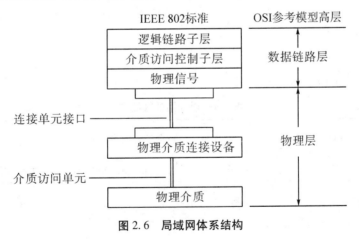

图 2.6　局域网体系结构

2.2.3　IEEE 802.3 以太网

以太网是一种产生较早且使用相当广泛的局域网，美国施乐（Xerox）公司于 1975 年推出了第一个局域网。它因为具有结构简单、工作可靠、易于扩展等优点，所以得到了广泛的应用。

1980 年，美国 Xerox、DEC 与 Intel 三家公司联合提出了以太网规范，这是世界上第一个局域网的技术标准。后来的以太网国际标准 IEEE 802.3 就是参照此技术标准建立的，两者基本兼容。为了与后来提出的快速以太网相区别，通常又将这种按 IEEE 802.3 规范生产的以太网产品简称为以太网。

IEEE 802.3 带冲突检测的载波监听多路访问，即 CSMA/CD。CSMA/CD 是采用争用技术的一种介质访问控制方法。CSMA/CD 通常用于总线型拓扑结构和星状拓扑结构的局域网。它的每个站点都能独立决定发送帧，若两个或多个站同时发送，即产生冲突。每个站都能判断是否有冲突发生，如冲突发生，则等待随机时间间隔后重发，以避免再次发生冲突。

CSMA/CD 的工作原理可概括为：先听后发，边发边听，冲突停止，随机延迟后重发。具体过程如下：

①如果信道忙，则等待，直到信道空闲。

②如果信道闲，则站点传输数据。

③在发送数据的同时，站点继续监听网络，确认没有其他站点在同一时刻传输数据。

④若发现冲突，则避让一个随机时间再发。

在通信过程中，有可能两个或多个站点都同时检测到网络空闲然后几乎在同一时刻开始传输数据。如果两个或多个站点同时发送数据，就会产生冲突。当一个传输结点识别出一个冲突时，它就发送一个拥塞信号，这个信号使得冲突的时间足够长，让其他的结点都能发现。其他结点收到拥塞信号后，都停止传输，等待一个随机产生的时间间隙后重发。

总之，CSMA/CD 采用的是一种"有空就发"的竞争型访问策略，因而不可避免地会出现信道空闲时多个站点同时争发的现象，无法完全消除冲突，只能采取一些措施减少冲突，并对产生的冲突进行处理。因此这种协议的局域网环境不适合对实时性要求较强的网络。

（1）以太网的帧结构

以太网的帧结构如表 2.1 所示。

表 2.1　以太网的帧结构

前导同步码	SFD	目的地址	源地址	数据长度	协议首部	数据和填充字节	帧检验
7 字节	1 字节	6 字节	6 字节	2 字节	20 字节	0~1 500 字节	4 字节

①前导同步码由 7 个同步字节组成，用于收发之间的定时同步。

②SFD 是帧起始定界符。

③目的地址是帧发往的站点地址，每个站点都有自己唯一的地址。

④源地址是发送帧的站点地址。

⑤数据长度是要传输数据的总长度。

⑥协议首部是数据字段的一部分，含有更高层协议嵌入数据字段中的信息。

⑦数据字节的长度为 0~1 500 字节，但必须保证帧不小于 64 字节，否则就要填入填充字节。

⑧帧校验占用 4 字节，采用循环冗余校验（cyclic redunclancy check，CRC）码，用于校验帧传输中的差错。

（2）以太网地址

以太网使用的是 MAC 地址，即 IEEE 802.3 以太网帧结构中定义的地址。每块网卡出厂时，都被赋予一个 MAC 地址，网卡的实际地址共有 6 字节。以太网在物理层可以使用粗同轴电缆、细同轴电缆、非屏蔽双绞线、屏蔽双绞线、光纤等多种传输介质，并且在 IEEE 802.3 标准中，为不同的传输介质制定了不同的物理层标准。

（3）以太网 MAC 子层

以太网是一种总线型局域网，使用的介质访问控制子层方法是 CSMA/CD，帧格式采用以太网格式，即 802.3 帧格式。以太网是基带系统，使用曼彻斯特编码，通过检测通道上的信号存在与否来实现载波检测。

（4）以太网分类

有如下 4 种正式的 10 Mb/s 以太网标准：

①10Base-5：最初的粗同轴电缆以太网标准。

②10Base-2：细同轴电缆以太网标准。

③10Base-T：10 Mb/s 的双绞线以太网标准。

④10Base-F：10 Mb/s 的光缆以太网标准。

5. 以太网物理层

以太网在物理层可以使用粗同轴电缆、细同轴电缆、非屏蔽双绞线、屏蔽双绞线、光缆等多种传输介质，并且在 IEEE 802.3 标准中，为不同的传输介质制定了不同的物理层标准。

2.2.4 IEEE 802.5 令牌环网

（1）令牌环网

令牌环网最早起源于 1985 年 IBM 推出的环状基带网络，IEEE 802.5 标准定义了令牌环网的国际规范。

令牌环网在物理层提供 4 Mb/s 和 16 Mb/s 两种传输速率；支持屏蔽/非屏蔽双绞线和光纤作为传输介质，但较多的是采用屏蔽双绞线，使用屏蔽双绞线时计算机和集线器的最大距离可达 100 m，使用非屏蔽双绞线时最大距离为 45 m。

在构建令牌环网络时，需要令牌环网卡、令牌环集线器和传输介质等。图 2.7 给出了一个令牌环组网的示例。其物理拓扑在外表上为星状结构，星状拓扑的中心是一个被称为介质访问单元（media access unit，MAU）的集线装置。MAU 有增强信号的功能，它可以将前一个结点的信号增强后再送至下一个结点，以稳定信号在网络中的传输。从图 2.7 中也可以看出，从 MAU 的内部看，令牌环网集线器上的每个端口实际上是用电缆连接在一起的，即当各结点与令牌环网集线器连接起来后，就形成了一个电气网环。所以很多人认为令牌环网采用的仍是一个物理环的结构。

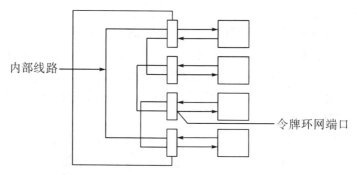

内部线路 ←———

令牌环网端口

图 2.7 令牌环网内部结构

集线器可以拥有 4、8、12 或 16 个连接端口，还有两个名为入环（ring-in，RI）和出环（ring-out，RO）的专用端口。如果要建立的环网结点数大于集线器的端口数，则使用集线器上的 RI 和 RO 端口进行集线器的互连以扩大网络规模。有些集线器如MAU 多站访问部件具有容错功能，即当某个网卡出现故障时，这种集线器可以从环中将该故障结点删除，并维护原来的环路，从而隔离故障结点。

令牌环网在 MAC 子层采用令牌传输的介质访问控制方式，所以在令牌环网中有两种 MAC 层的帧，即令牌帧和数据/命令帧。

（2）令牌环网工作原理

令牌环网利用一种称之为"令牌"的短帧来选择拥有传输介质的站，只有拥有令牌的工作站才有权发送信息。令牌平时不停地在环路上流动，当一个站有数据要发送时，必须等到令牌出现在本站时截获它，即将令牌的独特标志转变为信息帧的标志（或称把闲令牌置为忙令牌），然后将所要发送的信息附在其后发送出去。

由于令牌环网采用的是单令牌策略，因此环路上只能有一个令牌存在，只要有一个站发送信息，环路上就不会再有空闲的令牌流动。采取这样的策略，可以保证任一时刻环路上只有一个发送站，因此不会出现像以太网那样的竞争情况，环网不会因发生冲突而降低效率，所以说令牌环网的一个很大的优点就是在重载时可以高效率地工作。

在环上传输的信息逐个站点地、不断地向前传输，一直到达目的站。目的站一方面复制这个帧（接收这个帧），另一方面要将此信息帧转发给下一个站，并在其后附上已接收标志。信息在环路上转了一圈后，最后必然会回到发送数据的源站点，信息回到源站点后，源站点对返回的数据不再进行转发，而对返回的数据进行检查，查看本次发送是否成功。当所发信息的最后一个比特绕环路一周返回到源站时，源站必须生成一个新的令牌，并将令牌发送给下一个站，环路上又有令牌在流动，等待某个站点去截获它。总之，截获令牌的站点要负责在发送完信息后再将令牌恢复出来，发送信息的站点要负责从环路上收回它所发出的信息。图 2.8 归纳了上述令牌环的工作过程。

第一步：令牌在环中流动，C 站有信息发送，截获令牌。

第二步：C 站发送数据给 B 站，B 站接收并转发数据。

第三步：C 站等待并接收它所发送的帧，并将该帧从环上撤离。

第四步：C 站收完所发帧的最后一字节后，重新产生令牌并发送到环上。

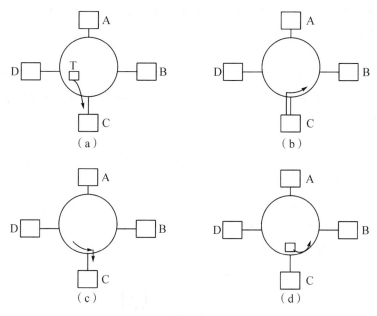

图 2.8　令牌环工作过程

与 CSMA/CD 不同，令牌环网是延迟确定型网络。也就是说，在任何站点发送信息之前，其可以计算出信息从源站到目的站的最长时间延迟。这一特性及令牌环网的可靠性，使令牌环网特别适用于那些需要预知网络延迟和对网络的可靠性要求高的场合，如工厂自动化环境。

采用确定型介质访问控制机制的令牌环网适用于传输距离远、负载重和实时要求严格的应用环境。但其缺点是令牌传输方法实现较复杂，所需硬件设备也较为昂贵，网络维护与管理较复杂。

2.3　共享式以太网和交换式以太网

（1）共享式以太网

传统的共享式以太网是最简单、最便宜、最常用的一种组网方式。但在网络应用和组网过程中，其暴露出以下主要缺点：

①覆盖的地理范围有限

按照 CSMA/CD 的有关规定，以太网覆盖的地理范围是固定的，只要两个结点处于同一个以太网中，它们之间的最大距离就不能超过这个固定值（不管它们之间的连接跨越一个集线器还是多个集线器）。如果超过这个固定值，网络通信就会出现问题。

②网络总带宽容量固定

共享式以太局域网上的所有结点共享同一传输介质。在一个结点使用传输介质的过程中，另一个结点必须等待。因此，共享式以太网的固定带宽被网络上的所有结点共同拥有，随机占用。网络中的结点越多，每个结点平均使用的带宽越窄，网络的响应速度越慢。另外，在发送结点竞争共享介质的过程中，冲突和碰撞是不可避免的。

冲突和碰撞会造成发送结点延迟和重发，进而浪费网络带宽。随着网络结点数的增加，冲突和碰撞必然加大，相应的带宽浪费也会增多。

③不支持多种速率

共享式以太网中的网络设备必须保持相同的传输速率，否则一个设备发送的信息，另一个设备不可能接收到。单一的共享式以太网不可能提供多种速率的设备支持。

（2）交换式以太网

交换式以太网利用以太网交换机组网，既可以将计算机直连到交换机的端口上，也可以将它们连入一个网段，然后将这个网段连接到交换机的端口。如果将计算机直接连接到交换机的端口，那么它将独享该端口提供的带宽；如果计算机通过以太网连入交换机，那么该以太网上的所有计算机共享交换机端口提供的带宽。

现在共享式以太网已经很少使用，大部分都使用交换式以太网，随着交换机产品的成熟，交换机的价格也越来越低廉，交换式以太网已经是以太网的主要组网方式。

2.4 无线局域网

前几节介绍的各类局域网技术都是基于有线传输介质实现的。但是有线网络在某些环境中，如在具有空旷场地的建筑物内，在具有复杂环境的制造业工厂、货物仓库内，在机场、车站、码头、股票交易场所等一些用户频繁移动的公共场所，在缺少网络电缆而又不能打洞布线的历史建筑物内，在一些受自然条件影响而无法实施布线的环境中，在一些需要临时增设网络结点的场合（如体育比赛场地、展示会等），有线网络存在明显的限制。而无线局域网（wireless local area network，WLAN）则能在这些场合解决有线局域网存在的困难。有线联网的系统，要求工作站保持静止，只能提供介质和办公范围内的移动。无线联网将真正的可移动性引入了计算机世界。

2.4.1 无线局域网标准

目前支持无线局域网的技术标准主要有蓝牙技术标准、Home RF 技术标准及 IEEE 802.11 系列标准。其中，Home RF 主要用于家庭无线网络，其通信速度比较慢；蓝牙技术是在 1994 年爱立信公司为寻找蜂窝电话和辅助设备进行通信的廉价无线接口时创立的，是按 IEEE 802.11 标准的补充技术设计的；IEEE 802.11 是由 IEEE 802 委员会制定的无线局域网系列标准，是无线局域网领域内第一个在国际上被广泛认可的协议。随后，IEEE 802.11a、802.11b、802.11d 标准相继完成。此外，还有 IEEE 802.11e、802.11f、802.11g、802.11h、802.11i 等，它们推动着无线局域网更加安全、高速地发展。

IEEE 802.11 系列标准覆盖了无线局域网的物理层和 MAC 子层。参照 OSI 参考模型，IEEE 802.11 系列规范主要从无线局域网的物理层和 MAC 层两个层面制定系列规范，物理层标准规定了无线传输信号等基础规范，如 IEEE 802.11a、802.11b、802.11d、802.11g、802.11h；而 MAC 子层标准是在物理层上的一些应用要求规范，如 802.11e、802.11f、802.11i。在 IEEE 802.11 系列标准中，定义了 3 个可选的物理层实现方式，它们分别为红外线基带物理层和两种无线频率物理层。两种无线频率物理层指工作在 2.4 GHz 频段上的跳频扩展频谱方式以及直接序列式扩频方式。目前 IEEE 802.11 规范的实际应用以使用直接序列式扩频为主流，下面分别介绍这三种方式。

（1）红外线方式

红外线局域网采用波长小于 1μm 的红外线作为传输媒介，有较强的方向性，受阳光干扰大。它支持数据速率为 1~2 Mb/s，适用于近距离通信。

（2）直接序列式扩频

直接序列式扩频就是使用具有高码率的扩频序列，在发射端扩展信号的频谱，在接收端用相同的扩频码序列进行解扩，把展开的扩频信号还原为原来的信号。这种局域网可在很宽的频率范围内进行通信，支持数据速率为 1~2 Mb/s，在发送端和接收端都以窄带方式进行发送和接收，而以宽带方式传输。

（3）跳频扩展频谱

跳频技术是另外一种扩频技术。跳频的载频受一个伪随机码的控制，在其工作带宽范围内，其频率按随机规律不断改变。接收端的频率也按随机规律变化，并保持与发射端的变化规律一致。跳频的高低直接反映了跳频系统的性能，跳频越高，抗干扰性能越好，军用的跳频系统可以达到上万跳每秒。实际上移动通信系统也是跳频系统。出于成本的考虑，商用跳频系统跳速都较慢，一般在 50 跳/s 以下。由于慢跳跳频系统实现简单，因此低速无线局域网常采用这种技术。这种局域网支持的数据速率为 1 Mb/s，共有 22 组跳频图案，包括 79 个信道，输出的同步载波经解调后，可获得发送端送来的信息。

与红外线方式比较，使用无线电波作为媒体的直接序列式扩频和跳频扩展扩频方式，具有覆盖范围大，抗干扰、抗噪声、抗衰减和保密性好等优点。

IEEE 802.11 系列标准在 MAC 子层采用带冲突避免的载波监听多路访问（carrier sense multiple access/collision avoidance，CSMA/CA）协议。该协议与在 IEEE 802.3 系列标准中所讨论的 CSMA/CD 协议类似，为了减小无线设备之间在同一时刻同时发送数据导致冲突的风险，IEEE 802.11 引入了请求发送/清除发送（RTS/CTS）机制，即如果发送目的地是无线结点，当数据到达基站时，该基站将向无线结点发送一个 RTS 帧，请求一段用来发送数据的专用时间；接收到 RTS 请求帧的无线结点将回应一个 CTS 帧，表示它将中断其他通信直到该基站传输数据结束。其他设备可监听到传输事件的发生，同时将在此时间段的传输任务向后推迟。这样，结点间传输数据时发生冲突的概率就会大大降低。

2.4.2 无线局域网设备

组建无线局域网的无线网络设备主要包括无线网卡、无线访问点（AP）、无线网桥和天线，几乎所有的无线网络产品都自含无线发射/接收功能。

①无线网卡在无线局域网中的作用相当于有线网卡在有线局域网中的作用。按无线网卡的总线类型划分，无线网卡可分为适用于台式机 PCI 接口的无线网卡和适用笔记本接口的无线网卡。

②无线 AP 则是在无线局域网环境中，进行数据发送和接收的集中设备，相当于有

线网络中的集线器。通常，一个无线 AP 能够在几十至上百米的范围内连接多个无线用户。无线 AP 可以通过标准的以太网电缆与传统的有线网络相连，从而可作为无线网络和有线网络的连接点。无线电波在传播过程中会不断衰减，导致无线 AP 的通信范围被限定了，这个范围被称为微单元。但若采用多个无线 AP，并使它们的微单元互相有一定范围的重合，则用户可以在整个无线局域网覆盖区内移动，无线网卡能够自动发现附近信号强度最大的无线 AP，并通过这个无线 AP 收发数据，保持不间断的网络连接，这种方式称为无线漫游。

③无线网桥主要用于无线或有线局域网之间的互连。当两个局域网无法实现有线连接或使用有线连接存在困难时，就可使用无线网桥实现点对点的连接，这里的无线网桥起到了协议转换的作用。

④无线路由器集成了无线 AP 的接入功能和路由器的第 3 层路径选择功能。

⑤天线是将信号源发送的信号传输至远处。天线一般有所谓的定向性与全向性之分，前者较适用于长距离使用，而后者则较适用于区域性应用。例如，若要将在第一栋楼内无线网络的范围扩展到一千米甚至数千米以外的第二栋楼中，其中的一个方法是在每栋楼上安装一个定向天线，天线的方向互相对准，第一栋楼的天线经过网桥连接到有线网络上，第二栋楼的天线连接到第二栋楼的网桥上，如此无线网络就可接通相距较远的两个或多个建筑物。

2.4.3　无线局域网的组网模式

将以上几种无线局域网设备结合在一起使用，就可以组建出多层次、无线与有线并存的计算机网络。一般来说，无线局域网有两种组网模式：一种是无固定基站的，另一种是有固定基站的。这两种模式各有特点，无固定基站组成的网络称为自组网络，主要用于在便携式计算机之间组成平等状态的网络；有固定基站的网络类似于移动通信的机制，网络用户的便携式计算机通过基站连入网络。这种网络应用比较广泛，一般用于有线局域网覆盖范围的延伸或作为宽带无线互联网的接入方式。

（1）自组网络模式

自组网络又称对等网络，是最简单的无线局域网结构，是一种无中心的拓扑结构，网络连接的计算机具有平等的通信关系，仅适用于较少数的计算机无线互连（通常是 5 台主机以内），如图 2.9 所示。这些计算机要有相同的工作组名和密码（如果适用）。任何时间，只要两个或更多的无线网络接口互相在彼此的范围之内，它们就可以建立一个独立的网络；可以实现点对点与点对多点的连接；自组网络不需要固定设施，是临时组成的网络，非常适用于野外作业和军事领域；组建这种网络，只需要在每台计算机中插入一块无线网卡，不需要其他设备就可以完成通信。

（2）基础结构网络模式

在具有一定数量用户或需要建立一个稳定的无线网络平台时，一般会采用以 AP 为中心的模式，将有限的"信息点"扩展为"信息区"，这种模式也是无线局域网最为普遍的构建模式，即基础结构网络模式，采用了固定基站的模式。基础结构网络要求有一个无线固定基站充当中心站，所有站点对网络的访问均由其控制，如图 2.10 所示。

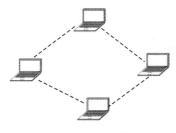

图 2.9　自组网络

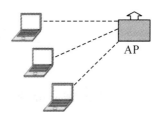

图 2.10　基础结构网络

在基于 AP 的无线网络中，无线访问点和无线网卡可针对具体的网络环境调整网络连接速度，11Mb/s 的 IEEE 802.11b 的可使用速率可以调整为 1 Mb/s、2 Mb/s、5.5 Mb/s和 11 Mb/s 4 种；54 Mb/s 的 IEEE 802.11a 和 IEEE 802.11g 则有 54 Mb/s、48 Mb/s、36 Mb/s、24 Mb/s、18 Mb/s、12 Mb/s、11 Mb/s、9 Mb/s、6 Mb/s、5.5 Mb/s、2 Mb/s、1 Mb/s 共 12 个不同速率可供动态转换，以发挥相应网络环境下的最佳连接性能。

由于每个站点只需在中心站覆盖范围之内就可与其他站点通信，故网络中站点布局受环境限制较小。

基础网络通过无线访问点、无线网桥等无线中继设备还可以把无线局域网与有线局域网连接起来，并允许用户有效地共享网络资源，如图 2.11 所示。中继站不仅仅提供与有线网络的通信，而且为网上邻居解决了无线网络拥挤的问题。复合中继站能够有效地扩大无线网络的覆盖范围，实现漫游功能。有中心站点的网络拓扑结构的弱点是抗毁性差，中心站点的故障容易导致整个网络瘫痪，并且中心站点的引入增加了网络成本。在实际应用中，无线局域网往往与有线主干网络结合起来，这时，中心站点充当无线局域网与有线主干网的转接器。

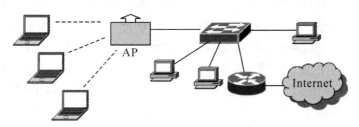

图 2.11　无线与有线相结合的网络

（3）无线 Internet 接入

目前，许多公司开始利用无线局域网的方式提供移动 Internet 接入，在宾馆、机场候机大厅等地区架设无线局域网，然后通过 DSL 或 FTTX 等方式，为人们提供无线上网的条件。

虽然无线网络有诸多优势，但与有线网络相比，无线局域网也存在一些不足，如网络速率较慢、价格较高、数据传输的安全性有待进一步提高。因而无线局域网目前主要还是面向那些有特定需求的用户，作为对有线网络的一种补充。但也应该看到，随着无线局域网性能价格比的不断提高，它将会在未来发挥更加重要和广泛的作用。

项目 2　构建局域网

2.5 虚拟局域网

2.5.1 虚拟局域网简介

随着以太网技术的普及，以太网的规模也越来越大，从小型的办公环境到大型的园区网络，网络管理变得越来越复杂。首先，在采用共享介质的以太网中，所有结点位于同一冲突域中，同时也位于同一广播域中，即一个结点向网络中某些结点的广播会被网络中所有的结点接收，造成很大的带宽资源和主机处理能力的浪费。

为了解决传统以太网的冲突域问题，人们采用交换机来对网段进行逻辑划分。但是，交换机虽然能解决冲突域问题，却不能克服广播域问题。例如，一个 ARP 广播就会被交换机转发到与其相连的所有网段中，当网络上有大量这样的广播存在时，不仅浪费带宽，而且会因过量的广播产生广播风暴，当交换网络规模增加时，网络广播风暴问题会更加严重，并可能因此导致网络瘫痪。在传统的以太网中，同一个物理网段中的结点就是一个逻辑工作组，不同物理网段中的结点是不能直接相互通信的。这样，用户由于某种原因在网络中移动但同时还要继续在原来的逻辑工作组中时，必然会需要进行新的网络连接乃至重新布线。

为了解决上述问题，虚拟局域网（virtual local area network，VLAN）应运而生。VLAN 是以局域网交换机为基础，通过交换机软件实现根据功能、部门、应用等因素将设备或用户组成虚拟工作组或逻辑网段的技术，其最大的特点是在组成逻辑网时无须考虑用户或设备在网络中的物理位置。VLAN 可以在一个交换机上或者跨交换机实现。

1996 年 3 月，IEEE 802 委员会发布了 IEEE 802.1Q VLAN 标准。目前，该标准得到了全世界重要网络厂商的支持。在 IEEE 802.1Q 标准中对 VLAN 是这样定义的：虚拟局域网是由一些局域网网段构成的与物理位置无关的逻辑组，而这些网段具有某些共同的需求。每一个 VLAN 的帧都有一个明确的标识符，指明发送这个帧的工作站属于哪一个 VLAN。利用以太网交换机可以很方便地实现 VLAN。VLAN 其实只是局域网给用户提供的一种服务，而并不是一种新型局域网。

图 2.12 给出一个关于 VLAN 划分的示例。

图中使用了 4 个交换机，有 9 个工作站分配在 3 个楼层中，构成了 3 个局域网，即 LAN1（A1，B1，C1）、LAN2（A2，B2，C2）、LAN3（A3，B3，C3）。同时，9 个用户划分成了 3 个 VLAN，即 VLAN1（A1，A2，A3）、VLAN2（B1，B2，B3）、VLAN3（C1，C2，C3）。在 VLAN 上的每一个用户都可以听到同一 VLAN 上的其他成员所发出的广播。例如，工作站 B1、B2、B3 同属于 VLAN2，当 B1 向工作组内成员发送数据时，B2 和 B3 将会收到广播的信息（尽管它们没有连接在同一交换机上），但 A1 和 C1 不会收到 B1 发出的广播信息（尽管它们连接在同一个交换机上）。

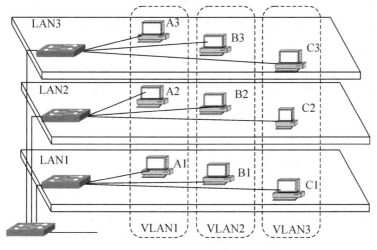

图 2.12　VLAN 划分示例

2.5.2　VLAN 的优点

在不增加设备投资的前提下，采用 VLAN 可在许多方面提高网络的性能，并简化网络的管理。具体表现在以下几方面：

（1）提供了一种控制网络广播的方法

基于交换机组成的网络的优势在于可提供低时延、高吞吐量的传输性能，但其会将广播包发送到所有互连的交换机、所有的交换机端口、干线连接及用户，从而引起网络中广播流量的增加，甚至产生广播风暴。通过将交换机划分到不同的 VLAN 中，一个 VLAN 的广播不会影响到其他 VLAN 的性能。即使是同一个交换机上的两个相邻端口，只要它们不在同一 VLAN 中，相互之间就不会渗透广播流量。这种配置方式大大减少了广播流量，提高了用户的可用带宽，弥补了网络易受广播风暴影响的弱点，同时也是一种比传统的采用路由器在共享集线器间进行网络广播阻隔更灵活有效的方法。

（2）提高了网络的安全性

VLAN 的数目及每个 VLAN 中的用户和主机是由网络管理员决定的。网络管理员通过将相互通信的网络结点放在一个 VLAN 内，或将受限制的应用和资源放在一个安全的 VLAN 内，并提供基于应用类型、协议类型、访问权限等不同策略的访问控制列表，就可以有效地限制广播组或共享域的大小。

（3）简化了网络管理

一方面，VLAN 可以不受网络用户的物理位置限制而根据用户需求进行网络管理，如同一个项目或部门中的协作者，功能上有交叉的工作组，共享相同网络应用或软件的不同用户群。另一方面，由于 VLAN 可以在单独的交换设备或跨多个交换设备实现，因而大大减少了在网络中增加、删除或移动用户时的管理开销。管理员在增加用户时只要将其所连接的交换机端口指定到其所属的 VLAN 中即可；在删除用户时只要将其 VLAN 配置撤销或删除即可；在用户移动时，只要其能连接到任何交换机的端口，则无须重新布线。

（4）提供了基于第 2 层的通信优先级服务

在最新的以太网技术（如千兆位以太网）中，基于与 VLAN 相关的 IEEE 802.1P 标准可以在交换机上为不同的应用提供不同的服务（如传输优先级等）。

总之，VLAN 是交换式网络的"灵魂"，其不仅从逻辑上为网络用户和资源进行有效、灵活、简便管理提供了手段，而且提供了极高的网络扩展和移动性。需要注意的是，尽管 VLAN 具有众多的优越性，但是它并不是一种新型的局域网技术，而是一种基于现有交换机设备的网络管理技术或方法，是提供给用户的一种服务。

2.5.3 VLAN 的工作方式

（1）基于交换端口的 VLAN

这种方式把局域网交换机的某些端口的集合作为 VLAN 的成员。这些集合有时只在单个局域网交换机上，有时则跨越多台局域网交换机。VLAN 的管理应用程序，根据交换机端口的 ID，将不同的端口分到对应的分组中，分配到一个 VLAN 的各个端口上的所有站点都在一个广播域中，它们可以相互通信，不同的 VLAN 站点之间进行通信需要经过路由器来进行。这种 VLAN 方式的优点在于简单，容易实现，从一个端口发出的广播，直接发送到 VLAN 内的其他端口，也便于直接监控。它的缺点是自动化程度低，灵活性不好。例如，不能在给定的端口上支持一个以上的 VLAN；一个网络站点从一个端口移动到另一个新的端口时，若新端口与旧端口不属于同一个 VLAN，则用户必须对该站点重新进行网络地址配置。

（2）基于 MAC 地址的 VLAN

这种方式的 VLAN 要求交换机对站点的 MAC 地址和交换机端口进行跟踪，在新站点入网时，根据需要将其划归至某一个 VLAN。不论该站点在网络中怎样移动，由于其 MAC 地址保持不变，因此用户不需要对网络地址重新配置。然而所有的用户必须明确地分配给一个 VLAN，在这种初始化工作完成后，对用户的自动跟踪才有可能完成。在一个大型网络中，要求网络管理员将每个用户一一划分到某个 VLAN 中，这是十分烦琐的。

（3）基于路由的 VLAN

路由协议工作在 OSI 参考模型的第 3 层—— 网络层，即基于 IP 和 IPX 协议的转发。它利用网络层的业务属性来自动生成 VLAN，把使用不同路由协议的站点划分到相对应的 VLAN 中。IP 子网 1 为第 1 个 VLAN，IP 子网 2 为第 2 个 VLAN，IP 子网 3 为第 3 个 VLAN……以此类推。通过检查所有的广播和多点广播帧，交换机能自动生成 VLAN。这种方式构成的 VLAN，在不同的局域网网段上的站点可以属于同一 VLAN，同一物理端口上的站点也可分属于不同的 VLAN，从而保证了用户完全自由地进行增加、移动和修改等操作。这种根据网络应用的网络协议和网络地址划分 VLAN 的方式，对于那些想针对具体应用和服务来组织用户的网络管理人员来说是十分有效的。它减少了人工参与配置 VLAN 的工作量，使 VLAN 有更大的灵活性，比基于 MAC 地址的 VLAN 更容易做到自动化管理。

（4）基于策略的 VLAN

基于策略的 VLAN 的划分是一种比较灵活有效而直接的方式。这主要取决于在

VLAN 的划分中所采用的策略。目前常用的策略有：按交换机端口划分、按 MAC 地址划分、按 IP 地址划分、按以太网协议类型划分。

2.5.4　VLAN 的实现

从实现的方式上看，所有 VLAN 均是通过交换机软件实现的。从实现的机制或策略划分，VLAN 分为静态 VLAN 和动态 VLAN。

（1）静态 VLAN

在静态 VLAN 中，由网络管理员根据交换机端口进行静态 VALN 分配，当在交换机上将其某一个端口分配给一个 VLAN 时，则该端口将一直在此 VLAN 中，直到网络管理员改变这种配置为止，所以又被称为基于端口的 VLAN。基于端口的 VLAN 配置简单，网络的可监控性强，但缺乏足够的灵活性，当用户在网络中的位置发生变化时，必须由网络管理员对交换机端口重新进行配置。所以静态 VLAN 比较适合用户或设备位置相对稳定的网络环境。

（2）动态 VLAN

动态 VLAN 是指交换机上以联网用户的 MAC 地址、逻辑地址（如 IP 地址）或数据报协议等信息为基础将交换机端口动态分配给 VLAN 的方式。当用户的主机连入交换机端口时，交换机通过检查 VLAN 管理数据库中相应的关于 MAC 地址、逻辑地址或数据报协议的表项，以相应的数据库表项内容动态地配置相应的交换机端口。以基于 MAC 地址的动态 VLAN 为例，网络管理员首先需要在 VLAN 策略服务器上配置一个关于 MAC 地址与 VLAN 划分映射关系的数据库，当交换机初始化时将从 VLAN 策略服务器上下载关于 MAC 地址与 VLAN 划分关系的数据库文件，此时，当有一台主机连接到交换机的某个端口时，交换机就会检测该主机的 MAC 地址信息，然后查找 VLAN 管理数据库中的 MAC 地址表项，用相应的 VLAN 配置内容来配置这个端口。这种机制的好处在于只要用户的应用性质不变、所使用的主机不变（严格来说，是指使用的网卡不变），则用户在网络中移动时，并不需要对网络进行额外配置或管理。但是，在使用 VLAN 管理软件建立 VLAN 管理数据库和维护该数据库时需要做大量的管理工作。

总之，不管以何种机制实现，分配给同一个 VLAN 的所有主机共享一个广播域，而分配给不同 VLAN 的主机将不会共享广播域。也就是说，只有位于同一 VLAN 中的主机才能直接通信，而位于不同 VLAN 中的主机之间是不能直接通信的。

2.5.5　VLAN 间的互连方式

（1）传统路由器方法

传统路由器方法就是使用路由器将位于不同 VLAN 的交换机端口连接起来，这种方法对路由器的性能有较高要求；如果路由器发生故障，则 VLAN 之间就不能通信。

（2）采用路由交换机

如果交换机本身带有路由功能，则 VLAN 之间的互连就可在交换机内部实现，即采用交换机的第 3 层交换技术。第 3 层交换技术也称路由交换技术，是各网络厂家最新推出的一种局域网技术，具有良好的发展前景。它将交换技术和路由技术结合起来，很好地解决了在大型局域网中以前难以解决的一些问题。

项目实践

1. 分组使用网卡

每3~4人一组，认识网卡、网卡的功能及网卡的分类，掌握如何使用安装网卡。

（1）认识网卡

网卡（Network Interface Card，NIC）又叫网络接口卡，网络接口卡又称为通信适配器或网络适配器（Network Adapter）或网络接口卡 NIC（Network Interface Card），主要用于服务器与网络的连接，是计算机和传输介质（网线）的接口，如图 2.13 所示。

图 2.13　网卡

（2）网卡的分类

不同的网络接口适用于不同的网络类型，常见的接口主要有以太网的 RJ-45 接口、细同轴电缆的 BNC 接口和粗同轴电 AUI 接口、FDDI 接口、ATM 接口等。而且有的网卡为了适用于更广泛的应用环境，提供了两种或多种类型的接口，如有的网卡会同时提供 RJ-45、BNC 接口或 AUI 接口，如图 2.14 所示。

网络配置网卡有 ATM 网网卡、令牌环网网卡及以太网网卡等。

无线网卡有 CMCIA 无线网卡、PCI 无线网卡及 USB 无线网卡三种。笔记本专用网卡是为使笔记本计算机能方便地连入局域网或互联网而专门设计的。

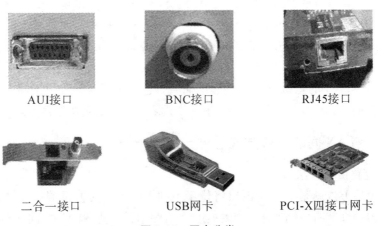

AUI接口　　　　　　BNC接口　　　　　　RJ45接口

二合一接口　　　　　USB网卡　　　　　PCI-X四接口网卡

图 2.14　网卡分类

（3）安装网卡

安装网卡的步骤如下：

①打开主机箱，查看网卡的安装位置（如果是集成网卡，查看网卡在主板上的安装位置）和外部接口。

②将网卡从主机上取下（注意不要带电操作）。

③重新安装网卡。

④安装网卡驱动程序。

（4）网卡驱动的高级选项高级设置

方法一：更新网卡驱动。

①在桌面找到我的电脑。

②右键点击设备管理器。

③找到无线适配器，单击，出现驱动然后点击右键进行更新。

方法二：重新下载网卡驱动。

①到电脑品牌的官网下载驱动。

·按照电脑品牌搜索官网。

·在官网的支持专区输入电脑型号搜索驱动。

·在搜索结果中找到网卡驱动，点击下载即可。

·下载完成后进行解压和安装即可。

②下载第三方驱动软件，如驱动人生或者驱动精灵。

·到以上软件的官网下载正版软件。

·下载完成后进行安装。

·运行软件，软件自动开始检测，检测完毕后会自动匹配网卡安装驱动。

注意：一般来说，在选购网卡时要考虑以下因素：网络类型和传输速率。

网络类型：比较流行的有以太网、令牌环网、FDDI网等，选择时应根据网络的类型来选择相对应的网卡。

传输速率：应根据服务器或工作站的带宽需求并结合物理传输介质所能提供的最大传输速率来选择网卡的传输速率。以以太网为例，可选择的速率就有10 Mbps、10/100 Mbps、1 000 Mbps，甚至10 Gbps等多种，但不是速率越高就越合适。例如，为连接在只具备100 M传输速度的双绞线上的计算机配置1 000 M的网卡就是一种浪费，因为其至多也只能实现100 M的传输速率。

2. 使用交换机

每3~4人一组，使用交换机命令行管理界面及交换机的基本配置。

（1）交换机的工作原理

①交换机根据收到数据帧中的源MAC地址建立该地址同交换机端口的映射，并将其写入MAC地址表中。

②交换机将数据帧中的目的MAC地址同已建立的MAC地址表进行比较，以决定由哪个端口进行转发。

③如数据帧中的目的MAC地址不在MAC地址表中，则向所有端口转发。这一过程称为泛洪。

（2）交换机的主要功能

①MAC地址学习

以太网交换机了解每一端口相连设备的MAC地址，并将地址同相应的端口映射起来存放在交换机缓存中的MAC地址表中。

②转发/过滤

当一个数据帧的目的地址在 MAC 地址表中有映射时,它被转发到连接目的节点的端口而不是所有端口(如该数据帧为广播/组播帧则转发至所有端口)。

③消除回路

当交换机包括一个冗余回路时,以太网交换机通过生成树协议避免回路的产生,同时允许存在后备路径。

(3)交换机的常见配置模式

①用户模式

当用户通过交换机的控制台端口或 Telnet 会话连接并登录到交换机时,此时所处的命令执行模式就是用户 EXEC 模式。在该模式下,只执行有限的一组命令,这些命令通常用于查看显示系统信息、改变终端设置和执行一些最基本的测试命令,如 ping、traceroute 等。该模式的命令提示符为"Switch>"。

②特权模式

在用户模式下,执行"enable"命令,可以进入特权模式。在该模式下,用户能够执行 IOS 提供的所有命令。该模式的命令提示符为"Switch#"。

③全局配置模式

在特权模式下,执行"Configure Terminal"命令,可以进入全局配置模式。在该模式下,只要输入一条有效的配置命令并按回车键,内存中正在运行的配置就会立即改变生效。该模式下的配置命令的作用域是全局性的,是对整个交换机起作用。该模式的命令提示符为"Switch(config)#"。

在全局配置模式,还可进入接口配置、line 配置等子模式。从子模式返回全局配置模式,执行 exit 命令;从全局配置模式返回特权模式,执行 exit 命令;若要退出任何配置模式,直接返回特权模式,则要直接 end 命令或按 Ctrl+Z 组合键。

④接口配置模式

在全局配置模式下,执行"interface"命令,可以进入接口配置模式。在该模式下,可对选定的接口(端口)进行配置,并且只能执行配置交换机端口的命令。该模式的命令提示符为"Switch(config-if)#"。

⑤Line 配置模式

在全局配置模式下,执行 line vty 或 line console 命令,将进入 Line 配置模式。该模式主要用于对虚拟终端(vty)和控制台端口进行配置,其配置主要是设置虚拟终端和控制台的用户级登录密码。该模式的命令提示符为"Switch(config-line)#"。

(4)使用交换机的命令行管理界面

①进入超级终端实验环境

②交换机命令行操作模式进入

Enter 后,进入用户模式。

Switch>

Switch>enable

Password:

switch# configure terminal

switch （config） # interface fastEthernet 0/5

switch （config-if） # exit

switch （config） #

switch （config-if） # end

③交换机命令行基本功能

Switch>

switch# co?

switch# copy?

switch# conf ter

switch# con

switch （config-if） #

（5） 交换机的基本配置

①交换机设备名称的配置

switch （config） # hostname 105_ switch

②交换机端口参数的配置

switch# show interface fastEthernet 0/3

switch （config） # interface fastEthernet 0/3

switch （config-if） # speed 10

switch （config-if） # duplex half

switch （config-if） # no shutdown

③查看交换机各项消息

switch# show version

switch# show mac-address-table

switch# show running-config

3. 对等网共享资源

设置和使用局域网文件夹共享。

（1） 设置共享文件夹

①打开资源管理器窗口，选择“工具”→“文件夹选项”选项，打开“文件夹选项”对话框，如图 2.15 所示。单击“查看”选项卡，在“高级设置”列表框中，取消勾选“使用简单文件共享（推荐）”复选框。

图 2.15 “文件夹选项”对话框

②双击"控制面板"窗口中的"管理工具"图标，打开"管理工具"窗口，双击"本地安全策略"图标，打开"本地安全设置"窗口，如图 2.16 所示。在左侧窗格中选择"本地策略"→"安全选项"选项，在右侧窗格中启用"账户：来宾账户状态"，禁用"账户：使用空白密码的本地账户只允许进行控制台登录"。设置完毕后关闭"本地安全设置"窗口。

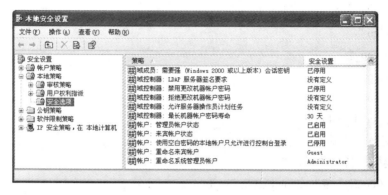

图 2.16   "本地安全设置"窗口

③在 IP 地址为 192.168.2.110（计算机名为"Pc-10"）的计算机上设置共享文件夹。

打开资源管理器窗口，找到要共享的文件夹，如"hmguan"，右击该文件夹图标，在弹出的快捷菜单中选择"共享和安全"选项，打开"hmguan 属性"对话框，如图2.17 所示。在此进行相应的设置，设置完成后单击"确定"按钮。

（2）使用共享文件夹

在 IP 地址为 192.168.2.109（计算机名为"Pc-09"）的计算机上使用共享文件夹。

方法 1：双击桌面上的"网上邻居"图标，打开"网上邻居"窗口。单击左侧窗格中的"查看工作组计算机"链接，在右侧窗格中双击"Pc-10"图标，打开如图2.18 所示的窗口，在此查看和使用共享文件夹"hmguan"。

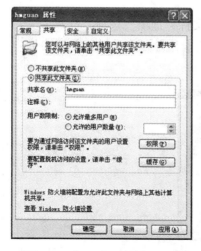

图 2.17   "hmguan 属性"对话框

图 2.18   PC-10 窗口

方法 2：打开资源管理器窗口，单击"搜索"按钮，在左侧窗格中选择"计算机"选项，在"计算机名"文本框中输入"192.168.2.110"或"Pc-10"，单击"立即搜索"按钮，打开"搜索结果-计算机"窗口。在右侧窗格中双击计算机图标，在此查看和使用共享文件夹"hmguan"。

4. 认识 Packet Tracer

熟悉 Cisco 公司的网络模拟软件 Packet Tracer 的使用方法和基本功能。

Packet Tracer 是 Cisco 公司为思科网络技术学院开发的一款模拟软件，专用于模拟计算机网络，常用于进行计算机网络知识的实验活动。

（1）Packet Tracer 的基本界面

启动 Packet Tracer 软件时界面如图 2.19 所示。

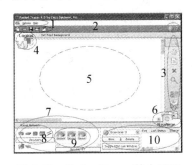

图 2.19　Packet Tracer 基本界面

对此界面功能的介绍如表 2.2 所示。

表 2.2　Packet Tracer 基本界面介绍

序号	名　称	功　能
1	菜单栏	有"文件""选项"和"帮助"菜单，在此可以找到一些基本的选项，如打开、保存、打印和选项设置，还可以访问活动向导
2	主工具栏	提供了"文件"菜单中选项的快捷方式，可以单击右边的"网络信息"按钮，为当前网络添加说明信息
3	常用工具栏	提供了常用的工作区工具，包括选择、整体移动、备注、删除、查看、添加简单数据包和添加复杂数据包等
4	逻辑/物理工作区转换栏	可以通过此栏中的按钮完成逻辑工作区和物理工作区之间的转换
5	工作区	此区域中我们可以创建网络拓扑，监视模拟过程，查看各种信息和统计数据
6	实时/模拟转换栏	可以通过此栏中的按钮完成实时模式和模拟模式之间的转换
7	网络设备库	此库包含设备类型库和特定设备库
8	设备类型库	此库包含不同类型的设备，如路由器、交换机、集线器、无线设备、连线、终端设备和网云等
9	特定设备库	此库包含不同设备类型中不同型号的设备，它随设备类型库的选择级联显示
10	用户数据包	管理用户添加的数据包

（2）选择设备

在工作区中添加一个 2600 XM 路由器。首先在设备类型库中选择路由器，在特定设备库中选中 2600 XM 路由器，然后在工作区中单击即可添加 2600 XM 路由器。用同样的方式再添加一台 2950-24 交换机和两台 PC。

注意：可以按住 Ctrl 键再单击相应设备以连续添加设备。

选取合适的线型将设备连接起来，我们可以根据设备间的不同接口选择特定的线型来连接；如果只是想快速地建立网络拓扑而不考虑线型选择，则可以选择自动连线，如图 2.20 所示。

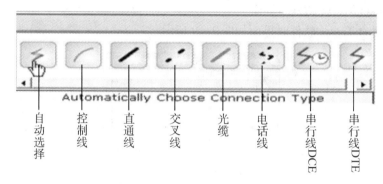

图 2.20　线型介绍

2600 XM 默认有 3 个端口，Ethernet 0/0 可连接一般计算机，Console 端口用于连接配置交换机的计算机，AUX 端口用于连接其他外围设备，不能用于连接交换机，连接交换机需要添加模块（添加模块时要注意关闭电源）。为 Router0 添加 NM-4E 模块（将模块添加到空缺处即可，删除模块时将模块拖回到原处即可），模块化的特点增强了 Cisco 设备的可扩展性。设置完成后可继续完成其他连接，如图 2.21 所示。

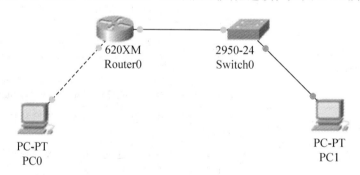

图 2.21　设备连接

此时，我们可看到各线缆两端显示出不同颜色的圆点，它们分别表示的含义如表2.3 所示。

表 2.3　线缆两端亮圆点的颜色和含义

链路圆点的颜色	含义
亮绿色	物理连接准备就绪，没有 Line Protocol Status 的指示
闪烁的绿色	连接激活

表2.3(续)

链路圆点的颜色	含义
红色	物理连接不通，没有信号
黄色	交换机端口处于"阻塞"状态

线缆两端圆点的不同颜色将有助于进行连通性故障的排除。

（3）配置不同设备

配置 Router0，单击 Router0，打开设备配置对话框，如图 2.22 所示。

图 2.22　设备配置对话框

"Physical"选项卡用于添加端口模块，各模块的详细信息可以参考帮助文件。

下面介绍"Config"选项卡和"CLT"选项卡。

"Config"选项卡提供了简单配置路由器的图形化界面，在这里可以设置全局信息、路由信息和端口信息，当进行某项配置时会显示相应的命令。这是 Packer Tracer 中的快速配置方式，主要用于简单配置，将重点集中在配置项和参数上，实际设备中没有这样的方式。

对应的"CLT"选项卡则是在命令行模式下对 Router0 进行配置，这种模式和实际路由器的配置环境相似。

配置 FastEthernet 0/0 端口，如图 2.23 所示。

图 2.23　FastEthernet 0/0 端口

查看终端设备的配置，单击 PC0 图标，打开设备配置对话框，在"Config"选项卡中配置默认网关和 IP 地址分别为 192.168.1.1、192.168.1.2，子网掩码均为 255.255.255.0。

"Desktop"选项卡中的 IP Configuration 也可以完成默认网关和 IP 地址的设置。Terminal 选项模拟了一个超级终端对路由器或者交换机的配置。Command Prompt 相当于计算机中的命令窗口。

用相似的方法配置 Router0 上 Ethernet1/0（IP 地址为 192.168.2.1，子网掩码为 255.255.255.0）和 PC1（IP 地址为 192.168.2.2，子网掩码为 255.255.255.0，默认网关为 192.168.2.1）。

配置完成后发现所有的圆点已经变为闪烁的绿色，如图 2.24 所示，此时连接配置成功。

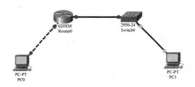

图 2.24　配置成功

5. 配置星状局域网

熟悉 Cisco 交换机命令模式和 Cisco 交换机配置命令，掌握建立星状局域网的方法。

（1）配置命令模式

命令模式包括以下几种，如图 2.25 所示。

```
1>
1>enable
1#
1#disable
1>enable
1#conf t
Enter configuration commands, one per line.  End with CNTL/Z
1(config)#hostname CoreSW
CoreSW(config)#interface f0/1
CoreSW(config-if)#
```

图 2.25　几种命令模式

switch>：用户命令模式，只能使用一些查看命令。

switch#：特权命令模式。

switch（config）#：全局配置模式。

switch（config-if）#：端口配置命令模式。

（2）查看命令

查看命令用于查看当前配置状况，通常是以 show（sh）为开头的命令，如 show version 查看 IOS 的版本，show flash 查看 Flash 的使用状况，show mac-address-table 查看 MAC 地址列表，show？用于查看所有的查看命令，show interface 端口号用于查看端口状态信息，如图 2.26~图 2.31 所示。

```
CoreSW#show version
Cisco IOS Software, C2960 Software (C2960-LANBASE-M), Version 12.2(25)FX, RELEAS
E SOFTWARE (fcl)
Copyright (c) 1986-2005 by Cisco Systems, Inc.
Compiled Wed 12-Oct-05 22:05 by pt_team

ROM: C2960 Boot Loader (C2960-HBOOT-M) Version 12.2(25r)FX, RELEASE SOFTWARE (fc
4)

System returned to ROM by power-on

Cisco WS-C2960-24TT (RC32300) processor (revision C0) with 21039K bytes of memor
y.
```

图 2.26 查看版本

```
24 FastEthernet/IEEE 802.3 interface(s)
2 Gigabit Ethernet/IEEE 802.3 interface(s)

64K bytes of flash-simulated non-volatile configurat
Base ethernet MAC Address        : 0001.4397.DD14
Motherboard assembly number      : 73-9832-06
Power supply part number         : 341-0097-02
```

图 2.27 查看版本（续）

```
CoreSW#sh flash
Directory of flash:/

   1  -rw-     4414921          <no date>  c2960-lanbase-mz.122-25.FX.bin

64016384 bytes total (59601463 bytes free)
CoreSW#
```

图 2.28 查看内存使用状况

```
CoreSW#sh mac-address-table
          Mac Address Table
-------------------------------------------

Vlan    Mac Address       Type        Ports
----    -----------       --------    -----

   1    000d.bd8c.6cdd    DYNAMIC     Fa0/2
   1    00d0.baa9.975c    DYNAMIC     Fa0/1
CoreSW#
```

图 2.29 查看 MAC 地址列表

```
CoreSW#show ?
  arp              Arp table
  boot             show boot attributes
  cdp              CDP information
  clock            Display the system clock
  dtp              DTP information
  flash:           display information about flash: file system
  history          Display the session command history
  hosts            IP domain-name, lookup style, nameservers, and host table
  interfaces       Interface status and configuration
  ip               IP information
  mac-address-table MAC forwarding table
  port-security    Show secure port information
  processes        Active process statistics
  running-config   Current operating configuration
  sessions         Information about Telnet connections
  spanning-tree    Spanning tree topology
  startup-config   Contents of startup configuration
  tcp              Status of TCP connections
  terminal         Display terminal configuration
  users            Display information about term:
  version          System hardware and software status
  vlan             VTP VLAN status
  vtp              VTP information
CoreSW#show
```

图 2.30　Show ? 显示当前所有的查看命令

```
CoreSW#show interface fa0/1
FastEthernet0/1 is up, line protocol is up (connected)
  Hardware is Lance, address is 00e0.8f7c.4b01 (bia 00e0.8f7c.4b01)
  MTU 1500 bytes, BW 100000 Kbit, DLY 1000 usec,
     reliability 255/255, txload 1/255, rxload 1/255
  Encapsulation ARPA, loopback not set
  Keepalive set (10 sec)
  Full-duplex, 100Mb/s
  input flow-control is off, output flow-control is off
  ARP type: ARPA, ARP Timeout 04:00:00
  Last input 00:00:08, output 00:00:05, output hang never
  Last clearing of "show interface" counters never
  Input queue: 0/75/0/0 (size/max/drops/flushes); Total output drops: 0
  Queueing strategy: fifo
  Output queue :0/40 (size/max)
  5 minute input rate 0 bits/sec, 0 packets/sec
  5 minute output rate 0 bits/sec, 0 packets/sec
     956 packets input, 193351 bytes, 0 no buffer
     Received 956 broadcasts, 0 runts, 0 giants,
     0 input errors, 0 CRC, 0 frame, 0 overrun,
     0 watchdog, 0 multicast, 0 pause input
     0 input packets with dribble condition detected
     2357 packets output, 263570 bytes, 0 underruns
     0 output errors, 0 collisions, 10 interface resets
CoreSW#show
```

图 2.31　查看端口状态信息

（3）密码设置命令

设置 Cisco 交换机、路由器中的密码可以有效地提高设备的安全性。其命令如图 2.32 所示。

```
CoreSW#conf t
Enter configuration commands, one per line.  End with CNTL/Z.
CoreSW(config)#enable password able
CoreSW(config)#line console 0
CoreSW(config-line)#password line
CoreSW(config-line)#login
CoreSW(config-line)#line vty 0 4
CoreSW(config-line)#password vty
CoreSW(config-line)#login
CoreSW(config-line)#exit
CoreSW(config)#
```

图 2.32　设置交换机的各种密码

switch（config）#enable password：设置进入特权模式时的密码。

switch（config-line）：设置通过 Console 端口连接设备及 Telnet 时所需要的密码。

（4）配置 IP 地址及默认网关

设置 IP 地址及默认网关的命令如图 2.33 所示。

```
CoreSW# conf t
Enter configuration commands, one per line.  End with CNTL/Z.
CoreSW(config)#interface vlan1
CoreSW(config-if)#ip address 192.168.0.253 255.255.255.0
CoreSW(config-if)#
CoreSW(config)# ip default-gateway 192.168.0.254
```

图 2.33　配置 IP 地址及默认网关

（5）管理 MAC 地址列表

关于 MAC 地址列表的命令有如下两个，其设置方法如图 2.34 和图 2.35 所示。

switch#show mac-address-table：显示 MAC 地址列表。

switch#clear mac-address-table dynamic：清除动态 MAC 地址列表。

```
CoreSW#show mac-address-table
          Mac Address Table
-------------------------------------------

Vlan    Mac Address       Type        Ports
----    -----------       --------    -----

   1    0005.5ed3.c4b1    DYNAMIC     Fa0/4
   1    000d.bd8c.6cdd    DYNAMIC     Fa0/2
   1    00d0.baa9.975c    DYNAMIC     Fa0/1
CoreSW#clear mac-address-table dynamic
CoreSW#
```

图 2.34　清除动态 MAC 地址列表

```
CoreSW(config)#mac-address-table static 00d0.baa9.975c vlan 1 interface fa0/1
CoreSW(config)#exit
%SYS-5-CONFIG_I: Configured from console by console
CoreSW#sh mac-address-table
          Mac Address Table
-------------------------------------------

Vlan    Mac Address       Type        Ports
----    -----------       --------    -----

   1    0005.5ed3.c4b1    DYNAMIC     Fa0/4
   1    000d.bd8c.6cdd    DYNAMIC     Fa0/2
   1    00d0.baa9.975c    STATIC      Fa0/1
CoreSW#
```

图 2.35　设置静态 MAC 地址

（6）配置星状网

星状网的拓扑及各端口的设置如图 2.36~图 2.40 所示。

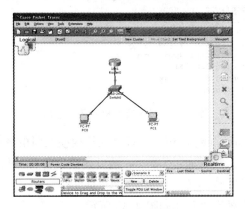

图 2.36　实例拓扑图

```
Switch>
Switch>en
Switch#config
Configuring from terminal, memory, or network [terminal]? t
Enter configuration commands, one per line.  End with CNTL/Z.
Switch(config)#interface fa0/1
Switch(config-if)#description link RouterA
Switch(config-if)#interface vlan1
Switch(config-if)#ip address 192.168.1.2 255.255.255.0
Switch(config-if)#exit
Switch(config)#hostname 2960
2960(config)#ip default-gateway 192.168.1.1
```

图 2.37　设置 fa0/1

```
2960(config)#interface fa0/2
2960(config-if)#description link pc0
2960(config-if)#interface fa0/3
2960(config-if)#description link pc1
2960(config-if)#switchport mode access
2960(config-if)#switchport port-security
2960(config-if)#switchport port-security maximum 1
2960(config-if)#switchport port-security violation shutdown
2960(config-if)#
```

图 2.38　设置 fa0/2

```
2960(config)#service password-encryption
2960(config)#enable password able
2960(config)#line console 0
2960(config-line)#password line
2960(config-line)#login
2960(config-line)#line vty 0 4
2960(config-line)#password vty
2960(config-line)#login
2960(config-line)#exit
2960(config)#
```

图 2.39　设置密码

```
2960#copy running-config startup-config
Destination filename [startup-config]?
Building configuration...
[OK]
2960#
```

图 2.40　保存交换机的配置

分组讨论

把全班同学分成学习小组，讨论下列问题并提交讨论报告。

1. 什么是 VLAN，以一个案例加以说明。
2. 各种局域网的配置区别，以案例加以说明。

作业

1. 局域网有哪几种常见的拓扑结构，各有何特点？
2. 解释 CSMA/CD 的工作原理。
3. 共享式局域网与交换式局域网的区别是什么？
4. 简述 IEEE 802.5 令牌环网的工作原理。
5. 阐述以太网的基本特点。
6. 比较集线器和交换机在以太网组网中的作用。
7. 比较无线局域网和有线局域网适用场合的不同。

项目 3

建立广域网

项目任务

1. 配置无线网。
2. 帧中继的配置。
3. 广域网的 RIP 路由设置。

知识要点

➤广域网概述。

➤数字数据网 DDN。

➤分组交换网 X.25。

➤帧中继 FR。

➤异步传输模式 ATM。

3.1 广域网概述

广域网是一个运行地域超过局域网的数据通信网络。广域网通常使用电信运营商提供的数据链路在广域范围内访问网络带宽。广域网将位于各地的多个部分连接起来，并与其他组织连接、与外部服务（如数据库）连接、与远程用户连接。广域网通常可以传输各种各样的通信类型，如语音、数据和视频。

广域网是一个地理覆盖范围超过局域网的数据通信网络。如果说局域网技术主要是为实现共享资源这个目标而服务的，那么广域网则主要是为了实现广大范围内的远距离数据通信，因此广域网在网络特性和技术实现上与局域网存在明显的差异。

广域网的主要特性如下：

①广域网运行在超出局域网地理范围的区域内。

②使用各种类型的串行连接来接入广泛地理领域内的带宽。

③连接分布在广泛地理领域内的设备。

④使用电信运营商的服务。

3.1.1 广域网设备

根据定义,广域网连接相隔较远的设备,这些设备包括如下几部分:

(1)路由器:提供诸如局域网互连、广域网接口等多种服务,包括局域网和广域网的设备连接端口。

(2)广域网交换机:连接到广域网带宽上,进行语音、数据资料及视频通信。广域网交换机是多端口的网络设备,通常进行帧中继、X. 25 及交换百万位数据服务(SMDS)等流量的交换。广域网交换机通常在 OSI 参考模型的数据链路层之下运行。

(3)调制解调器:包括针对各种语音级服务的不同接口,信道服务单元/数字服务单元是 T1/E1 服务的接口,终端适配器/网络终结器是综合业务数字网的接口。

(4)通信服务器(communication server):汇集拨入和拨出的用户通信。

3.1.2 广域网标准

OSI 参考模型同样适用于广域网,但广域网只涉及低 3 层:物理层、数据链路层和网络层。它将地理上相隔很远的局域网互连起来。广域网能提供路由器、交换机及它们所支持的局域网之间的数据分组/帧交换。

(1)物理层协议

物理层协议描述了如何将广域网服务提供电气、机械、操作和功能的连接到通信服务提供商。广域网物理层描述了数据终端设备(DTE)和数据通信设备(DCE)之间的接口。连接到广域网的设备通常是一台路由器,它被认为是一台 DTE。而连接到另一端的设备为服务提供商提供接口,这就是一台 DCE。

广域网的物理层描述了连接方式,广域网的连接基本上包括专用或专线连接、电路交换连接、包交换连接 3 种类型。它们之间的连接无论是包交换、专线,还是电路交换,都使用同步或异步串行连接。

许多物理层标准定义了 DTE 和 DCE 之间接口的控制规则,表 3.1 中列举了常用物理层标准。

表 3.1　广域网物理层标准

标准	描述
EIA/TIA-232	在近距离范围内,25 针 D 连接器上的信号速度最高可达 64kb/s,也称 RS-232,Cisco 设备支持此标准。在 ITU-Tv. 24 规范中(在欧洲使用)
EIA/TIA-449 EIA-530	EIA/TIA-232 的高速版本(速度最高可达 2 Mb/s),它使用 36 针 D 连接器,传输距离更远,也被称为 RS-422 或 RS-423,Cisco 设备支持此标准
EIA/TIA-612/613	高速串行接口,使用 50 针 D 连接器,可以提供 T3(45Mb/s)、E3(34 Mb/s)和同步光纤网(SONET)STS-1(51.84Mb/s)速率的接入服务

表3.1(续)

标准	描述
V. 35	用来在网络接入设备和分组网络之间进行通信的一个同步、物理层协议的 ITU-T 标准。V. 35 普遍用在美国和欧洲,其建议速率为 48kb/s,Cisco 设备支持此标准
X. 21	用于同步数字线路上的串行通信 ITU-T 标准,它使用 15 针 D 连接器,主要用在欧洲和日本

(2)数据链路层协议

在每个 WAN 连接上,数据在通过 WAN 链路前都被封装到帧中。为了确保验证协议被使用,必须配置恰当的第 2 层封装类型。协议的选择主要取决于 WAN 的拓扑和通信设备。WAN 数据链路层定义了传输到远程站点的数据的封装形式。

(3)网络层协议

著名的广域网网络层协议有 X. 25 和 TCP/IP 协议族中的 IP 等。

3.1.3　广域网帧封装格式

为了确保使用恰当的协议,必须在路由器配置适当的第 2 层封装。协议的选择需要根据所采用的广域网技术和通信设备确定。

路由器将数据报以二层帧格式进行封装,然后传输到 WAN 链路中。尽管存在几种不同的 WAN 封装,但是大多数有相同的原理。这是因为大多数的 WAN 封装都是从高层数据链路控制(HDLC)和同步数据链路控制演变而来的。尽管它们有相似的结构,但是每一种数据链路协议都指定了自己特殊的帧类型,不同类型是不相容的。

在默认情况下,Cisco 路由器的串口封装使用高层数据链路控制协议。要使用其他封装时,必须手动配置。封装协议的选择依赖于所使用的 WAN 技术和通信设备。常用的 WAN 协议有以下几种:

①点对点协议(point to point protocol,PPP):PPP 是一种标准协议,规定了同步或异步电路上的路由器对路由器、主机对网络的连接。

②串行线路互连协议(serial line internet protocol,SLIP):PPP 的前身,用于使用 TCP/IP 的点对点串行连接。SLIP 现已经基本上被 PPP 取代。

③HDLC:HDLC 标准是私有的,是点对点、专用链路和电路交换连接上默认的封装类型。HDLC 是按位访问的同步数据链路层协议,它定义了同步串行链路上使用帧标识和校验和的数据封装方法。当连接不同设备商的路由器时,要使用 PPP 封装(基于标准)。HDLC 同时支持点对点与点对多点连接。

④X. 25/平衡式链路访问程序(link access procedure balanced,LAPB):X. 25 是帧中继的原型,它指定 LAPB 为一个数据链路层协议。LAPB 是定义 DTE 与 DCE 之间如何连接的 ITU-T 标准,是在公用数据网络上维护远程终端访问与计算机通信的。LAPB 用于包交换网络,用来封装位于 X. 25 中第 2 层的数据包。X. 25 提供了扩展错误检测和滑动窗口的功能,这是因为 X. 25 是在错误率很高的模拟铜线电路上实现的。

⑤Frame Relay 帧中继:帧中继是一种高性能的包交换式 WAN 协议,可以被应用于各种类型的网络接口。帧中继适用于更高可靠性的数字传输设备。

⑥ATM：信元交换的国际标准，在定长（53 字节）的信元中能传输各种各样的服务类型（如话音、音频、数据）。ATM 适用于高速传输介质（如 SONET）。

⑦Cisco/IETF：用来封装帧中继流量，它是 Cisco 定义的专属选项，只能在 Cisco 路由器之间使用。

⑧综合业务数字网：一组数字服务，可经由现有的电话线路传输语音和数据资料。

3.1.4 广域网连接的选择

广域网连接有两种类型可供选择：专线连接和交换连接，如图 3.1 所示。交换连接可以是电路交换或分组/信元交换。

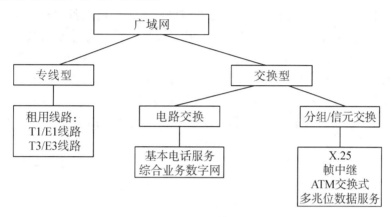

图 3.1 广域网连接

（1）专线连接

专线连接是一种租用线路连接到 WAN 的方式，提供全天候服务。专线通常用于传输数据资料、语音，也可以传输视频图像。在数据网络设计中，专线通常提供主要网站或园区间的核心连接或主干网络连接，以及 LAN 对 LAN 的连接。

一条专线线路是两个结点间的连续可用的点对点的链路。专用的全天候连接是由点对点串行链路提供的。专线一般使用同步串行链路。在进行专线连接时，每个连接都需要路由器的一个同步串行连接端口，以及来自服务提供商的 CSU/DSU（通道服务单元/数字服务单元）和实际电路。通过 CSU/DSU 时可用的典型带宽可达 2 Mb/s（E1），最高能提供高达 45 Mb/s（T3）和 34 Mb/s（E3）的带宽。而其数据链路层的各种封装方法提供了使用者数据流量的弹性及可靠性。

CSU/DSU 是一个数字接口装置（或两个分离的数字装置），用以适配和连接数据终端设备上的物理接口和电信运营商交换网络中的数据电路端接设备（如交换机）上相应的接口。CSU/DSU 也为上述设备间的通信提供了信号时钟。图 3.2 显示了 CSU/DSU 在网络中的位置。

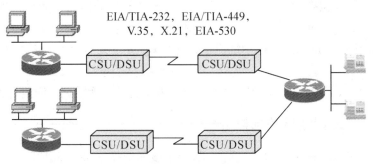

图 3.2 专用串行连接中 CSU/DSU 的位置

线路一般都承载着高速的传输。考虑到建设和维护传输设备的费用，专线线路大多数都是从电话公司或其他承载网租用的。因此专线线路一般指租用线路。一条点对点专线利用承载网依据客户的需求预先建立了一条简单的广域网路径。专线实际上并不是一条线路，而是通过承载网预先建立的一条交换式电路。因此，专线是运营商依据客户的需求保留的一条电路。专线的私有性允许租用公司最大程度地利用自己的广域网连接。目前，几乎所有的专线都是数字专线。如果网络需要提供实时的数据流（如电子商务事务处理），则高速专线是最能满足需求的。

专线网络常用的典型连接技术如下：56 kb/s、64 kb/s、T1（1.544 Mb/s）美国标准、E1（2.048 Mb/s）欧洲标准、E3（33.064 Mb/s）欧洲标准、T3（43.736 Mb/s）美国标准。

①xDSL

xDSL 是一种新兴的、正在不断发展的、针对家庭使用的广域网技术。xDSL 代表整个 DSL 技术家族，包括高数据速率（high bit rate DSL，HDSL）、单线 DSL（single line DSL，SDSL）、非对称的 DSL（asymmetric DSL，ADSL）、甚高速 DSL（very high data rate，VDSL）。带宽随着与电信公司设备之间距离的增加而减少，在离电信公司设备近的地方，可达到最高速率 51.84 Mb/s。而大多数情况下带宽低得多（从几百千位每秒到几兆位每秒）。xDSL 的价格中等而且正在下降。

②SONET

SONET 包含一系列高速的物理层技术。其设计是针对光纤的，但也可以运行在铜质电缆上；可以在不同等级的光纤载波上，从 51.84 Mb/s（OC-1）到 9 952 Mb/s（OC-192）的传输；通过波分复用可以实现高数据速率。SONET 在互联网骨干网上的使用非常广泛，但费用高，不适用于连接家庭网络。

路由器的同步串行连接使用如下标准连接到 DCE（如 CSU/DSU）：EIA/TIA-232（RS-232）、EIA/TIA-449、V. 35、X. 21、EIA-530。

（2）交换连接

①分组交换连接

分组交换又称包交换，它不依赖于承载网提供的专用的点对点线路，而是让 WAN 中的多个网络设备共享一条虚电路进行数据传输。实际上，数据报利用包含在包中或帧头的地址进行路由并通过运营商网络从源地址传输到目的地址。这意味着包交换式广域网设备是可以被共享的，允许服务提供商通过一条物理线路、一个交换机来为多个用户提供服务。一般来讲，用户通过一条专线（如 T1 或分时隙的 T1）连接到包交换网络。

在分组交换式网络中，服务提供商通过配置自己的交换设备产生虚拟电路来提供端到端的连接。帧中继、SMDS 和 X.25 都属于包交换式的广域网技术。

分组交换网络可以传输大小不一的帧（数据报）或大小固定的单元。一般最常见的分组交换网络类型为帧中继。

分组交换网络与点对点线路相比，提供给管理员的管理控制权限要少，而且网络带宽也是共享的，分组包交换提供了类似于专线的网络服务，并且其服务费用的开销一般比专线要低。分组交换网络类似于专线网络，通常工作在同步串行线路上，并且速率可以从 56 kb/s 到 45 Mb/s（T3 级）。当 WAN 连接速率与专线的速率接近时，使用分组交换网络连接对于两个较大的网络站点之间要求有较高的链路使用率的环境是比较适宜的。

②电路交换连接

在电路交换式网络中，专用物理电路只是为每一个通信对话临时建立的。交换式电路由一个初始建立信号触发建立。这个呼叫建立过程决定了呼叫 ID、目的 ID 和连接类型。当传输结束时，中断信号负责中断电路。

异步串口连接是最普通的电路交换技术。在使用电话服务的过程中，只有呼叫时电路才建立，但是一旦临时电路建立了，它就专属于指定的呼叫。尽管电路交换不如其他的广域网服务效益高，但是它比较常用，而且相对比较可靠。

交换式电路给移动办公和在家中办公的用户提供了接入到中枢结点或 ISP 的方法。公司网络使用交换式电路作为备份连接，或给分公司作为主要链路来交换小的周期性的流量。在这种方式中，路由器必须通过交换式电路来进行路由。

大家都知道如果交换式电路一直保持建立，那么费用是很高的。基于这个原因，连接交换式电路的路由器都配置成按需呼叫路由（DDR）。配置成 DDR 的路由器只有当检测到网络管理员预先定义的"感兴趣"的流量通过时才建立呼叫。

典型的电路交换式线路有如下几种：异步串口连接（POTS）、综合业务数字网基本速率接口（BRI）、综合业务数字网基群速率接口（PRI）。

（a）异步串口线路。异步串口线路通过现有的电话网络提供了相对比较低廉的广域网服务。为了让数字设备（如计算机和路由器）能使用模拟电话线，在线路的两端都需要调制解调器。调制解调器能够把数字信号转换成可通过电话公司本地中继异步传输的模拟信号。尽管这种方法非常方便，但是调制解调器有一个很大的缺点，即不提供高容量传输。目前的调制解调器只能提供 56kb/s 甚至更低的传输速率。

因为调制解调器能把任何电话线、移动和家庭用户通过异步串行线路连接到公司网络或 ISP，所以利用调制解调器终端的用户可以随意地建立和结束呼叫。

路由器可以使用异步串行线路利用 DDR 来对流量进行路由。路由器可以在传输端的工作站进行电路交换时启动和结束该动作。当路由器接收到远程网络的流量传输要求时，便会建立电路，并正常传输流量。路由器会维护闲置计时器，而只有在接收到触发性数据流量（指路由器必须路由的流量）时才会重新设定此计时器。如果路由器在闲置计时超过之前并未收到触发性数据流量，便会中断电路。同样，如果路由器接收到非触发性的数据流量且并未启动电路，便会丢弃该流量。当路由器接收到触发性数据流量时，再启动新的电路。

DDR 让用户可以在需要传输网络数据流时才进行标准的电话线路连接或综合业务数字网连接。DDR 可能会比专线连接或多点连接等解决方案更便宜。

一些路由器连接了大量的异步线路以接入大量的拨号用户。担当了呼入和呼出集中点的路由器被称为接入服务器。为了处理或接收异步串行呼叫，路由器至少要有一个异步串行接口，如连接调制解调器的辅助端口（AUX）。

（b）综合业务数字网线路。综合业务数字网线路是典型的同步拨号线路，当有需要时才提供广域网接入，而不提供永久电路。与异步拨号线路相比，综合业务数字网提供相对多的带宽，同时利用一根数字电话线来传输数据、语音及其他的负载流量。综合业务数字网通常与 DDR 一起应用，以为 SOHO 应用、备份链路和负载分担等提供远程接入。

综合业务数字网提供两种类型的服务：基本速率接口（basic rate interface，BRI）和基群速率接口（primary rate interface，PRI）。BRI 有两个 B 信道来传输数据。另用一个 D 信道来发送呼叫建立和中断信号。当两个 B 信道都用于传输数据时，综合业务数字网 BRI 可以达到 128 kb/s 的速率（比 POTS 最高速率的两倍还多）。对于 PRI，用于北美和日本的 T1 有 23 个 B 信道，用于欧洲和其他地区的 E1 有 30 个 B 信道。PRI 也只使用一个 D 信道。

③信元交换连接

信元交换服务（cell switch service）提供了一种专用连接交换技术，将数字化的数据组织成信元单元，然后应用数字信号技术将其在物理介质中传输。

信元交换服务最常用的有两种：异步传输模式（asynchronous transfer mode，ATM）和交换式多兆位数据服务（switched multimegabit data service，SMDS）。各自的特征如表3.2 所示。

表 3.2　信元交换服务

信元交换服务	描述
ATM	与宽带综合业务数字网密切相关；正在成为一项日益重要的广域网技术，应用领域广泛并在不断增长；使用长度很短的定长信元（53 字节）来传输数据，最大带宽是 622 Mb/s，支持更高速率的技术正在开发；典型的传输出介质包括双绞线对称电缆和光纤，费用高
SMDS	与 ATM 密切相关，通常用在城域网中；最大带宽为 43.736 Mb/s；典型的传输介质包括双绞线对称电缆和光纤；应用领域不是很广，费用相对较高

（3）拨号、电缆和无线服务

表 3.3 描述了拨号调制解调器（dialup modem）、电缆调制解调器（cable modem）及地面和人造卫星的无线服务（terrestrial and satellite wireless）。

表 3.3　拨号、电缆和无线服务

广域网服务	描述
拨号调制解调器（交换式模拟技术）	传输速率有限但是很通用；工作在现有的电话线上；最大带宽约为 56 kb/s；费用低、应用领域仍然很广泛；典型介质为双绞电话线
电缆调制解调器（共享式模拟技术）	将数据信号和有线电视信号放在同一条电缆上；在已经布有大量有线电视同轴电缆的地区越来越流行；最大带宽能达到 10 Mb/s，但是带宽会随网段上用户的增加而减少；与共享式局域网类似；费用较高；介质为同轴电缆
地面和人造卫星的无线服务	不需要使用介质；存在多种无限的广域网线路，包括地面无线的带宽通常为 11 Mb/s；费用较低；通常要求视距；使用程度适中；人造卫星可以为处于蜂窝电话网络中的用户和位置偏远、距离任何线缆都很远的用户提供服务；使用广泛，费用高

（4）选择适当的广域网服务

每一种广域网线路类型都既有优点又有缺点。我们选择广域网线路时，需要考虑许多因素，主要是实用性、带宽和费用。表 3.4 比较了多种类型广域网线路的应用情况。

表 3.4　广域网线路的应用情况

连接类型	最大带宽	特点
ISDN（综合业务数字网）	128 kb/s	BRI 在两个 B 信道集成在一起时，提供 128 kb/s 的传输速率，适用于终端结点和小的分支机构，也用于作为其他广域网连接的备份，数据和语音在一起
X. 25	2 Mb/s	一种老式的包交换技术，具有高可靠性。一般只适用于帧中继服务不可用的地方
帧中继	最高可达 43.736Mb/s	一般提供 T1（1.544 Mb/s）或更低的传输速率，利用了共享的广域网设备。永久虚电路使得帧中继适用于远程办公结点
ATM	622 Mb/s	高成本的信元交换技术，提供高吞吐量。作为广域网技术，它适用于服务提供商和对带宽要求敏感的场合
SMDS	1.544 Mb/s 和 43.736 Mb/s	与 ATM 密切相关，通常用在城域网中
T1、T3	1.544 Mb/s 和 43.736 Mb/s	在电信中广泛应用
XDSL（用户数字线）	384 kb/s	DSL 提供全天候的连接。用户打开它们连接到 DSL 的计算机即可。DSL 技术有 ADSL（非对称）和 SDSL（对称）两种类型
SONET（同步光纤网）	9952 Mb/s	快速的光纤传输
电缆调制解调器	10 Mb/s	可以使用传输有线电视的同轴电缆进行双向的、高速的数据传输
异步拨号	56 kb/s	通过普通电话线来提供有限的带宽，具有高可用性。适用于家庭用户和移动用户
地面无线	11 Mb/s	微波和激光线路
人造卫星无线	2 Mb/s	微波和激光线路

3.2 数字数据网

3.2.1 数字数据网概念

数字数据网（digital data network，DDN）是利用数字信道提供半永久性连接电路，以传输数据信号为主的数据传输网络。该网络可为最终用户提供全程端到端数字数据业务（为公用电信网内部用户提供点到点或点到多点数字专用电路）。

DDN 的传输媒介有光缆、数字微波、卫星信道及用户端可用的普通电缆和双绞线。利用数字信道传输数据信号与传统的模拟信道相比，具有传输质量高、速度快、带宽利用率高等一系列优点。DDN 向用户提供的是半永久性的数字连接，沿途不进行复杂的软件处理，因此时延较短，避免了分组网中传输时延大且不固定的缺点；DDN 采用交叉连接装置，可根据用户需要，在约定的时间内接通所需带宽的线路，信道容量的分配和接续在计算机控制下进行，具有极大的灵活性。

DDN 为用户提供专用电路、帧中继和压缩语音/G3 传真和虚拟专用网等业务，具有传输质量高、距离远、传输速率高、网络延迟小、无拥塞、透明性好、用户接入方便、传输安全可靠、网络管理方便、适合高流量用户接入等优点。

3.2.2 DDN 组成

DDN 主要以硬件为主，对应 OSI 参考模型的低 3 层。它主要由四大部分组成：本地传输系统、DDN 结点、局间传输及网同步系统、网络管理系统。

（1）本地传输系统

本地传输系统由用户设备和用户环路（用户线和网络接入单元）组成。用户设备通常是数据终端设备、电话机、传真机、计算机等，用户线是一般市话用户电缆，网络接入单元可为基带型或频带型、单路或多路复用传输设备等。

（2）DDN 结点

DDN 结点的功能主要有两大部分：复用和交叉连接，DDN 利用电信网的数字通道工作，通常采用时分复用技术。

（3）局间传输及网同步系统

局间传输及网同步系统由两部分组成：局间传输和同步时钟供给。局间传输是指结点间的数字通道以及各结点通过与数字通道的各种连接方式组成的各种网络拓扑。我国目前主要采用 T1（2 048 kb/s）数字通道，少部分采用 E1 数字通道。同步时钟供给则是由于 DDN 是一个同步数字传输网，为了保证全网所有设备同步工作，必须有一个全国统一的同步方法来确保全网设备的同步。

（4）网络管理系统

对于一个公用的 DDN 来讲，网络管理至少包括用户接入管理，网络资源的调度和路由管理，网络状态的监控，网络故障的诊断、报警与处理，网络运行数据的收集与统计，计费信息的收集与报告等。

3.2.3 DDN 的网络结构

DDN 的网络结构按网络的组建、运营、管理和维护的责任地理区域，可分为一级干线网、二级干线网和本地网共 3 级。各级网络应根据其网络规模、网络和业务组织的需要，参照前面介绍的 DDN 结点类型，选用适当的结点，组建多功能层次的网络。DDN 的网络结构可由 2Mb/s 结点组成核心层，主要完成转接功能；由接入结点组成接入层，主要完成各类业务接入；由用户结点组成用户层，完成用户入网接入。

DDN 网络业务分为专用电路、帧中继和压缩语音/G3 传真、虚拟专用网等业务。DDN 的主要业务是向用户提供中、高速率，高质量的点到点和点到多点数字专用电路（以下简称专用电路）；在专用电路的基础上，通过引入帧中继服务模块（FRM），提供永久性虚电路连接方式的帧中继业务；通过在用户入网处引入语音服务模块提供压缩语音/G3 传真业务。在 DDN 上，帧中继业务和压缩语音/G3 传真业务均可看作在专用电路业务基础上的增值业务。压缩语音/G3 传真业务可由网络增值，也可由用户增值。

3.2.4 DDN 的主要特点

（1）DDN 是同步数据传输网，它利用数字信道来连续传输数据信号，不具备数据交换的功能，不同于通常的报文交换网和分组交换网。

（2）DDN 具有质量高、速度较快、时延小的特点，由于 DDN 采用了数字信道传输，一般误码率在 10^{-6} 以下，而且干扰不会累加和累积，传输速率可达 2 Mbps，平均时延小于等于 450μs。

（3）DDN 为全透明传输网，由于 DDN 将数字通信的规约和协议寄托在智能化程度很高的用户终端来完成，本身不受任何规程的约束，所以是全透明网，是一种面向各类数据用户的公用通信网，可以支持任何规程，支持数据、图像、语音等多种业务，相当于一个大型的中继开放系统。

（4）传输安全可靠。DDN 通常采用路由的网络拓扑结构，因此中继传输段中任何一个结点发生故障，网络拥塞或线路中断，只要不是最终一段用户线路，结点均会自动迂回改道，而不会中断用户的端到端的数据通信。

（5）网络运行管理简单。DDN 将检错纠错功能放到智能化程度较高的终端来完成，因此简化了网络运行管理和监控内容，这样也为用户参与网络管理创造了条件。

（6）DDN 可提供灵活的连接方式，它不仅可以和客户终端设备进行连接，而且可以和用户网络进行连接，为用户网络互连提供灵活的组网环境。

3.2.5 DDN 的主要业务

（1）可以应用信息量大、实时性强的中高速数据通信业务，如局域网互连、大中型主机互连、计算机互联网业务提供者（ISP）等。

（2）为分组交换网、公用计算机互联网提供中继电路。

（3）可提供点对点、一点对多点的业务，适用于大中型企业、金融证券、科研教育、政府部门租用 DDN 专线组建自己的专用网。

（4）提供帧中继业务，扩大了 DDN 的业务范围，用户通过一条物理电路可同时配置多条虚连接。

（5）提供语音、G3 传真、图像、智能用户电报等通信。

（6）提供虚拟专用网业务。大的集团用户可以租用多个方向、较多数量的电路，通过自己的网络管理工作站，进行自己管理，自己分配电路带宽资源，组成虚拟专用网。

3.3 分组交换网

3.3.1 什么是分组交换网

在传统的网络概念中，解决远程计算机联网的主要手段是租用电话线路，通过调制解调器将数据信息转变成模拟信号，在公共交换电话网（public switched telephone network，PSTN）上进行传输。

分组交换采用存储/转发交换技术，分组是交换处理和传输的对象。其先将发信端发送的数据分成固定长度的分组，然后在网络中经各分组交换机逐级"存储/转发"，最终到达收信终端。

分组交换是一种在距离相隔较远的工作站之间进行大容量数据传输的有效方法。它结合了线路交换和报文交换的优点，将信息分成较小的分组进行存储、转发，动态分配线路的带宽。它的优点是出错少、线路利用率高。

分组交换数据网提供数据报和虚电路两种服务。

虚电路建立在 X. 25 的第 3 层。在虚电路方式中，一次通信要经历建立虚电路、数据传输和拆除虚电路 3 个阶段。一旦建立虚电路，则该虚电路不管有无数据传输都要保持到虚电路拆除或因故障而中断为止。如果因故障而中断，则需重新建立虚电路，以继续未完成的数据传输。

X. 25 提供以下两种虚电路服务：

（1）交换虚电路

交换虚电路类似于电话交换，即双方通信前要建立一条虚电路供数据传输，通信完毕后要拆除这条虚电路，供其他用户使用。

（2）永久虚电路

永久虚电路可在两个用户之间建立永久的虚电路，用户需要通信时无须建立连接，可直接进行数据传输，如使用专线一样。

3.3.2 X. 25 标准

X. 25 是 CCITT 制定的分组交换数据网标准，于 1976 年正式颁布并作为推荐标准。X. 25 在 1977 年、1978 年、1980 年和 1984 年进行过多次修正。

（1）X. 25 层次结构

X. 25 模型由 3 层组成，对应于 OSI 参考模型的低 3 层，如图 3.3 所示。

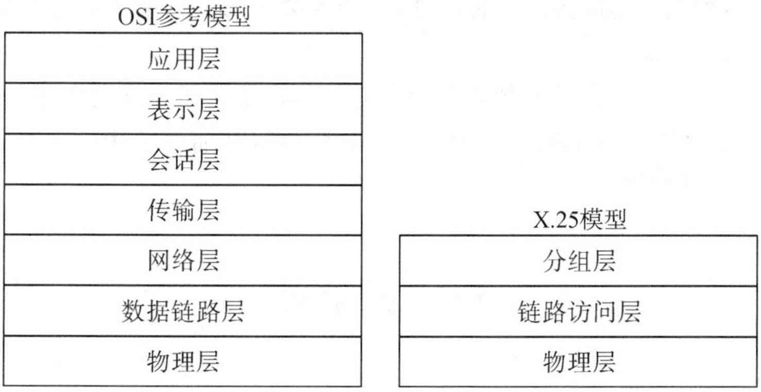

图 3.3　OSI 参考模型和 X. 25 模型

①物理层定义数据终端设备（计算机、智能终端、前端通信处理机等）与数据通信设备（网络结点、分组交换机等）之间建立物理连接和维持物理连接所必需的机械、电器、功能和规程。

②链路访问层定义数据链路控制过程，即控制链路的操作过程和纠正通信线路的差错。链路访问层采用 HDLC 的子集 LAP-B 作为该层的标准。

③分组层定义数据终端设备与数据通信设备之间数据交换的分组格式和控制过程，包括多条逻辑信道到一条物理连接的复用、分组流量控制和差错控制等。

（2）建立连接和拆除连接

在建立和拆除虚电路连接时，发送方数据终端设备先向本地数据通信设备发出呼叫连接请求分组，数据通信设备选择合适的路径将该分组通过网络传输到接收方的数据电路通信设备，并送给接收方数据终端设备，接收方数据终端设备回送一个呼叫接收分组给发送方数据终端设备，建立起虚电路后即可传输数据。数据传输完毕后，一方数据终端设备发出连接拆除分组给本地数据通信设备，另一方数据通信设备接收到该分组后，发送一个拆除指示分组给数据终端设备，则双方数据终端设备的连接就被拆除了。

3.3.3　分组交换网的组成

X. 25 分组交换网由分组交换机、通信传输线路和用户接入设备组成。

（1）分组交换机

分组交换机是分组交换网中最关键的设备，分为中间结点交换机和本地交换机。通常，分组交换机具有以下主要功能：

①提供各种业务支持。

②进行路由选择和流量控制。

③提供多种协议互连，如 X. 25、X. 75 等。

④提供网络管理、计费和统计等功能。

（2）通信传输线路

通信传输线路分为分组交换机间的中继传输线路和用户传输线路。中继传输线路通常使用 n×64kb/s 的数字信道。用户传输线路有模拟和数字两种形式，典型的模拟形

项目 3　建立广域网

式是使用电话线加调制解调器，目前普通调制解调器的最大通信速率可达 56 kb/s。

（3）用户接入设备

用户终端是 X. 25 分组交换网的主要用户接入设备。用户终端设备分为分组型终端（PT）和非分组型终端（NPT）。其中，非分组型终端需要使用分组组装/拆装设备才能接入到分组交换网中。

3.4　帧中继

帧中继（frame relay，FR）以 X. 25 分组交换技术为基础，摒弃其中复杂的检错、纠错过程，改造了原有的帧结构，从而获得了良好的性能。帧中继的用户接入速率一般为 64 kb/s~2 Mb/s，局间中继传输速率一般为 2 Mb/s、34 Mb/s，现已可达 155 Mb/s。

3.4.1　帧中继概念

帧中继技术继承了 X. 25 提供的统计复用功能和采用虚电路交换的优点，但是简化了可靠传输和差错控制机制，将那些用于保证数据可靠性传输的任务（如流量控制和差错控制等）委托给用户终端或本地结点机来完成，从而在减少网络时延的同时降低了通信成本。帧中继中的虚电路是帧中继分组交换网络为实现不同数据终端设备之间的数据传输所建立的逻辑链路，这种虚电路可以在帧中继交换网络内跨越任意多个数据通信设备或帧中继交换机。虚电路为两个相互通信的数据终端设备结点之间提供了面向连接的第 2 层服务。在帧中继网络中，不同的虚电路由数据链路连接标识符（data-link connection identifier，DLCI）进行标识。

帧中继技术主要用软件实现，不需过多的硬件投资。我们可以在 X. 25 网的基础上提供帧中继功能，也可以通过在 DDN 网中增加适当的模块来提供帧中继的端口。

帧中继向高层提供虚电路服务方式，包括交换虚电路与永久虚电路。交换虚电路是一种"临时"的电路连接，它只有在双方需要通信时才建立，而永久虚电路中的连接与双方是否需要进行通信无关，或者说这种连接是"永久"存在的。在帧中继中，永久虚电路是一种更为普遍使用的方式。

从网络层次上看，相对于具有 3 层体系的 X. 25 而言，帧中继网络只有物理层和链路层两层，并对链路层功能进行了较大的调整。它将统计复用、数据交换、路由选择等功能定义在数据链路层，取消了流量控制、纠错及确认处理等功能，并且数据交换以帧为单位（故称为帧交换）。这些简化措施提高了网络性能，减少了网络时延。

一个典型的帧中继网络是由用户设备与网络交换设备组成的，如图 3.4 所示。作为帧中继网络核心设备的 FR 交换机，其作用类似于前面讲到的以太网交换机，都是在数据链路层完成对帧的传输，只是 FR 交换机处理的是 FR 帧而不是以太帧。帧中继网络中的用户设备负责把数据帧传送到帧中继网络，用户设备分为帧中继终端和非帧中继终端两种，其中非帧中继终端必须通过帧中继装拆设备接入帧中继网络。

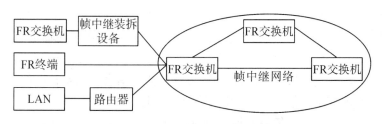

图 3.4　帧中继网络

3.4.2　帧中继的特点

帧中继具有许多特点。首先，帧中继采用统计复用技术为用户提供共享的网络资源，提高了网络资源的利用率。帧中继不仅可以提供用户事先约定的带宽，在网络资源富裕时，而且允许用户使用超过预定值的带宽，而只用付预定带宽的费用。其次，帧中继在 OSI 参考模型中仅实现物理层和数据链路层的核心功能，这样就大大简化了网络中各个结点之间的处理过程，有效地降低了网络时延。再次，帧中继提供了较高的传输质量。高质量的线路和智能化的终端是实现帧中继技术的基础，前者可保证传输中的误码率很低，即使出现了少量的错误也可以由智能终端进行端到端的恢复。另外，帧中继在网络中还采取了 PVC 管理和拥塞管理，客户智能化终端和交换机可以清楚地了解网络的运行情况，不向发生拥塞和已删除的 PVC 发送数据，以避免信息丢失，进一步保证了网络的可靠性。最后，从网络实现角度来看，帧中继只需对现有数据网上的硬件设备稍加修改，同时进行软件升级就可以实现，操作简单，实现方便。

3.4.3　帧中继的应用

帧中继技术首先在美国和欧洲得到应用。帧中继的应用领域十分广泛，目前主要用于 LAN 互连、图像传输和组建虚拟专用网等。我国的公用分组交换网和数字数据网都引入了帧中继技术。一般来说帧中继技术适用于以下情况：

（1）当用户需要数据通信时，其带宽要求为 64 kb/s～2 Mb/s，而当参与通信的各方多于两个时，使用帧中继是一种较好的方案。

（2）当数据业务量为突发性时，由于帧中继具有动态分配带宽的功能，因此选用帧中继技术可以有效地处理突发性数据。

3.5　异步传输模式

针对 N-ISDN 的不足，人们提出了一种高速传输网络，这就是宽带 ISDN（broadband ISDN，B-ISDN）。B-ISDN 的设计目标是以光纤为传输介质，以提供远远高于一次群速率的传输信道，并针对不同的业务采用相同的交换方法，即致力于真正做到用统一的方式来支持不同的业务。为此，一种新的数据交换方式即异步传输模式（asynchronous transfer mode，ATM）被提出。现在 ATM 作为关键技术被保留了下来并成为高速广域网传输技术的重要基础。

ATM 技术综合了电路交换的可靠性与分组交换的高效性，借鉴了两种交换方式的优点，采用了基于信元的统计时分复用技术。信元是 ATM 用于传输信息的基本单元，其采用 53 字节的固定长度。其中，前 5 字节为信头，载有信元的地址信息和其他控制信息，后 48 字节为信息段，装载来自不同业务的用户信息。固定长度的短信元可以充分利用信道的空闲带宽。信元在统计时分复用的时隙中出现，即不采用固定时隙，而按需分配，只要时隙空闲，任何允许发送的单元都能占用。信元在底层都采用面向连接的方式传输，并对信元交换采用硬件以并行处理方式来实现，减少了结点的时延，其交换速度远远超过了总线结构的交换机。

ATM 网络系统由 ATM 终端、复用、交换、传输等部分组成，其结构如图 3.5 所示。

图 3.5　ATM 网络结构

其中，ATM 交换机是 ATM 网络的核心，它采用面向连接的方式实现信元的交换。

ATM 主要具有下列优点：

①ATM 是以面向连接的方式工作的，大大降低了信元丢失率，保证了传输的可靠性。

②由于 ATM 的物理线路使用光纤，因此误码率很低。

③短小的信元结构使得 ATM 信头的功能被简化，并使信头的处理可基于硬件实现，从而大大减少了处理时延。

④采用短信元作为数据传输单位可以充分利用信道空闲，提高了带宽利用率。总之，ATM 的高可靠性和高带宽使得其能有效地传输不同类型的信息，如数字化的声音、数据、图像等。

目前，ATM 论坛定义的物理层接口有 SDH STM-1、4、16，其数据传输速率分别可达 55.52 Mb/s、662.08 Mb/s、2 488.32 Mb/s。对应于不同信息类型的传输特性，如可靠性、延迟特性和损耗特性等，ATM 可以提供不同的服务质量来适应这些差别。

ATM 是一种应用极为广泛的技术，在实际的应用中能够适应从低速到高速的各种传输业务，可应用于视频点播、宽带信息查询、远程教育、远程医疗、远程协同办公、家庭购物、高速骨干网等。

3.6　ADSL

非对称数字用户环路（asymmetric digital subscriber line，ADSL）是一种新的数据传输方式。它因为上行和下行带宽不对称，因此称为非对称数字用户环路。它采用频分复用技术把普通的电话线分成了电话、上行和下行 3 个相对独立的信道，从而避免了相互之间的干扰。即使边打电话边上网，也不会发生上网速率和通话质量下降的情况。通常 ADSL 在不影响正常电话通信的情况下可以提供最高 3.5 Mb/s 的上行速率和最高 24 Mb/s 的下行速率。

3.6.1 ADSL 技术指标

ADSL 网络的组成如图 3.6 所示。

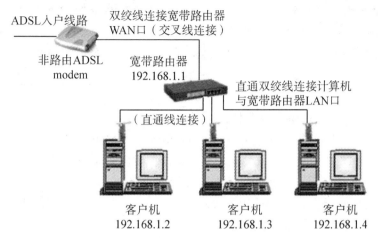

图 3.6 ADSL 网络的组成

ADSL 是一种异步传输模式。在电信服务商提供端,需要将每条开通 ADSL 业务的电话线路连接在数字用户线路访问多路复用器(DSLAM)上。而在用户端,用户需要使用一个 ADSL 终端来连接电话线路。由于 ADSL 使用高频信号,所以在两端都要使用 ADSL 信号分离器将 ADSL 数据信号和普通音频电话信号分离出来,避免打电话的时候出现噪声干扰。

通常的 ADSL 终端有一个电话线接口,一个以太网接口,有些终端集成了 ADSL 信号分离器,还提供一个连接的电话接口。

某些 ADSL 调制解调器使用 USB 接口与计算机相连,需要在计算机上安装指定的软件以添加虚拟网络接口卡来进行通信。

(1)传输标准

由于受到传输高频信号的影响,ADSL 需要电信服务提供商端接入设备和用户终端之间的距离不超过 5 km,也就是用户的电话线连从终端到电话局的距离不能超过 5 km。

ADSL 设备在传输中需要遵循以下标准之一:

①ITU-T G. 992. 1(G. dmt):全速率,下行 8 Mb/s,上行 896 kb/s。

②ITU-T G. 992. 2(G. lite):下行 1.5 Mb/s,上行 512 kb/s。

③ITU-T G. 993. 1(G. hs):可变比特率(VBR)。

④ANSI T1. 413 Issue #2:下行 8 Mb/s,上行 896 kb/s。

此外,还有一些更快更新的标准,但是目前还很少有电信服务提供商使用。

ITU G. 992. 3/4:ADSL2,下行 12 Mb/s,上行 1.0 Mb/s。

ITU G. 992. 3/4:Annex J ADSL2,下行 12 Mb/s,上行 3.5 Mb/s。

ITU G. 992. 5:ADSL2+,下行 24 Mb/s,上行 1.0 Mb/s。

ITU G. 992. 5:Annex M ADSL2+,下行 24 Mb/s,上行 3.5 Mb/s。

ADSL2+还可以支持线路 bonding 方式,即给终端用户提供多个线路,总带宽是单个线路带宽的累计。支持 bonding 方式的应用很少,技术方面详见 G. 998. x 或 G. bonding。

当电信服务提供商的设备端和用户终端之间距离小于 1.3 km 的时候，用户还可以使用速率更高的 VDSL，它的速率可以达到下行 55.2 Mb/s，上行 19.2 Mb/s。

（2）网络登录标准

ADSL 通常提供 3 种网络登录方式：桥接，直接提供静态 IP 地址；PPPoA，基于 ATM 的端对端协议；PPPoE，基于以太网的端对端协议。

后两种通常不提供静态 IP 地址，而是动态地给用户分配网络地址。

3.6.2　ADSL 主要分类

现比较成熟的 ADSL 标准有两种：G. DMT 和 G. Lite。

G. DMT 是全速率的 ADSL 标准，支持 8 Mb/s 或 1.5 Mb/s 的高速下行（上行）速率，但是 G. DMT 要求用户端安装 POTS 分离器，比较复杂且价格昂贵；G. Lite 标准速率较低，下行（上行）速率为 1.5 Mb/s（512 kb/s），但省去了复杂的 POTS 分离器，成本较低且便于安装。就适用的领域而言，G. DMT 比较适用于小型或家庭办公室，而 G. Lite 则更适用于普通家庭。

ADSL 是众多 DSL 技术中较为成熟的一种，其带宽较大、连接简单、投资较小，因此发展很快，目前国内广州、深圳、上海、北京、成都等地的宽带运营商已先后推出了 ADSL 宽带接入服务，而区域性应用发展更加快速，但从技术角度看，ADSL 对宽带业务来说只能作为一种过渡。

DSL 是以铜质电话线为传输介质的传输技术组合，它包括 HDSL、SDSL、VDSL、ADSL 和 RADSL 等，一般称之为 xDSL。它们主要的区别体现在信号传输速率和距离的不同，以及上行速率和下行速率对称性的不同这两个方面。

HDSL 与 SDSL 支持对称的 T1 或 E1（1.544 Mb/s 或 2.048 Mb/s）传输。其中，HDSL 的有效传输距离为 3~4 km，且需要 2~4 对铜质双绞电话线；SDSL 最大有效传输距离为 3 km，只需一对铜线。相比较而言，对称 DSL 更适用于企业点对点的连接应用，如文件传输、视频会议等收发数据量大致相应的工作。同非对称 DSL 相比，对称 DSL 的市场要小得多。

VDSL、ADSL 和 RADSL 属于非对称式传输。其中 VDSL 技术是 xDSL 技术中传输速率最快的一种，在一对铜质双绞电话线上，下行数据的速率为 13 Mb/s~52 Mb/s，上行数据的速率为 1.5 Mb/s~2.3 Mb/s，但是 VDSL 的传输距离只在几百米以内，VDSL 可以成为光纤到家庭的具有高性能价格比的替代方案，视频点播就是采用这种接入技术实现的；ADSL 在一对铜线上支持上行速率 640 kb/s~1 Mb/s，下行速率 1 Mb/s~8 Mb/s，有效传输距离为 3~5 km；RADSL 能够提供的传输速率与 ADSL 基本相同，但它可以根据双绞铜线质量的优劣和传输距离的远近动态地调整用户的访问速度。RADSL 的这些特点使 RADSL 成为用于网上高速浏览、视频点播、远程局域网络访问的理想技术，因为在这些应用中用户下载的信息往往比上载的信息（发送指令）要多。

据中国互联网络信息中心（CNNIC）统计，截至 2018 年 6 月底，我国网民规模达到 8.29 亿，互联网普及率达到 57.5%，较 2017 年提升 3.8%，其中手机网民规模达 7.88 亿，在上网人群的占比达 98.3%，在调查中，其中 69.1% 的用户认为 Internet 的传输速率太慢，76.6% 的用户则认为收费太高；上网速度太慢和收费太多已成为中国 Internet 发展的两大障碍。

3.6.3 ADSL 的业务功能

ADSL 作为一种宽带接入方式，可以为用户提供多种业务。

（1）高速的数据接入。用户可以快速浏览 Internet 上的信息，可以进行网上交谈、收发电子邮件、获得用户所需的信息。

（2）视频点播。ADSL 特别适合于音乐、影视等业务，可以根据需要随意下载和点播。

（3）网络互联业务。ADSL 可以将不同地点的企业网、局域网连接起来，而又不影响各自的上网。

项目实践

1. 配置无线局域网 WLAN

熟悉 Cisco 路由器配置命令，掌握建立和配置无线局域网的方法及相关命令。

（1）无线局域网拓扑图

无线局域网的拓扑图如图 3.7 所示。

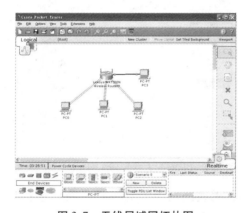

图 3.7 无线局域网拓扑图

Packet Tracer 中无线设备是 Linksys WRT300N 无线路由器，该路由器共有 4 个 RJ45 接口，一个 WAN 接口，4 个 LAN 以太网接口；计算机都配置有无线网卡模块，需要时可手动添加该无线网卡模块。计算机添加了无线网卡后会自动与 Linksys WRT300N 相连。在图 3.7 中，另外添加了一台计算机与无线路由器的以太网接口相连，对 Linksys WRT300N 进行配置。

以下是在 Packet Tracer 中为计算机添加无线网卡的步骤。

①关闭计算机电源。

②移去计算机中的有线网卡。

③拖动并添加无线网卡。

④成功添加无线卡。

（2）配置 Linksys WRT300N

配置 PC3 的 IP 地址与 Linksys WRT300N（默认 IP 地址为 192.168.0.1）在同一网

段。双击图 3.7 中的 PC3 图标，打开"PC3"窗口，选择"Desktop"选项卡，如图 3.8 所示。

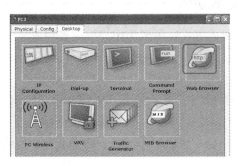

图 3.8   "PC3"窗口

双击"Web Browser"图标，打开"Web Browser"对话框，进入登录界面，用户名为 admin，密码为 admin，单击"OK"按钮后，打开如图 3.9 所示界面。

图 3.9   以 Web 方式配置 Linksys WRT300N

配置 WLAN 的 SSID，无线路由器与计算机无线网络接口卡的 SSID 相同，如图 3.10 所示。配置 Web 的加密密钥，如图 3.11 所示。

图 3.10   配置 WLAN 的 SSID

图 3.11 配置 Web 加密密钥

2. 分组完成帧中继的配置

每 2 人一组，掌握帧中继的配置，提交帧中继配置报告。

（1）设备需求

lCisco 路由器 3 台，分别命名为 RouterA、RouterB 和 RouterC。其中 RouterA 具有 1 个以太网接口和 1 个串行接口；RouterB 具有 2 个串行接口；RouterC 具有 1 个以太网接口和 1 个串行接口。3 根交叉线序双绞线，2 根串行线。1 台 accessserver，及用于反向 Telnet 的相应电缆。1 台带有超级终端程序的 PC 机，以及 Console 电缆及转接器。

（2）拓扑结构及配置说明

实验的拓扑结构如图 3.12 所示，学生通过 2 根串行线分别把 RouterA 和 RouterB 连接起来，RouterB 和 RouterC 连接起来。

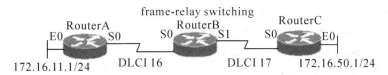

图 3.12 拓扑结构

各路由器使用的接口及其编号见图 3.13 所示的标注。各接口 IP 地址分配如下：lRouterA：E0：172.16.11.1　S0.16：172.16.20.1lRouterC：E0：172.16.50.1 S0.17：172.16.40.2

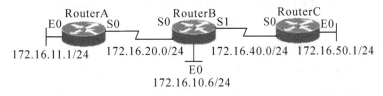

图 3.13 路由器接口及编号

（3）实验配置

RouterA#configure terminal

RouterA（config）#interface serial 0

RouterA（config-if）#no ip address

RouterA（config-if）#encapsulation frame-relay

RouterA（config-if）#exit

RouterA（config）#int s0.16 point-to-point

RouterA（config-subif）#ip address172.16.20.1255.255.255.0

RouterA（config-subif）#frame interface-dlci 16

RouterA（config-subif）#exit

RouterA（config）#router rip

RouterA（config-router）#network 172.16.20.0

RouterB#configure terminal

RouterB（config）#frame-relay switching

RouterB（config）#interface serial 0

RouterB（config-if）#encapsulation frame-relay

RouterB（config-if）#frame-relay intf-type dce

RouterB（config-if）#frame interface-dlci 16

RouterB（config-if）#exit

RouterB（config）#interface serial 1

RouterB（config-if）#encapsulation frame-relay

RouterB（config-if）#frame-relay intf-type dce

RouterB（config-if）#frame interface-dlci 17

RouterB（config-if）#exit

RouterB（config）#router rip

RouterB（config-router）#network 172.16.20.0

RouterB（config-router）#network 172.16.40.0

RouterC#configure terminal

RouterC（config）#interface serial 0

RouterC（config-if）#no ip address

RouterC（config-if）#encapsulation frame-relay

RouterC（config-if）#exit

RouterC（config）#int s0.17 point-to-point

RouterC（config-subif）#ip address 172.16.40.2   255.255.255.0

RouterC（config-subif）#frame interface-dlci 17

RouterC（config-subif）#exit

RouterC（config）#router rip

RouterC（config-router）#network 172.16.40.0

3. 广域网的 RIP 路由设置

每 2 人一组，通过配置动态路由方式实现网络的连通性，动手组建由路由器构成的广域网，提交实验报告。

（1）所用工具及准备工作

R1762（2台），主机（2台），V35线缆（1条），直连线或交叉线（2条）

（2）动态路由的设置

①路由信息协议RIP

RIP（Routing Information Protocols）是施乐70年代开发，内部网关协议（简称IGP），适用于小型网络，是距离矢量（distance-vector）协议。

假定从网络一个终端到另一个终端路由超过15个，即当一个路径达到16跳，将认为不可达。

RIP协议每隔30秒，定期向外发送一次更新报文；如果经过180秒，没有收到更新报文，标志路由信息为不可达；其后240秒内，仍未收到更新报文，该路由从表中删除。

②RIP路由算法

RIP假定从网络一个终端到另一个终端路由器超过15个，认为产生了循环，因此当一个路径达到16跳，将被认为是可不到达。

③RIP路由信息更新

RIP协议每隔30秒，定期发送一次更新报文。

如果路由器经过180秒，没有收到来自某一路由器的路由更新报文，则将所有来自此路由器的路由信息标志为不可达。

若在其后240秒，仍未收到更新报文，就将这些路由从路由表中删除。

④配置RIP协议的步骤

·开启RIP路由进程：RouterA（config）# Router rip

·发布直连网段信息：RouterA（config-Router）# network 192.168.1.0

·开启RIP版本2（默认version1）：RouterA（config-Router）# version　2

·在RIPv2版本中关闭自动汇总：RouterA（config-Router）# no auto-summary

·改变给定接口RIP发送参数：RouterA（config-Router）# ip rip send version 1

·改变给定接口RIP接受参数：RouterA（config-Router）# ip rip receive version 1

⑤RIP的调试

·验证RIP的配置：RouterA#show ip protocols

·显示路由表的信息：RouterA#show ip route

·清除IP路由表的信息：RouterA#clear ip route

·在控制台显示RIP的工作状态：RouterA#debug ip rip

⑥创建动态路由广域网

请按照下列图3.14所示的网络拓扑图，动手配置组建该模拟广域网，要求使用动态路由算法配置。

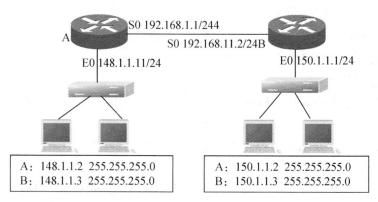

图 3.14　路由器接口及编号

·配置与路由器 A 相连接的网络中的计算机 A、计算机 B 的 TCP/IP 协议。配置与路由器 B 相连接的网络中的计算机 A、计算机 B 的 TCP/IP 协议。（所有的计算机中配置"本地连接"的 TCP/IP）

·配置路由器 A，B 的路由器端口 IP 地址（如图所示，分别是以太口 fastethernet 1/0 和串行端口 serial 1/2），以及两个路由器中的动态路由。

·使用网线连接两台路由器的串行端口。

·使用网线连接路由器和交换机。

·使用网线连接计算机 A、计算机 B 和交换机。

·在计算机上使用 ping 命令分别 ping 路由器上的端口 IP 地址，以及其他几台计算机的 IP 地址，测试网络配置是否正确，网络连接是否正确，计算机与计算机之间是否通信正常。

分组讨论

把全班同学分成学习小组，讨论下列问题并提交讨论报告。

广域网的接入方式有哪些？以一个案例加以说明。

作业

1. 广域网接入需要哪些网络设备或设施？

2. DDN 数据专线的结构及特点是什么？

3. 分组交换网的组成和作用是什么？

4. 综合业务数字网如何定义？它有何特点？

5. 综合业务数字网的两种基本速率服务指什么？

6. 什么是帧中继？它有哪些特点？

7. 简述 ATM 的特点和信元交换的优点。

项目 4

TCP/IP 与网络互连

项目任务

1. 设置 TCP/IP 参数。
2. 配置无线路由器和 WLAN。
3. 配置虚拟局域网 VLAN。

知识要点

➤ TCP/IP 协议族。
➤ IPv4。
➤ ARP、RARP 与 ICMP。
➤ IPv6。
➤交换机。
➤路由器。

4.1 TCP/IP 协议族

TCP/IP 又名网络通信协议，是 Internet 最基本的协议，是 Internet 的基础，由网络层的 IP 和传输层的 TCP 组成。TCP 负责发现传输中的问题，在遇到问题时发出信号，要求重新传输，直到所有数据安全、正确地传输到目的地。而 IP 是给 Internet 的每一台计算机规定一个地址。

TCP/IP 协议族中各层的协议如表 4.1 所示。

表 4.1 TCP/IP 协议族中各层次的协议

OSI 参考模型	功能	TCP/IP 协议族
应用层	文件传输，电子邮件，文件服务，虚拟终端	TFTP、HTTP、SNMP、FTP、SMTP、DNS、Telnet 等

表4.1(续)

OSI 参考模型	功能	TCP/IP 协议族
表示层	翻译、加密、压缩	没有协议
会话层	对话控制、建立同步点（续传）	没有协议
传输层	端口寻址、分段重组、流量、差错控制	TCP、UDP
网络层	逻辑寻址、路由选择	IP、ICMP、OSPF、EIGRP、IGMP
数据链路层	封装成帧、物理寻址、流量、差错、接入控制	SLIP、CSLIP、PPP、MTU
物理层	设置网络拓扑结构、比特传输、位同步	ISO 2110、IEEE 802、IEEE 802.2

本章主要介绍 TCP/IP 模型中网络层的协议：IP、ARP、RARP、ICMP 和一系列路由协议。下面分别对其中的几个重要协议进行介绍。

4.2 IPv4

4.2.1 IP 概述

IP 是 TCP/IP 模型中两个最重要的协议之一（本书中若没有特殊说明，则均讲述的是 IPv4）。其定义了用以实现面向无连接服务的网络层分组的格式，其中包括 IP 寻址方式。不同网络技术的主要区别在数据链路层和物理层，如不同的局域网技术和广域网技术。而 IP 能够将不同的网络技术在 TCP/IP 模型的网络层统一在 IP 之下，以统一的 IP 分组传输提供对异构网络互连的支持。IP 使互连起来的许多计算机网络能够通信，因此，TCP/IP 模型中的网络层常常称为网络层或 IP 层。

图 4.1 给出了 IP 分组的格式，由于 IP 实现的是面向无连接的数据报服务，故 IP 分组通常又被称为 IP 数据报。由图 4.1 可看出，一个 IP 数据报由首部和数据两部分组成。首部的前一部分长度固定，共 20 字节，是所有 IP 数据报必须具有的。其固定部分后是一些可选字段，其长度是可变的。下面介绍首部各字段的意义。

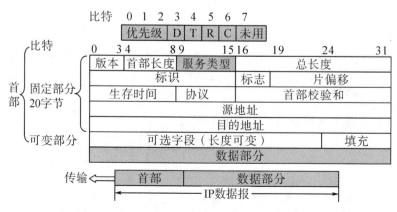

图 4.1 IP 数据报的格式

①版本：占4位，指IP的版本。通信双方使用的IP的版本必须一致，目前广泛使用的IP协议版本为4.0（IPv4）。

②首部长度：占4位，数据报报头的长度。以32位（相当于4字节）长度为单位，当报头中无可选项时，报头的基本长度为5。

③服务类型：占8位，主机要求通信子网提供的服务类型，包括一个3位长度的优先级，4个标志位（D、T、R和C，分别表示延迟、吞吐量、可靠性和代价）。另外1位未用。通常文件传输更注重可靠性，而数字声音或图像的传输更注重延迟。

④总长度：占16位，数据报的总长度，包括头部和数据，以字节为单位。数据报的最大长度为$2^{16}-1$字节即65 535字节（64 KB）。在IP层下面的每一种数据链路层都有自己的帧格式。其中，帧格式中的数据字段的最大长度称为最大传输单元（maximum transfer unit，MTU）。当一个IP数据报封装成数据链路层的帧时，此数据报的总长度（首部加上数据部分）一定不能超过数据链路层的MTU值。

⑤标识：占16位，标识数据报。当数据报长度超出网络MTU的值时，必须进行分割，并且需要为分割段（fragment）提供标识。所有属于同一数据报的分割段都被赋予相同的标识值。

⑥标志：占3位，指出该数据报是否可分段。目前只有前两个字节有意义。标志字段中的最低位记为MF（more fragment）。MF=1，表示后面"还有分片"数据报；MF=0表示这已是若干数据报片中的最后一个。标志字段中间的一位记为DF（don't fragment），表示不能分片。只有DF=0时才允许分片。

⑦片偏移：占13位，当有分段时，用以指出该分段在数据报中的相对位置，也就是说，相对于用户数据字段的起点，该片从何处开始。片偏移以8字节为偏移单位，即每个分片的长度一定是8字节（64位）的整数倍。

⑧生存时间：占8位，记为TTL（time to live），即数据报在网络中的生命期，以秒来计数，建议值是32 s，最长为$2^8-1=255$ s。生存时间每经过一个路由结点都要递减，当生存时间减到零时，分组就要被丢弃。设定生存时间是为了防止数据报在网络中无限制地漫游。

⑨协议：占8位，指示传输层所采用的协议，如TCP、UDP或ICMP等。

4.2.2　逻辑地址与物理地址

每一个物理网络中的网络设备都有其真实的物理地址。物理网络的技术和标准不同，其物理地址编码也不同。以太网物理地址用48位二进制数编码，因此可以用12个十六进制数表示一个物理地址。其一般格式为00-10-5a-63-aa-99。物理地址也称MAC地址，它是数据链路层地址，即二层地址。

物理地址通常由网络设备的生产厂家直接制入设备的网络接口卡的EPROM中，它存储的是传输数据时真正用来标识发出数据的源端设备和接收数据的目的端设备的地址。也就是说，在网络底层的物理传输过程中，是通过物理地址来标识网络设备的，这个物理地址一般是全球唯一的。

物理地址只能够将数据传输到与发送数据的网络设备直接相连的接收设备上。对于跨越互联网的数据传输，物理地址不能提供逻辑的地址标识手段。

当数据需要跨越互联网时，设备使用逻辑地址标识位于远程目的地的网络设备的逻辑位置。网络设备通过使用逻辑地址，可以定位远程的结点，逻辑地址（如 IP 地址）是第 3 层地址，所以有时又被称为网络地址，该地址是随着设备所处网络位置的不同而变化的，即设备从一个网络被移到另一个网络时，其 IP 地址也会相应地发生改变。也就是说，IP 地址是一种结构化的地址，可以提供关于主机所处网络的位置信息。

总之，逻辑地址放在 IP 数据报的首部，而物理地址放在 MAC 帧的首部。物理地址是数据链路层和物理层使用的地址，而逻辑地址是网络层和以上各层使用的地址。

4.2.3 IP 地址

（1）IP 地址的结构、分类与表示方法

IP 地址以 32 位二进制位的形式存储于计算机中，32 位的 IP 地址结构由网络标识（网络地址）和主机号（主机地址）两部分组成，如图 4.2 所示。其中，网络标识用于标识该主机所在的网络，而主机号表示该主机在相应网络中的特定位置。正是因为网络标识所给出的网络位置信息才使得路由器能够在通信子网中为 IP 数据报选择一条合适的路径。

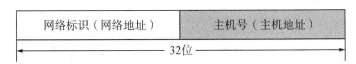

图 4.2　IP 地址的结构

由于 32 位的 IP 地址不太容易书写和记忆，因此通常采用点分十进制标识法（dotted decimal notation）来表示 IP 地址。在这种格式下，将 32 位的 IP 地址分为 4 个 8 位组（octet），每个 8 位组以一个十进制数表示，取值为 0~255；代表相邻 8 位组的十进制数以小圆点分割。所以点分十进制表示的最低 IP 地址为 0.0.0.0，最高 IP 地址为 255.255.255.255。

为适应不同规模的网络，可将 IP 地址分类。每个 32 位的 IP 地址的最高位或起始几位标识了地址的类别。通常 IP 地址被分为 A、B、C、D 和 E 五类，如图 4.3 所示。其中 A、B、C 类作为普通的主机地址，D 类用于提供网络组播服务或网络测试服务，E 类保留给未来扩充使用。

①A 类 IP 地址

如图 4.3 所示，A 类 IP 地址用来支持超大型网络。A 类 IP 地址仅使用第一个 8 位组标识地址的网络部分。其余的 3 个 8 位组用来标识地址的主机部分。用二进制数表示时，A 类地址的第 1 位（最左边）总是 0。因此，第 1 个 8 位组的最小值为 00000000（十进制数为 0），最大值为 01111111（十进制数为 127），但是 0 和 127 两个数保留，不能用作网络地址。任何 IP 地址的第 1 个 8 位组的取值为 1~126 时都是 A 类 IP 地址。

②B 类 IP 地址

如图 4.3 所示，B 类 IP 地址用来支持中大型网络。B 类 IP 地址使用 4 个 8 位组的前 2 个 8 位组标识地址的网络部分，其余的 2 个 8 位组用来标识地址的主机部分。用二进制数表示时，B 类 IP 地址的前 2 位（最左边）总是 10。因此，第 1 个 8 位组的最小值为 10000000（十进制数为 128），最大值为 10111111（十进制数为 191）。任何 IP 地址第 1 个 8 位组的取值为 128~191 时都是 B 类 IP 地址。

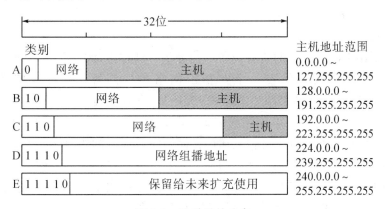

图 4.3 IP 地址的分类

③C 类 IP 地址

如图 4.3 所示，C 类 IP 地址用来支持小型网络。C 类 IP 地址使用 4 个 8 位组的前 3 个 8 位组标识地址的网络部分，剩下的 1 个 8 位组用来标识地址的主机部分。用二进制数表示时，C 类 IP 地址的前 3 位（最左边）总是 110。因此，第 1 个 8 位组的最小值为 11000000（十进制数为 192），最大值为 11011111（十进制数为 223）。任何 IP 地址第 1 个 8 位组的取值为 192~223 时都是 C 类 IP 地址。

④D 类 IP 地址

如图 4.3 所示，D 类 IP 地址用来支持组播。组播地址是唯一的网络地址，用来转发目的地址为预先定义的一组 IP 地址的分组。因此，一台工作站可以将单一的数据流传输给多个接收者。用二进制数表示时，D 类 IP 地址的前 4 位（最左边）总是 1110。D 类 IP 地址的第 1 个 8 位组的范围从 11100000 到 11101111，即从 224 到 239。任何 IP 地址第 1 个 8 位组的取值为 224~239 时都是 D 类 IP 地址。

⑤E 类 IP 地址

如图 4.3 所示，Internet 工程任务组保留 E 类地址作为研究使用，因此 Internet 上没有发布 E 类地址。用二进制数表示时，E 类地址的前 4 位（最左边）总是 1111。E 类 IP 地址的第 1 个 8 位组的范围从 11110000 到 11111111，即 240~255。任何 IP 地址第 1 个 8 位组的取值为 240~255 时都是 E 类地址。

（2）保留 IP 地址

在 IP 地址中，有些 IP 地址是被保留作为特殊之用的，这些保留地址如下：

①网络地址

网络地址用于表示网络本身，具有正常的网络号部分。主机号部分为全 "0" 的 IP 地址代表一个特定的网络，即作为网络标识之用，如 102.0.0.0、138.1.0.0 和 198.10.1.0 分别代表了一个 A 类、B 类和 C 类网络。

无论在 Internet 上还是在局域网上，分配网络地址时，应遵循以下规则：

·网络地址必须唯一。

·网络地址不能以 127 开头。因为 127 保留给诊断用的回送函数使用。

·网络地址中的各位不能全为 "0"，0 表示本地主机，不能传送。

·网络地址的各位不能全为"1"，即十进制的255，全为1时，仅在本网络上进行广播，各路由器均不转发。

②广播地址

广播地址用于向网络中的所有设备广播分组，具有正常的网络号部分。主机号部分为全"1"的 IP 地址代表一个在指定网络中的广播，被称为广播地址，如102.255.255.255、138.1.255.255 和 198.10.1.255 分别代表在一个 A 类、B 类和 C 类网络中的广播。网络号对于 IP 网络通信非常重要，位于同一网络中的主机必然具有相同的网络号，它们之间可以直接相互通信；而网络号不同的主机之间不能直接进行通信，必须经过第 3 层网络设备（如路由器）进行转发。广播地址对网络通信也非常有用，在计算机网络通信中，经常会出现对某一指定网络中的所有机器发送数据的情形，如果没有广播地址，源主机就要对所有目的主机启动多次 IP 分组的封装与发送过程。

③主机地址的使用规则

·在网络地址相同时，即在同一网络中，主机地址必须唯一。例如：在202.112.144.8 这个 C 类网络中，只能有一台主机的编号为"8"。

·IP 地址中主机地址的各位不能全为 0，主机地址全 0 表示该网的 IP 地址，例如：202.112.144.0。

·IP 地址中主机地址的各位不能全为"1"，主机号全 1 的地址是本网的广播地址，因此，255 不能用作主机的编号。例如：202.112.144.255 或 128.1.255.255 是错误的。

·127.0.0.1 代表本地主机的 IP 地址，用于测试，常常用于网站开发中。因此，该地址不能分配给网络上的任何计算机使用。

（3）公有地址与私有地址

公有 IP 地址是对社会的，全球唯一，公有 IP 地址是从 Internet 服务供应商或地址注册处获得的；私有地址是供内部网络使用，不同的局域网络可以有相同的内部私有地址，如：192.168.1.1。有 3 个 IP 地址空间（1 个 A 类地址段，16 个 B 类地址段，256 个 C 类地址段）作为私有地址，即 10.0.0.0 ~ 10.255.255.255、172.17.0.0 ~ 172.31.255.255 和 192.168.0.0~192.168.255.255，所有以私有地址为目的地址的 IP 数据报都不能被路由传输至 Internet 上，这些以私有地址作为逻辑标识的主机若要访问外面的 Internet，必须采用网络地址翻译（network address translation，NAT）或应用代理（proxy）方式。

（4）子网划分

在 IP 地址规划时，常常会遇到这样的问题：一个企业或公司由于网络规模增加、网络冲突增加或吞吐性能下降等多种因素需要对内部网络进行分段。而根据 IP 网络的特点，需要为不同的网段分配不同的网络号，于是当分段数量不断增加时，对 IP 地址资源的需求也随之增加。即使不考虑是否能申请到所需的 IP 资源，要对大量具有不同网络号的网络进行管理也是一件非常复杂的事情（至少要将这些网络号对外网进行公布）。加之随着 Internet 规模的增大，32 位的 IP 地址空间已出现了严重的资源短缺。为了解决 IP 地址资源短缺的问题，同时也为了提高 IP 地址资源的利用率，引入了子网划分（sub networking）技术。

子网划分是指由网络管理员将一个给定的网络分为若干个更小的部分，这些更小的部分被称为子网（subnet）。当网络中的主机总数未超出所给定的某类网络可容纳的最大主机数，但内部又要划分成若干个分段（segment）进行管理时，就可以采用子网划分的方法。为了创建子网，网络管理员需要从原有 IP 地址的主机位中借出连续的若干高位作为子网标识，如图 4.4 所示。也就是说，经过划分后的子网因为其主机数量减少了，所以已经不需要原来那么多位作为主机标识，从而可以将多余的主机位用作子网标识。

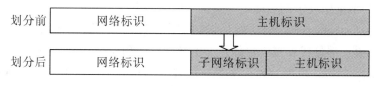

图 4.4　子网划分

（5）子网划分方法

在子网划分时，先要明确划分后所要得到的子网数量和每个子网中所要拥有的主机数，才能确定需要从原主机位借出的子网络标识位数。原则上，根据全"0"和全"1" IP 地址保留的规定，子网划分时至少要从主机位的高位中选择两位作为子网络位，而且要能保证保留两位作为主机位。A、B、C 类网络最多可借出的子网络位是不同的，A 类可达 22 位、B 类为 14 位，C 类则为 6 位。显然，当借出的子网络位数不同时，相应可以得到的子网络数量及每个子网中所能容纳的主机数也是不同的。所谓有效子网络是指除去那些子网络位为全为"0"或全为"1"的子网后所留下的可用子网。

【例】假设一个由路由器相连的网络中有 3 个相对独立的网段，并且每个网段的主机数不超过 30 台，要求以子网划分的方法为其完成 IP 地址规划。

由于该网络中所有网段加起来的主机数没有超出一个 C 类网络所能容纳的最大主机数（254 台），所以可以利用一个 C 类网络的子网划分来实现。假定为它们申请了一个 C 类网络 211.81.151.0，则在子网划分时需要从主机位中借出其中的高 2 位作为子网位，这样一共可得 4 个子网络，每个子网络的相关信息参数如表 4.2 所示。

表 4.2　C 类网络子网划分示例

子网的编号	借来的子网位的二进制数值	子网地址	子网广播地址	主机位二进制数值范围	主机位十进制数值范围
第 0 个子网	00	211.81.151.0	211.81.151.63	00000001~00111111	1~63
第 1 个子网	01	211.81.151.64	211.81.151.127	01000000~01111111	64~127
第 2 个子网	10	211.81.151.128	211.81.151.191	10000000~10111111	128~191
第 3 个子网	11	211.81.151.192	211.81.151.254	11000000~11111110	192~254

注：211.81.151.0 是 C 网本网地址、211.81.151.255 是 C 网本网广播地址，不能被分配。

（6）子网掩码

前面讲过，网络标识对于网络通信非常重要。引入子网划分技术带来的一个重要问题就是主机或路由设备如何区分一个给定的 IP 地址是否已被进行了子网划分，从而正确地从中分离出有效的网络标识（包括子网络号的信息）。例如，一个 IP 地址为102.2.3.3，此时已经不能简单地将其视为一个 A 类地址，而应该认为其网络标识为

102.0.0.0。因为若是进行了 8 位的子网划分，则其相当于一个 B 类地址且网络标识为 102.2.0.0；如果是进行了 16 位的子网划分，则其相当于一个 C 类地址且网络标识为 102.2.3.0；若是其他位数的子网划分，则甚至不能将其归入任何一个传统的 IP 地址类，因为它可能既不是 A 类地址，也不是 B 类或 C 类地址。换言之，引入子网划分技术后，IP 地址类的概念已不再存在。对于一个给定的 IP 地址，其中用来表示网络标识和主机号的位数可以是变化的，这取决于子网划分的情况，因此需要引入子网掩码的概念来描述 IP 地址中关于网络标识和主机号位数的组成情况。

子网掩码（subnetmask）的功能是告知主机或路由设备，IP 地址的哪一部分代表网络号部分，哪一部分代表主机号部分。子网掩码使用与 IP 地址相同的编址格式，即 32 位长度的二进制位，也可分为 4 个 8 位组并采用点分十进制来表示。但在子网掩码中，与 IP 地址中的网络号部分对应的位取值为"1"，而与 IP 地址主机号部分对应的位取值为"0"。这样通过将子网掩码与相应的 IP 地址进行求"与"操作，就可决定给定的 IP 地址所属的网络号（包括子网络信息）。例如，102.2.3.3/255.0.0.0 表示该地址中的前 8 位为网络标识部分，后 24 位表示主机部分，从而确定网络号为 102.0.0.0；而 102.2.3.3/255.255.248.0 则表示该地址中的前 21 位为网络标识部分，后 11 位表示主机部分。显然，对于传统的 A、B 和 C 类网络，其对应的子网掩码分别为 255.0.0.0、255.255.0.0 和 255.255.255.0。

为了表达方便，在书写上还可以采用诸如"X.X.X.X/Y"的方式来表示 IP 地址与子网掩码，其中每个"X"表示与 IP 地址中的一个 8 位组对应的十进制数值，而"Y"表示子网掩码中与网络标识对应的位数，如上面提到的 102.2.3.3/255.0.0.0 也可表示为 102.2.3.3/8，而 102.2.3.3/255.255.248.0 也可表示为 102.2.3.3/21。

【例】把一个 C 类网络 192.168.211.0 划分为 6 个子网，请计算出每个子网的子网掩码、每个子网的网络号和子网的最大主机数。

答：描述 6 个不同子网的网络信息需要 3 位二进制数，取最后 8 位的前 3 位作为网络位，可分成 8 个子网（取 2 位只能分 4 个子网，不能满足要求），因此最后 8 位的子网掩码是 11100000，转换成十进制数为 224，所以子网掩码为 255.255.255.224，被分成的 6 个子网的网络号可以从 8 个子网中取为：192.168.211.32、192.168.211.64、192.168.211.96、192.168.128、192.168.211.160、192.168.211.192，每个子网的主机数最多为 $2^5 = 32$ 台。

（7）IP 地址规划

当在网络层采用 IP 组建一个 IP 网络时，必须为网络中的每一台主机分配一个唯一的 IP 地址，也就是要涉及 IP 地址的规划问题。通常 IP 地址规划要参照以下步骤进行：首先，分析网络规模，包括相对独立的网段数量和每个网段中可能拥有的最大主机数，要注意路由器的每一个接口所连接的网段都是一个独立网段；其次，确定使用公有地址还是私有地址，并根据网络规模确定所需要的网络号类别，若采用公有地址，则需要向网络信息中心提出申请并获得地址使用权；最后，根据可用的地址资源进行主机 IP 地址的分配。

IP 地址的分配可以采用静态分配和动态分配两种方式，所谓静态分配是指由网络管理员为用户指定一个固定的 IP 地址并手工配置到主机上；而动态分配则通常以客户机/服务器模式通过动态主机控制协议（dynamic host control protocol，DHCP）来实现。无论选择何种地址分配方法，都不允许任何两个接口拥有相同的 IP 地址，否则将导致冲突，使两台主机都不能正常运行。

静态分配 IP 地址时，需要为每台设备配置一个 IP 地址。每种操作系统有自己配置 TCP/IP 的方法，如果使用重复的 IP 地址，则会导致网络故障。有些操作系统，如：Windows 7 和 Windows 10 在初始化时会发送 ARP 请求来检测是否有重复的 IP 地址，如果发现重复的地址，则操作系统不会初始化 TCP/IP，并发送错误消息。

某些类型的设备需要维护静态的 IP 地址，如 Web 服务器、DNS 服务器、FTP 服务器、电子邮件服务器、网络打印机和路由器等都需要固定的 IP 地址。

（8）默认网关

网关是路由器的 IP 地址，局域网内的主机通过在 TCP/IP 中设置网关可以访问外网的主机，默认网关的 IP 地址必须和主机处于相同的网段即同一个子网，才能将网内信息发出去。

4.3　ARP 和 RARP

4.3.1　ARP

为使设备之间能够互相通信，在因特网中源设备需要目的设备的 IP 地址，在局域网内需要目的设备的物理地址即 MAC 地址。通信时 IP 地址与 MAC 地址常常需要互相转换。使用 TCP/IP 协议族中的地址解析协议（address resolution protocol，ARP）可以根据 IP 地址查找 MAC 地址，每一个主机都设有一个 ARP 高速缓存，其中有所在的局域网上的各主机和路由器的 IP 地址到硬件地址的映射表，下面以图 4.5 所示的网络为例说明 ARP 的工作原理。

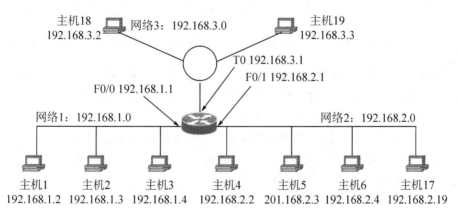

图 4.5　由路由器互连的网络

（1）子网内 ARP 解析

以主机 1 向主机 3 发送数据报为例进行说明，主机 1 以主机 3 的 IP 地址为目的 IP 地址，以自己的 IP 地址为源 IP 地址封装了一个 IP 数据报；在数据报发送以前，主机 1

通过将子网掩码和源 IP 地址及目的 IP 地址进行求"与"操作判断源 IP 地址和目的 IP 地址在同一网络中；于是主机 1 去查找本地的 ARP 缓存，以确定在缓存中是否有关于主机 3 的 IP 地址与 MAC 地址的映射信息；若在缓存中存在主机 3 的 MAC 地址信息，则主机 1 的网络接口卡立即以主机 3 的 MAC 地址为目的 MAC 地址、以自己的 MAC 地址为源 MAC 地址进行帧的封装并启动帧的发送；主机 3 收到该帧后，确认是给自己的帧，进行帧的拆封并取出其中的 IP 分组交给网络层去处理；若在缓存中不存在关于主机 3 的 IP 地址和 MAC 地址的映射信息，则主机 1 以广播帧的形式向同一网络中的所有结点发送一个 ARP 请求（ARP request），在该广播帧中 48 位的目的 MAC 地址以全"1"（"ffffffffffff"）表示，并在数据部分发出关于"谁的 IP 地址是 192.168.1.4"的询问，这里的 192.168.1.4 代表主机 3 的 IP 地址；网络 1 中的所有主机都会收到该广播帧，并且所有收到该广播帧的主机都会检查自己的 IP 地址，但只有主机 3 会以自己的 MAC 地址信息为内容给主机 1 发出一个 ARP 回应（ARP reply）；主机 1 收到该回应后，首先将其中的 MAC 地址信息加入本地 ARP 缓存中，然后启动相应帧的封装和发送。

（2）子网间 ARP 解析

当源主机和目的主机不在同一网络中时，如主机 1 向主机 4 发送数据报，假定主机 4 的 IP 地址为 192.168.2.2，这时若继续采用 ARP 广播方式请求主机 4 的 MAC 地址，则通信是不会成功的，因为第 2 层广播（在此为以太网帧的广播）是不可能被第 3 层设备路由器转发的；于是需要采用一种被称为代理 ARP（proxy ARP）的方案，即所有目的主机不与源主机在同一网络中的数据报均会被发送给源主机的默认网关，由默认网关来完成下一步的数据传输工作。在此例中相当于路由器的以太网接口 F0/0 的 IP 地址，即 192.168.1.1，也就是说，主机 1 以路由器的以太网接口 F0/0 的 MAC 地址为目的 MAC 地址，而以主机 1 的 MAC 地址为源 MAC 地址，将发往主机 4 的分组封装成以太网帧后发送给路由器，然后交由路由器完成后续的数据传输；实施代理 ARP 需要在主机 1 上缓存关于默认网关的 MAC 地址映射信息，若不存在该信息，则同样可以采用前面所介绍的 ARP 广播方式进行请求，因为默认网关与主机 1 是位于同一网段中的。

4.3.2   RARP

反向地址解析协议（reverse address resolution protocol，RARP）把 MAC 地址绑定到 IP 地址上。这种绑定允许一些网络设备在把数据发送到网络之前对数据进行封装。一个网络设备或工作站可能知道自己的 MAC 地址，但是不知道自己的 IP 地址。设备发送 RARP 请求后，网络中的一个 RARP 服务器来应答 RARP 请求，RARP 服务器有一个事先做好的从工作站硬件地址到 IP 地址的映射表，当收到 RARP 请求分组后，RARP 服务器就从这张映射表中查出该工作站的 IP 地址，然后写入 RARP 响应分组，发回给工作站。

4.4 ICMP

IP 提供的是面向无连接的服务，不存在关于网络连接的建立和维护过程，也不包括流量控制与差错控制功能，但需要对网络的状态有一些了解，因此在网络层提供了Internet 控制消息协议（Internet control message protocol，ICMP）来检测网络，包括路由、拥塞、服务质量等问题。ICMP 给出了多种形式的消息类型，每个 ICMP 消息类型都被封装于 IP 分组中。网络测试命令"ping"和"tracert"就都是基于 ICMP 实现的。例如，若在主机 1 上输入"ping 192.168.1.1"命令，则相当于向目的主机192.168.1.1 发出了一个以回声请求（echo request）为消息类型的 ICMP 包，若目的主机存在，则其会向主机 1 发送一个以回声应答（echo reply）为消息类型的 ICMP 包；若目的主机不存在，则主机 1 会得到一个以不可达目的地（unreachable destination）为消息类型的 ICMP 错误消息包。ICMP 报文是封装在 IP 数据报内部的，前 4 字节都是相同的，其他字节则互不相同，如图 4.6 所示。

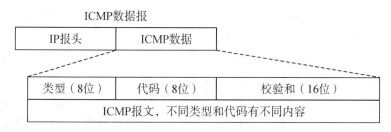

图 4.6　ICMP 数据报结构

ICMP 作为 IP 层的差错报文传输机制，最基本的功能是提供差错报告。但 ICMP 并不严格规定对出现的差错采取什么处理方式。事实上，源主机接收到 ICMP 差错报告后，常常需将差错报告与应用程序联系起来，才能进行响应的差错处理。ICMP 差错报告都采用了路由器到源主机的模式，也就是说，所有的差错信息都需要向源主机报告。ICMP 网络错误通告的数据报包括目的端不可达通告、超时通告、参数错误通告等。

（1）目的端不可达通告

路由器的主要功能是对 IP 数据报进行路由转发，但在操作过程中存在着失败的可能。失败的原因是多种多样的，如目的端硬件故障、路由器没有到达目的端的路径、目的端不存在等。如果发生这种情况，则路由器会向 IP 数据报的源端发送目的端不可达通告消息数据报，并丢弃出错的 IP 数据报。

（2）超时通告

路由器选择如果出现错误，就会导致路由环路的产生，从而引起 TTL 值递减为 0 和定时器超时（timeout）。如 TTL 值为 0，则该数据传输终止；若定时器超时，则路由器或目的主机会将 IP 数据报丢弃，并向源端发送超时通告。

（3）参数错误通告

如果 IP 数据报中某些字段出现错误，且错误非常严重，则路由器会将其抛弃，并向源端发送参数错误通告。

4.5　IPv6

4.5.1　IPv6 出现的原因

（1）当前 Internet 面临的问题

Internet 最先出现于 20 世纪 80 年代。它的发展非常迅速，应用的领域非常广泛。但如此迅速的发展和广泛的应用，给 Internet 带来了无法回避的严重问题。

①IP 地址空间问题

随着 Internet 的广泛应用和用户数量的急剧增加，特别是物联网的发展，只有 32 位（地址数量为 4.3×10^9）的 IPv4 地址完全不能满足需求，危机已经显现在人们面前，迫切需要扩大 IP 地址的数量。

②服务质量问题

服务质量（quality of services，QoS）通常是指通信网络在承载业务时为业务提供的品质保证。不同的通信网络对 QoS 的定义不同，数据网络的 QoS 通常用业务传输的延迟、延迟变化、吞吐量和丢包率来衡量。

IP 采用无连接的分组转发方式传输数据，它的分组转发采取了"尽力而为"的机制，这样的机制，对于流量较少、实时性要求不高的应用来说，没有多大问题。但是，随着数据流量的增加（如多媒体数据），传输延迟越来越明显，信息传输就会出现中断现象。图 4.7 表明当 A 和 B 都有数据通过 Internet 传输到 C 时，分组顺序出现了间断现象。

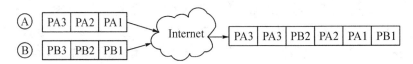

图 4.7　Internet 传输中的分组间断

早期的 Internet 主要用于数据传输，随着多媒体业务的兴起，语音和视频大量在 Internet 中传输，而语音和视频业务要求有一定的连续性、相关性和实时性，对网络的 QoS 有较严格的要求，这是目前的 Internet 的 IPv4 难以保证的。

③与新标准、新协议兼容问题

当初的 Internet 以高效率为目标，为了提高结点处理数据包的速度，网络结点根据数据包头的内容对数据包进行一致性处理。而 IPv4 数据包的包头中虽然有几个可选项，但基本上是固定的。这虽然简化了结点的协议处理，但是增加了容纳新标准、新协议的困难度。

④移动通信设备的连接问题

在目前的 Internet 中，主机的 IPv4 地址与其地理位置（网络）有关，这为移动设备的连接带来了困难。

⑤安全问题

Internet 最初主要面向教育、科研，并且以信息共享为宗旨，对管理和安全考虑不足。随着其应用范围的扩大，IPv4 网络安全的脆弱性暴露无遗。

（2）IPv6 的目标

面对 IPv4 的危机，1990 年国际互联网工程任务组（IETF）准备开发新的 IP 版本——IPng（IP next-generation，下一代 IP），其主要目标如下：

①具有非常充分的地址空间。

②简化协议，允许路由器更好地处理 IP 分组。

③减小路由表。

④提供身份验证和保密等进一步的安全性能。

⑤更多地关注服务类型，特别是实时性服务。

⑥允许通过指定范围辅助多点服务。

⑦允许主机 IP 地址与地理位置无关，为移动设备的连接提供方便。

⑧可以承前启后，可以与 IPv4 共存，允许进一步演变。

1992 年 6 月，IETF 公开征集对 IPng 的设计方案，收到了若干提案，1994 年形成了最终方案，1995 年 1 月"下一代 IP 建议书"——RFC1752 发表，这就是现在的 IPv6。2012 年 6 月 6 日，国际互联网协会举行了世界 IPv6 启动纪念日，这一天，全球 IPv6 网络正式启动。

4.5.2 IPv6 分组结构

IPv6 协议数据单元（IP 分组）结构如图 4.8 所示，它由 IPv6 头和扩展头两部分组成。

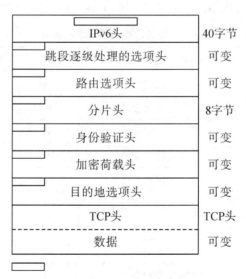

图 4.8 IPv6 协议数据单元结构

IPv6 简化了 IP 分组头，由 IPv4 的 12 个段减为 8 个段，一些必要的段变为可选的段，使路由器能快速地处理 IP 分组，改善路由器的吞吐率，带有可选扩展头是 IPv6 的重要特色，即 IPv6 头是必需的，而其他扩展头是可选的，这些扩展头如下：

①按跳段逐级处理的选项头：定义在每段都要予以处理的特别选项。

②路由选择头：提供扩展的路由选择信息，相当于IPv4的源路由选择。

③分片头：包含分割与重组信息。

④身份验证头：提供IP分组完整性和身份验证。

⑤加密安全荷载头：提供保密性。

⑥目的地选项头：包含由目的结点查看的可选信息。

IPv6分组固定头（IPv6头）是IPv6分组所必需的，它具有固定的40字节，如图4.9所示，IPv6分组固定头由版本号、优先级、流标记、荷载长度、下一个头、跳段限制、源地址和目的地址8个段组成。

图4.9 IPv6分组固定头结构

（1）版本号（4位）

版本号的值为0110（十进制数6）。

（2）优先级（4位）

当一个源地址发出多个IP分组时，该段可以为每个IP分组指定一个独立的传递和投递优先级。在指定时，首先区分IP分组属于拥挤控制的交通或非拥挤控制的交通，然后将每一类分为8个优先级别。表4.3列出了优先级类别和等级的含义。

表4.3 优先级类别和等级的含义

优先级	拥挤控制的交通		非拥挤控制的交通	
	级别	说明	级别	说明
低 ↓ 高	0	非特征化交通	8	最希望先丢弃的交通
	1	填充交通	9	
	2	无人值守交通	10	
	3	保留	11	
	4	有人值守交通	12	
	5	保留	13	
	6	交互交通	14	
	7	协议控制交通	15	最不愿丢弃的交通

非拥挤控制的交通是实时性交通，如实时视频和音频，它们需要恒定的数据速率和恒定的投递延迟，因此优先级别高于拥挤控制的交通。

（3）流标记（24 位）

流是主机为特别的源地址发往特别的目的地址并希望中间路由器进行特别处理的 IP 分组序列所做的标记。

（4）荷载长度（16 位）

荷载长度指明除 IPv6 报头外其他部分（扩展头和传输层 PDU）的长度，单位为字节。

（5）下一个头（8 位）

下一个头指明紧随该 IPv6 报头的扩展头的类型。

（6）跳段限制（8 位）

跳段限制相当于 IPv4 的生存时间段，由源地址设置最大值，然后减去被所转发的结点的数量 1。如果跳段限制被减至 0，则该 IP 分组即被丢弃，这比 IPv4 的生存时间段所需的处理简单。

（7）源地址（128 位）和目的地址（128 位）

IPv6 将 IP 地址扩充到 128 位，地址数增加到 4.3×10^{38} 个。这两个地址要比 IPv4 地址（32 位）长得多。这是一个巨大的地址空间，足够给地球上的每一粒沙子提供一个独立的 IP 地址。

4.5.3 IPv6 地址分类与结构

（1）IPv6 地址的冒分十六进制表示

一个 128 位的 IPv6 地址，即使用点分十进制表示，也是相当长的。例如：

10. 220. 136. 100. 255. 255. 255. 255. 0. 0. 18. 128. 140. 10. 255. 255

为了减少地址的书写长度，便于记忆，IPv6 的设计者建议使用一种更紧凑的书写格式——冒分十六进制表示法。这样，上述地址就可以记为 69DC：8864：FFFF：FFFF：0：1280：8C0A：FFFF。

在此基础上，人们又提出了压缩零表示法。例如，地址 69DC：0：0：0：0：0：0：B1 可以压缩表示为 69DC：B1。

（2）IPv6 地址层次结构

IPv6 的地址格式与 IPv4 相比有一个重要的变化，即地址层次结构的变化。IPv4 是两层地址结构 —— 网络地址和主机地址；而 IPv6 的单播地址为三层地址结构（图 4.10），全局已知的公共拓扑、某个网点和某个网络接口。

图 4.10 IPv6 地址的层次结构

网点和网络接口指定了可以确认的实体，其中网点对应一组计算机和网络，隐含着邻近的物理连接及拥有设备的单个组织；网络接口为最底层，对应附属于计算机和网络的单个附件；公共拓扑是最高层，在 IPv6 中没有具体定义，现在仅预想了两种类型——ISP（因特网服务提供商）和交换服务，与主 ISP 相连，并在它们之间传递通信量，也为单个订户服务，为订户分配一个地址。

（3）IPv6 的地址类型

在 IPv6 中，地址不是赋给某个结点的，而赋给结点上的具体接口。一般来讲，一个 IPv6 报文可以归纳为以下三种类型：

单播（unicast）地址：标识单个接口，IP 分组选择一条最短路径到达目的接口。

多播（multicast）地址：标识一组接口，该组接口可以属于不同的结点。IP 分组将发送给使用该多点地址的所有接口。

任播（cluster）地址：标识一组接口，该组接口可以属于不同的结点。IP 分组只发送给其中的一个接口。

①IPv6 单播地址

IPv6 的单播地址有多种，图 4.11 所示为其中的 4 种格式。其有关字段的含义如下：

注册 ID：n＝5，指出注册地址的机构。

提供者 ID：m＝变长，标识用户的 ISP。

用户 ID：o＝变长，标识 ISP 的某个用户。

用户 ID：p＝变长，当用户有几个不同的子网时，标识其中的某个子网。

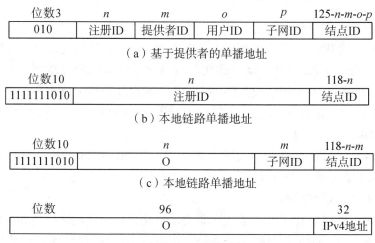

图 4.11　IPv6 单播地址格式

结点 ID：定义连接到子网的单个结点接口。

基于提供者提供的单播地址为联网的主机提供全球唯一地址。IPv6 定义了两种本地使用的单播地址：本地链路和本地场点地址，本地链路地址限制在单个链路上，并且在自动地址配置、网上邻居或链路上没有路由器使用。这时，路由器不需要为本地链路地址的数据包或到其他链路传送任何源地址或目的地址。本地场点地址限制在单个站点上，以便进行站点内部编址时不考虑全球前缀。

IPv4 兼容地址可以使 IPv6 分组封装在 IPv4 分组中，在 IPv4 路由器上传输，成为一种 IPv4 向 IPv6 过渡的策略。以 IPv4 的 192.168.0.199 为例，最简单的 IPv6 兼容地址是：192.168.0.199，十六进制的 IPv6 表示法为：C0A8：00C7。

单播地址 0：0：0：0：0：0：0：1 称为本地回路地址，结点可以使用这个地址给自己发送 IPv6 分组，以进行测试。

需要进一步说明的是，IPv6 单播地址对应单个接口，每个接口都属于一个结点。不同类型或范围内的多个 IPv6 可以同时分配给单个接口，并且该结点的任意一个接口的单播地址都可以当作该结点的一个标识。但是所有的接口都至少需要一个本地链路单播地址。这对点到点的通信接口是非常方便的，因为它们不需要分配范围超出本地链路之外的单播地址。

②IPv6 任播地址和多播地址格式

IPv6 任播地址和多播地址的格式如图 4.12 所示。

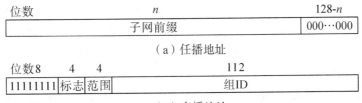

图 4.12　IPv6 任播地址和多播地址格式

有关字段的含义如下：

标志：由 3 个 0 加一个 T 位组成。T = 0 表示永久分配的地址，T = 1 表示非永久地址。

范围：限制多播组的范围，即 1 为本地结点，2 为本地链路，5 为本地场点。

组 ID：标识给定范围内的一个多播组，可以是永久的，也可以是暂时的。

IPv6 使用地址空间扩充技术，可使路由器减少地址构造和自动增加地址。与 IPv4 相比，路由数可以减少一个数量级，并提高安全保密性。在主机数目大量增加，决定数据传输路由的路由表不断加大，路由器的处理性能跟不上这种迅速增长的形势下，这些技术的使用使 Internet 连接变得简单，容易使用。

4.5.4　从 IPv4 向 IPv6 的过渡

随着 IPv4 地址即将枯竭，如何从 IPv4 转向 IPv6，即从 IPv4 向 IPv6 过渡的问题越来越突出。但是，由于 IPv6 与 IPv4 不兼容，因此在相当一段时间内 IPv4 和 IPv6 会共存在一个环境中。要提供平稳的转换过程，使得对现有的使用者影响最小，就需要有良好的转换机制。目前，IETF 的研究从 IPv4 向 IPv6 过渡的专门工作组已经提出了双协议栈、隧道技术以及网络地址转换等转换机制：

（1）双协议栈技术

图 4.13 所示，IPv6 与 IPv4 虽然格式不兼容，但它们具有功能相近的网络层协议，并都基于相同的物理平台，而且加载于其上的 TCP 和 UDP 完全相同。因此，如果一台主机能同时运行 IPv4 和 IPv6，就有可能逐渐实现从 IPv4 向 IPv6 的过渡。

应用程序	
TCP/UDP	
IPv4	IPv6
物理网络	

图 4.13　IPv4/IPv6 双协议栈结构

（2）网络地址转换

网络地址转换（Network Address Translator，NAT）技术是将 IPv4 地址和 IPv6 地址分别看作内部地址和全局地址，或者相反。例如，内部的 IPv4 主机要和外部的 IPv6 主机通信时，在 NAT 服务器中将 IPv4 地址（相当于内部地址）变换成 IPv6 地址（相当于全局地址），服务器维护一个 IPv4 与 IPv6 地址的映射表。反之，当内部的 IPv6 主机和外部的 IPv4 主机进行通信时，则 IPv6 主机映射成内部地址，IPv4 主机映射成全局地址。NAT 技术可以解决 IPv4 主机和 IPv6 主机之间的互通问题。

NAT-PT（network address translation-protocol translation）技术通过与 SIIT 协议转换和传统的 IPv4 下的动态地址翻译以及适当的应用层网关相结合，实现只安装了 IPv6 的主机与只安装了 IPv4 的主机大部分应用的相互通信。

（3）6 over 4 隧道技术

隧道技术就是设法在现有的 IPv4 网络中开辟一些"隧道"，将这些局部的 IPv6 网络连接起来的技术。具体方案：将 IPv6 数据分组封装入 IPv4，送入隧道，IPv4 分组的源地址是隧道入口，IPv4 分组的目的地址是隧道出口，IPv4 分组穿过隧道以后，在出口处取出 IPv6 分组转发给目的站点。由于隧道技术只在隧道入口和出口处进行修改，因此实现起来比较容易。但无法实现 IPv6 主机与 IPv4 主机之间的直接通信。

6 over 4 隧道技术是一种自动构造隧道的技术。它在 IPv4 NAT 协议中加入了对 IPv6 和 6 to 4 的支持。6 to 4 的关键在于它可以自动从 IPv6 地址的前缀中提取 IPv4 的地址。这样，当用隧道将一个 IPv6 的出口路由器与其他 IPv6 域建立连接时，IPv4 隧道的末端就能从 IPv6 的地址中自动提取出来，从而在 IPv4 中将各个 IPv6 连接起来。

4.6　路由器与路由协议

4.6.1　路由与路由器

（1）路由

计算机网络就像一张图，从一个点到另一个点的信息可以通过多条路径传递，路由是指为到达目的网络所进行的最优路径选择，路由是网络层最重要的功能。

（2）路由器

在网络层完成路由功能的设备被称为路由器（Router），路由器常用于局域网与局域网、局域网与广域网的连接，有多个光纤口、串口和以太网接口，参见图 4.14，每个接口可以连接一个逻辑网络。路由器具有判断网络地址和选择 IP 路径的能力，它能在多网络互联环境中，用完全不同的数据分组和介质访问方法连接各种子网。在进行路由工作时，它去掉转发数据的帧头帧尾提取中间的分组数据，然后将分组数据用转发目的地使用的帧头帧尾重新封装该分组数据进行发送。

图 4.14　TP-LINK 路由器

路由器工作在 OSI 参考模型的网络层，如图 4.15 所示。

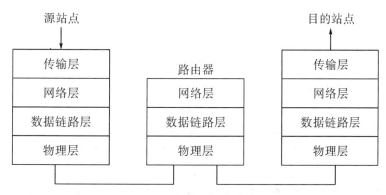

图 4.15　路由器与 OSI 参考模型

路由器可以连接两个使用 TCP/IP 协议族的网络，尽管一个可能是局域网，另一个是广域网。例如，路由器可能从局域网的路由端口上接收到一个以太网的帧，抽取出分组数据，然后构建一个帧中继的帧，再将新的帧从连接到帧中继网络的路由端口发送出去。在每一次路由器拆散然后重建帧的过程中，帧中的数据保持不变。

（3）路由器的功能

作为网络层的网络互连设备，路由器在网络互连中有不可或缺的作用。与物理层或数据链路层的网络互连设备相比，其具有一些物理层或数据链路层的网络互连设备所没有的重要功能。

①提供异构网络的互连

在物理上，路由器可以提供与多种网络的接口，如以太网口、令牌环网口、FDDI 口、ATM 口、串行连接口、SDH 连接口、ISDN 连接口等。通过这些接口，路由器可以支持各种异构网络的互连，其典型的互连方式包括 LAN-LAN、LAN-WAN 和 WAN-WAN 等。

事实上，正是路由器强大的支持异构网络互连的功能才使其成为 Internet 中的核心设备。图 4.16 给出了一个采用路由器互连的网络实例，从网络互连设备的基本功能来看，路由器具备了非常强的在物理上扩展网络的能力。

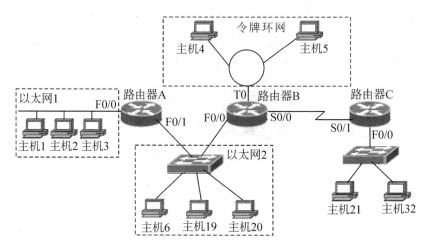

图 4.16 由路由器互连的网络

路由器之所以能支持异构网络的互连，关键在于其在网络层能够实现基于 IP 的分组转发。只要所有互连的网络、主机及路由器支持 IP，则位于不同 LAN 和 WAN 中的主机之间都能以统一的 IP 数据报形式实现相互通信。

以图 4.16 中的主机 1 向主机 5 发送数据为例，它们一个位于以太网 1 中，一个位于令牌环网中，中间隔着以太网 2。发送流程为：

·主机 1 以主机 5 的 IP 地址为目的 IP 地址，以自己的 IP 地址为源 IP 地址，并启动 IP 分组的发送。由于目的主机和源主机不在同一网络中，因此为了发送该 IP 分组，主机 1 需要将该分组封装成以太网的帧发送给默认网关，即路由器 A 的 F0/0 端口；

·F0/0 端口收到该帧后进行帧的拆封并分离出 IP 分组，通过将 IP 分组中的目的网络号与自己的路由表进行匹配，决定将该分组由自己的 F0/1 口送出，在送出分组之前，先将该 IP 分组按以太网帧的帧格式重新进行封装，并以自己的 F0/1 接口的 MAC 地址为源 MAC 地址、路由器 B 的 F0/0 接口的 MAC 地址为目的 MAC 地址进行帧的封装，然后将帧通过路由器 A 的 F0/1 发送出去；

·路由器 B 的 F0/0 接收到该以太网帧之后，通过帧的拆封，再度得到原来的 IP 分组，并通过查找自己的 IP 路由表，决定将该分组从以太网接口 T0 送出去，即以主机 5 的 MAC 地址为目的 MAC 地址，以 T0 接口的 MAC 地址为源 MAC 地址进行 802.5 令牌环网帧的封装，然后通过路由器 B 的 T0 口启动帧的发送；

·该帧到达主机 5 后，主机 5 进行帧的拆封，得到主机 1 给自己的 IP 分组并发送到自己的更高层（传输层），传输层再传到应用层，实现分组功能。

②实现网络的逻辑划分

路由器在物理上扩展网络的同时，还提供了逻辑上划分网络的功能，如图 4.17 所示。

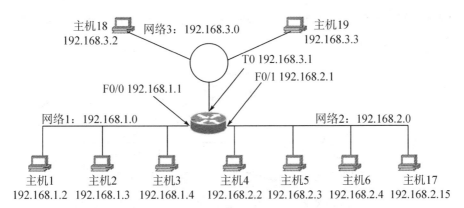

图 4.17　划分网络示例

当网络 1 中的主机 1 给主机 2 发送 IP 分组 1 的同时，网络 2 中的主机 5 可以给主机 6 发送 IP 分组 2，而网段 3 中的主机 18 可以向主机 19 发送 IP 分组 3，它们互不矛盾，因为路由器是基于第 3 层的 IP 地址来决定是否进行分组转发的，所以这 3 个分组由于源 IP 地址和目的 IP 地址在同一网络中而都不会被路由器转发。换言之，路由器所连接的网络必定属于不同的冲突域，即从划分冲突域的能力来看，路由器具有和交换机相同的性能。

此外，路由器还可以隔离广播流量。假定主机 1 以目标地址"255.255.255.255"向本网中的所有主机发送一个广播分组，则路由器通过判断该目标的 IP 地址就知道自己不必转发该 IP 分组，从而广播被局限于网段 1 中，而不会渗漏到网段 2 或网段 3 中；同样的道理，若主机 1 以广播地址 192.168.2.255 对网段 2 中的所有主机进行广播，则该广播也不会被路由器转发到网络 3 中，因为通过查找路由表，该广播 IP 分组是要从路由器的 F0/1 接口而不是 T0 接口发送出去的。也就是说，由路由器相连的不同网段之间除了可以隔离网络冲突外，还可以相互隔离广播流量，即路由器不同接口所连接的网段属于不同的广播域，广播域是对所有能分享广播流量的主机及其网络环境的总称。

可以看出，网络互连设备所关联的 OSI 参考模型的层次越高，其网络互连能力就越强：

·物理层设备如重发器（中继器）只能简单地提供物理扩展网络的能力；

·数据链路层设备如二层交换机在提供物理上扩展网络能力的同时，还能进行冲突域的逻辑划分；

·网络层设备如路由器在提供物理上扩展网络的能力之外，同时提供了逻辑划分冲突域和广播域的功能。

③实现 VLAN 之间的通信

VLAN 限制了网络之间的不必要的通信，但在任何一个网络中，还必须为不同 VLAN 之间的必要通信提供手段，同时也要为 VLAN 访问网络中的其他共享资源提供途径，这些都要借助于 OSI 参考模型的第 3 层的功能。第 3 层的网络设备可以基于第 3 层的协议或逻辑地址进行数据报的路由与转发，从而提供在不同 VLAN 之间，以及 VLAN 与传统 LAN 之间进行通信的功能，同时也为 VLAN 提供访问网络中的共享资源提供途径，VLAN 之间的通信可由外部路由器来实现，图 4.18 给出了一个由外部路由器实现不同 VLAN 之间通信的示例。

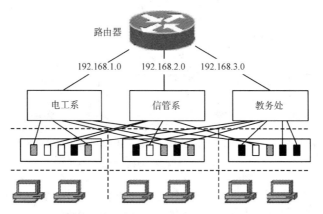

图 4.18　路由器用于实现不同 VLAN 之间的通信

事实上，路由器在计算机网络中除了上面所介绍的作用外，还可以实现一些重要的网络功能，如提供访问控制功能、优先级服务和负载平衡等。总之，路由器是一种功能非常强大的计算机网络互连设备。

4.6.2　静态路由与动态路由

（1）路由表

路由表是指由路由协议建立、维护，用于容纳路由信息并存储在路由器中的表，使用不同的路由协议，路由信息也有所不同。路由表中一般保存着以下重要信息：

·路由的协议：根据路由的算法不同有不同的路由协议，如：RIP、OSPF 等。

·可达网络的跳数：到达目的网络途中所经历的路由器的个数。

·路由选择度量标准：用来判别一条路由选择项目的优劣，不同的路由选择协议使用不同的路由选择度量标准。例如，路由信息协议 RIP（Routing Information Protocol）使用跳数作为自己的度量标准。Internet 组管理协议 IGRP（Internet Group Management Protocol）使用带宽、负载、延迟和可靠性来创建合成的度量标准。

·出站接口：数据必须从这个接口被发送出去以到达最终目的地。

（2）静态路由表

所谓静态路由是指网络管理员根据其所掌握的网络连通信息以手工配置方式创建的路由表表项。这种方式要求网络管理员对网络的拓扑结构和网络状态有着非常清晰的了解，而且当网络连通状态发生变化时，静态路由的更新也要通过手工方式完成。静态路由通常被用于与外界网络只有唯一通道的所谓 STUB 网络中，也可作为网络测试、网络安全或带宽管理的有效措施。

【例 1】根据图 4.19 的 R1 路由表建立 R2 的路由表。

图 4.19　三个局域网的连接

R1 路由表		R2 路由表	
目标网络	下一跳地址	目标网络	下一跳地址
172.16.0.0	直接（从 s0）	172.16.0.0	202.168.0.1
202.168.0.0	直接（从 s1）	202.168.0.0	直接（从左边端口）
10.0.0.0	202.168.0.2	10.0.0.0	直接（从右边端口）
Default	202.168.0.2	Default	202.168.0.1

【例 2】根据图 4.20 建立的路由器 RTA、RTB、RTC 的路由表。

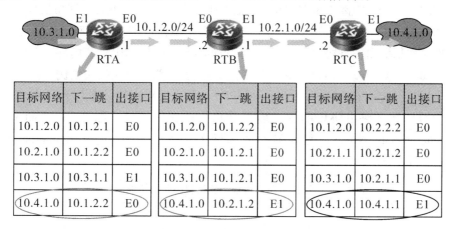

图 4.20　RTA、RTB、RTC 的路由

（3）动态路由表

当网络互连规模增大或网络中的变化因素增加时，依靠手工方式生成和维护路由表会变得不可想象，同时静态路由也很难及时适应网络状态的变化，此时希望有一种能自动适应网络状态变化而对路由表信息进行动态更新和维护的路由生成方式，这就是动态路由。

动态路由的路由协议通过自主学习而获得路由信息，通过在路由器上运行路由协议并进行相应的路由协议配置即可保证路由器自动生成并维护正确的路由信息。使用路由协议动态构建的路由表不仅能更好地适应网络状态的变化，如网络拓扑和网络流量的变化，同时也减少了人工生成与维护路由表的工作量，但为此付出的代价则是用于运行路由协议的路由器之间交换和处理路由更新信息而带来的资源耗费，包括网络带宽和路由器资源的占用。

4.6.3　路由协议

在网络层用于动态生成路由表信息的协议被称为路由协议，路由协议使得网络中的路由设备能够相互交换网络的状态信息，从而在内部生成关于网络连通性的映像（map），并由此计算出到达不同目的网络的最佳路径或确定相应的转发端口。

路由协议有时又被称为主动路由协议，这是与规定网络层分组格式的网络层协议（如 IP）相对而言的。IP 的作用是规定包括逻辑寻址信息在内的 IP 数据报格式，其使网络上的主机有一个唯一的逻辑标识，并为从源端到目的端的数据转发提供了所必需的目标网络地址信息。但 IP 数据报只能告诉路由设备数据报要往何处去，还不能解决如何去的问题，而路由协议则恰恰提供了关于如何到达既定目的端的路径信息。也就是说，路由协议为 IP 数据报到达目的网络提供了路径选择服务，而 IP 则提供了关于目的网络的逻辑标识，并且提供的是路由协议进行路径选择服务的对象，所以在此意义上又将 IP 这类规定网络层分组格式的协议称为被动路由（routed）协议。

路由协议的核心是路由选择算法。不同的路由选择算法通常会采用不同的评价因子及权重来进行最佳路径的计算，常见的评价因子包括带宽、可靠性、延迟、负载、跳数和费用等。在此，跳数是指所需经过的路由器数目。通常，按路由选择算法的不同，路由协议被分为距离矢量路由协议、链路状态路由协议和混合型路由协议三大类。

表 4.4 给出了距离矢量路由协议、链路状态路由协议的比较。距离矢量路由协议的典型例子包括路由消息协议（routing information protocol，RIP）和内部网关路由协议（interior gateway routing protocol，IGRP）等。链路状态路由协议的典型例子是开放最短路径优先协议（open shortest path first，OSPF）。混合型路由协议是综合了距离矢量路由协议和链路状态路由协议的优点而设计出来的路由协议，如 IS-IS（intermediate system-intermediate system）和增强型内部网关路由协议（enhanced interior gateway routing protocol，EIGRP）。

表 4.4　距离矢量路由协议、链路状态路由协议的比较

距离矢量路由协议	链路状态路由协议
从网络邻居的角度观察网络拓扑结构	得到整个网络的拓扑结构图
路由器转换时增加距离矢量	计算出通往其他路由器的最短路径
频繁、周期地更新，慢速收敛	由事件触发来更新，快速收敛
把整个路由表发送到相邻路由器	只把链路状态路由选择的更新传输到其他路由器上

按照作用范围和目标的不同，路由协议还可被分为内部网关协议（interior gateway protocols，IGP）和外部网关协议（exterior gateway protocols，EGP）。内部网关协议是指作用于自治系统以内的路由协议；而外部网关协议则是作用于不同自治系统（autonomous system，AS）之间的路由协议。所谓自治系统是指网络中那些由相同机构操纵或管理，对外表现出相同路由视图的路由器所组成的系统，自治系统由一个 16 位长度的自治系统号来进行标识，其由 NIC 指定并具有唯一性。内部网关协议和外部网关协议的主要区别在于其工作目标不同，前者着重于如何在一个自治系统内提供从源端到目的端的最佳路径，而外部网关协议则更着重于能够为不同自治系统之间通信提供多种路由策略。RIP、IGRP、OSPF、EIGRP 等都属于内部网关协议，在 Internet 上广为使用的边界网关协议（border gateway protocol，BGP）则是外部网关协议的典型协议。

项目实践

1. TCP/IP 设置

（1）实验内容

设置 IP 地址、子网掩码、默认网关及 DNS 服务器地址等。

（2）实验指导

右击桌面上的"网上邻居"图标，在弹出的快捷菜单中选择"属性"选项，打开"网络连接"对话框。

右击网络接口卡所在"本地连接"图标，在弹出的快捷菜单中选择"属性"选项，打开"本地连接 属性"对话框。

在"此连接使用下列项目"列表框中勾选"Internet 协议（TCP/IP）"复选框，单击"属性"按钮，打开"Internet 协议（TCP/IP）属性"对话框，如 4.21 图所示。在此可设置 TCP/IP 的网络参数。

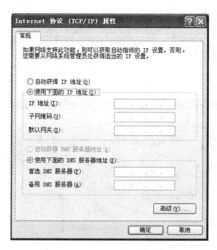

图 4.21　TCP/IP 属性设置

2. 配置无线路由器和 WLAN

（1）实验内容

熟悉 Cisco 路由器配置命令，掌握建立和配置无线局域网 WLAN 的方法及相关命令。

（2）实验指导

①无线局域网 WLAN 拓扑：WLAN 的拓扑图如图 4.22 所示。

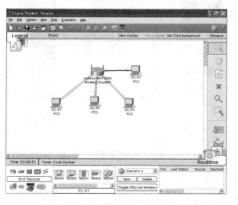

图 4.22　无线局域网 WLAN 拓扑

PacketTracer 中无线设备是 Linksys WRT300N 无线路由器，该路由器共有 4 个 RJ45 接口，一个 WAN 接口，4 个 LAN 以太网接口；计算机都配置有无线网卡模块，需要时可手动添加该无线网卡模块。计算机添加了无线网卡后会自动与 Linksys WRT300N 相连。在图 4.22 中，另外添加了一台计算机与无线路由器的以太网接口相连，对 Linksys WRT300N 进行配置。

以下是在 Packet Tracer 中为计算机添加无线网卡的步骤：

·关闭计算机电源；

·移去计算机中的有线网卡；

·拖动并添加无线网卡；

·成功添加无线卡。

②配置 Linksys WRT300N

配置 PC3 的 IP 地址与 Linksys WRT300N（默认 IP 地址为 192.168.0.1）在同一网段。双击图 4.22 中的 PC3 图标，打开 "PC3" 窗口，选择 "Desktop" 选项卡，如图 4.23 所示。

图 4.23　PC3 窗口

双击 "Web Browser" 图标，打开 "Web Browser" 对话框，进入登录界面，用户名为 admin，密码为 admin，单击 "OK" 按钮后，打开如图 4.24 所示界面。

图 4.24　以 Web 方式配置 Linksys WRT300N

配置 WLAN 的 SSID，无线路由器与计算机无线网络接口卡的 SSID 相同，如图 4.25 所示。配置 Web 的加密密钥，如图 4.26 所示。

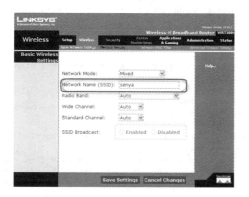

图 4.25 配置 WLAN 的 SSID

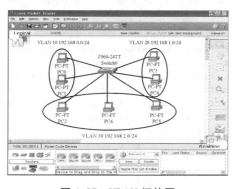

图 4.26 配置 Web 加密密钥

3. 配置虚拟局域网 VLAN

（1）实验内容

理解 VLAN 的概念，掌握建立和配置 VLAN 的方法及相关命令。

（2）实验指导

VLAN 可以把同一个物理网络划分为多个逻辑网段，因此，VLAN 可以抑制网络风暴，增强网络的安全性。

①VLAN 拓扑图如图 4.27 所示。

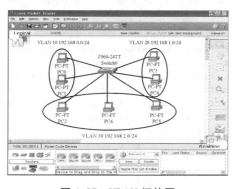

图 4.27 VLAN 拓扑图

②创建 VLAN。在 Cisco IOS 中有两种方式创建 VLAN：在全局配置模式下使用"vlan vlanid"命令，如 switch（config）#vlan 10；在 VLAN 数据库下创建 vlan，如

switch（vlan）vlan 20，如图 4.28 所示。

```
Switch>en
Switch#conf t
Enter configuration commands, one per line.  End with CNTL/Z.
Switch(config)#hostname CoreSW
CoreSW(config)#vlan 10
CoreSW(config-vlan)#name Math
CoreSW(config-vlan)#exit
CoreSW(config)#exit
%SYS-5-CONFIG_I: Configured from console by console
CoreSW#vlan database
% Warning: It is recommended to configure VLAN from config mode,
  as VLAN database mode is being deprecated. Please consult user
  documentation for configuring VTP/VLAN in config mode.

CoreSW(vlan)#vlan 20 name Chinese
VLAN 20 added:
    Name: Chinese
CoreSW(vlan)#vlan 30 name Other
VLAN 30 added:
    Name: Other
```

图 4.28　创建 VLAN

③把接口划分给 VLAN（基于接口的 VLAN）。把接口划分给 VLAN 的命令如下，如图 4.29 所示。

switch（config）#interfacefastethernet0/1：进入接口配置模式。

switch（config-if）#switchport mode access：配置接口为 access 模式。

switch（config-if）#switchport access vlan 10：把接口划分到 vlan 10。

```
CoreSW>en
CoreSW#conf t
Enter configuration commands, one per line.  End with CNTL/Z.
CoreSW(config)#interface fa0/1
CoreSW(config-if)#switchport mode access
CoreSW(config-if)#switchport access vlan 10
CoreSW(config-if)#interface fa0/7
CoreSW(config-if)#switchport mode access
CoreSW(config-if)#switchport access vlan 10
CoreSW(config-if)#
```

图 4.29　把接口划分给 VLAN

如果一次把多个接口划分给某个 VLAN，则可以使用"interface range"命令，如图 4.30 所示。

```
CoreSW(config-if)#interface range fa0/2 - 4
CoreSW(config-if-range)#switchport mode access
CoreSW(config-if-range)#switchport access vlan 20
CoreSW(config-if-range)#interface range fa0/5 - 6
CoreSW(config-if-range)#switchport mode access
CoreSW(config-if-range)#switchport access vlan 30
CoreSW(config-if-range)#
```

图 4.30　一次把多个接口划分给 VLAN

（4）查看 VLAN 信息

查看 VLAN 信息可用"switch#show vlan"命令，如图 4.31 所示。

```
CoreSW#sh vlan

VLAN Name                             Status    Ports
---- -------------------------------- --------- -------------------------------
1    default                          active    Fa0/8, Fa0/9, Fa0/10, Fa0/11
                                                Fa0/12, Fa0/13, Fa0/14, Fa0/15
                                                Fa0/16, Fa0/17, Fa0/18, Fa0/19
                                                Fa0/20, Fa0/21, Fa0/22, Fa0/23
                                                Fa0/24, Gig1/1, Gig1/2
10   Math                             active    Fa0/1, Fa0/7
20   Chinese                          active    Fa0/2, Fa0/3, Fa0/4
30   Other                            active    Fa0/5, Fa0/6
1002 fddi-default                     active
1003 token-ring-default               active
1004 fddinet-default                  active
1005 trnet-default                    active
```

图 4.31　查看 VLAN 信息

```
VLAN Type  SAID       MTU   Parent RingNo BridgeNo Stp  BrdgMode Trans1 Trans2
---- ----- ---------- ----- ------ ------ -------- ---- -------- ------ ------
1    enet  100001     1500  -      -      -        -
10   enet  100010     1500  -      -      -        -
20   enet  100020     1500  -      -      -        -
30   enet  100030     1500  -      -      -        -
1002 enet  101002     1500  -      -      -        -
1003 enet  101003     1500  -      -      -        -
1004 enet  101004     1500  -      -      -        -
1005 enet  101005     1500  -      -      -        -
```

图 4.32　查看 VLAN 信息（续）

查看 VLAN 简明信息、查看具体 VLAN 的命令如图 4.33~图 4.35 所示。

```
CoreSW#show vlan brief

VLAN Name                             Status    Ports
---- -------------------------------- --------- -------------------------------
1    default                          active    Fa0/8, Fa0/9, Fa0/10, Fa0/11
                                                Fa0/12, Fa0/13, Fa0/14, Fa0/15
                                                Fa0/16, Fa0/17, Fa0/18, Fa0/19
                                                Fa0/20, Fa0/21, Fa0/22, Fa0/23
                                                Fa0/24, Gig1/1, Gig1/2
10   Math                             active    Fa0/1, Fa0/7
20   Chinese                          active    Fa0/2, Fa0/3, Fa0/4
30   Other                            active    1
1002 fddi-default                     active
1003 token-ring-default               active
1004 fddinet-default                  active
1005 trnet-default                    active
CoreSW#
```

图 4.33　查看 VLAN 简明信息

项目 4　TCP/IP 与网络互连

```
CoreSW#show vlan id 10

VLAN Name                             Status    Ports
---- -------------------------------- --------- -------------------------------
10   Math                             active    Fa0/1, Fa0/7

VLAN Type  SAID       MTU   Parent RingNo BridgeNo Stp  BrdgMode Transl Trans2
---- ----- ---------- ----- ------ ------ -------- ---- -------- ------ ------
10   enet  100010     1500  -      -      -        -    -        0      0

CoreSW#sh vlan id 30

VLAN Name                             Status    Ports
---- -------------------------------- --------- -------------------------------
30   Other                            active

VLAN Type  SAID       MTU   Parent RingNo Bridge
---- ----- ---------- ----- ------ ------ ------- ---- -------- ------ ------
30   enet  100030     1500  -      -      -       -    -        0      0
```

图 4.34   查看 ID 为 10 的 VLAN

```
CoreSW#show vlan name Math

VLAN Name                             Status    Ports
---- -------------------------------- --------- -------------------------------
10   Math                             active    Fa0/1, Fa0/7

VLAN Type  SAID       MTU   Parent RingNo BridgeNo Stp  BrdgMode Transl Trans2
---- ----- ---------- ----- ------ ------ -------- ---- -------- ------ ------
10   enet  100010     1500  -      -      -        -    -        0      0

CoreSW#show vlan name Other

VLAN Name                             Status    Ports
---- -------------------------------- --------- -------------------------------
30   Other                            active    Fa0/5, Fa0/6

VLAN Type  SAID       MTU   Parent RingNo BridgeNo Stp  BrdgMode Transl Trans2
---- ----- ---------- ----- ------ ------ -------- ---- -------- ------ ------
30   enet  100030     1500  -      -      -        -    -        0      0

CoreSW#show vlan name Chinese

VLAN Name                             Status    Ports
---- -------------------------------- --------- -------------------------------
20   Chinese                          active    Fa0/2, Fa0/3, Fa0/4

VLAN Type  SAID       MTU   Parent RingNo BridgeNo Stp  BrdgMode Transl Trans2
---- ----- ---------- ----- ------ ------ -------- ---- -------- ------ ------
```

图 4.35   通过 VLAN 的名称查看 VLAN

（5）删除配置

删除 VLAN 中的某个接口和删除整个 VLAN 的命令如图 4.36 和图 4.37 所示。

```
CoreSW(config)#interface fa0/8
CoreSW(config-if)#no switchport access vlan 40
CoreSW(config-if)#exit
CoreSW(config)#exit
```

图 4.36   把第 0 个模块中的第 8 个接口从 VLAN 40 中删除

```
CoreSW#vlan database
% Warning: It is recommended to configure VLAN from config mode,
  as VLAN database mode is being deprecated. Please consult user
  documentation for configuring VTP/VLAN in config mode.

CoreSW(vlan)#no vlan 40
Deleting VLAN 40...
CoreSW(vlan)#
```

图 4.37 删除 VLAN 40

分组讨论

分 3~4 人一组，讨论下列问题，提交讨论报告：

1. 路由器的构成、路由器的主要功能，分析路由器与集线器、交换机的区别和使用场所。

2. 比较几种路由协议的原理和特点。

习题

一、选择题

1. 按照 IP 地址的逻辑层次来划分，IP 地址可以分为（　　）类。

    A. 2   B. 3

    C. 4   D. 5

2. 为了避免 IP 地址的浪费，需要对 IP 地址中的主机号部分进行再次划分，将其划分成两部分，即（　　）。

    A. 子网号和主机号   B. 子网号和网络号

    C. 主机号和网络号   D. 子网号和分机号

3. IP 地址 112.1.4.13 属于（　　）。

    A. A 类地址   B. B 类地址

    C. C 类地址   D. 广播地址

4. 以下 IP 地址不符合要求的是（　　）。

    A. 192.168.0.254   B. 192.168.0.255

    C. 192.168.255.254   D. 192.168.0.256

5. 某部门申请了一个 C 类 IP 地址，若要分成 32 个子网，则其掩码应为（　　）。

    A. 255.255.255.0   B. 255.255.255.192

    C. 255.255.255.248   D. 255.255.255.240

6. 用来实现局域网–广域网互连的是（　　）。

    A. 中继器或网桥   B. 路由器或网关

    C. 网桥或路由器   D. 网桥或网关

二、简答题

1. 举例说明子网屏蔽码的作用。

2. ARP 和 RARP 的作用各是什么，两者有什么联系？

3. ARP 分组长度是固定的吗？为什么？

4. IP 地址中的前缀和后缀最大的不同是什么？

三、计算题

1. 有 2 个 IP 地址用十六进制分别表示为 C22F1586、D6B215EB，请将其转换成点分十进制数形式。

2. 某 B 类 IP 地址子网掩码为 255.255.240.0，则每个子网的最大主机数是多少？

3. 有一个网络的 ID 为 158.240.0.0，要将它分成多个子网，每个子网需容纳 600 台主机，则其子网掩码是多少？

项目 5

Internet 应用

项目任务

1. 安装与配置 Windows Server 2012。
2. 配置 DNS 服务器。
3. 配置 DHCP 服务器。

知识要点

➢ C/S 与 B/S 工作模式。

➢ 域名及域名系统。

➢ 数据加密技术。

➢ WWW 信息发布技术。

Internet 是指全球最大的、开放的、基于 TCP/IP 协议的，由众多网络相互连接而成的计算机网络，中文译名为"国际互联网"或"因特网"。Internet 已变成了 21 世纪开发和使用信息资源的覆盖全球的信息海洋，可以说它是一个取之不尽、用之不竭的大宝库。它从根本上改变了人们获取信息的方式和效率，并在很大程度上改变了人们的观念和生活方式，对人们的生活、工作、学习产生的影响是极为巨大和深远的。

现实中 Internet 的应用是相当广泛的，我们可以通过如下具体的应用来了解。

（1）接发电子邮件，这是最早也是最广泛的网络应用。

（2）上网浏览，这是网络提供的最基本的服务项目。用户可以访问任何网站，根据自己的兴趣在网上浏览，能够"足不出户而尽知天下事"。

（3）查询信息。利用网络及查询信息的搜索引擎从信息库中找到需要的信息。

（4）电子商务就是消费者借助网络，进入网络购物站点进行消费的行为。网络上的购物站点是建立在虚拟的数字化空间里的，它借助 Web 来展示商品，并利用多媒体特性来加强商品的可视性、选择性。

（5）休闲活动包括：消遣娱乐型活动，如欣赏音乐、电影、电视、跳舞、拍抖音视频，参加体育活动；发展型活动包括学习文化知识、参加社会活动、从事艺术创造和科学发明活动等。

（6）网络交流互动。随着网络寻呼机等网络通信工具越来越普遍地应用于人们的生活之中，每个人都可以通过即时通信、个人空间、社交网络、网络平台等多种网络交流平台结交世界各地的网友，相互交流思想，真正地做到"海内存知己，天涯若比邻"。

（7）其他应用。现实世界中人类活动的网络版有很多，如网上点播、网上炒股、网上求职、艺术展览等。

Internet 的应用会随着社会和技术的发展越来越广。本章我们将了解和学习 Internet 应用相关的技术及原理。

5.1　两种工作模式

（1）C/S 模式与 B/S 模式

C/S（client/server）模式即客户机/服务器模式，是网络软件工作的一种模式。通常，采用 C/S 结构的系统，有一台或多台服务器及大量的客户机。服务器配备大容量存储器并安装数据库系统，用于数据存储和数据检索；客户端安装专用的软件，负责数据的输入、运算和输出。

客户机和服务器都是独立的计算机。当一台连入网络的计算机向其他计算机提供各种网络服务（如数据、文件的共享等）时，它就被称为服务器，而用于访问服务器中资料的计算机则被称为客户机。严格说来，C/S 模型并不是从物理分布的角度来定义的，它所体现的是一种网络数据访问的实现方式，如图 5.1 所示。

图 5.1　C/S 模式示意图

B/S（browser/server）模式即浏览器/服务器模式。它是随着 Internet 技术的兴起，对 C/S 结构的一种变化或者改进的结构。在这种结构下，用户工作界面是通过 WWW 浏览器来实现的，极少部分事务逻辑在浏览器端实现，但是主要事务逻辑在服务器端实现，形成 3 层结构。这样就大大简化了客户端计算机的荷载，减少了系统维护与升级的工作量，降低了用户的总体成本。

以目前的技术看，局域网建立 B/S 结构的网络应用，并通过 Internet/Intranet 模式下数据库的应用，相对易于把握，成本也是较低的。它是一次性到位的开发，能实现不同的人员，从不同的地点，以不同的接入方式（如 LAN、WAN、Internet/Intranet 等）访问和操作共同的数据库；它能有效地保护数据平台和管理访问权限。特别是在 Java 这样的跨平台语言出现之后，B/S 架构管理软件更加方便、快捷、高效，如图 5.2 所示。

（2）C/S 和 B/S 的特点

C/S 的优点是能充分发挥客户端 PC 的处理能力，很多工作可以在客户端处理后再提交给服务器，即客户端响应速度快。其缺点主要是客户端需要安装专用的软件这就涉及了安装的工作量，并且任何一台计算机出问题，如病毒、硬件损坏，都需要进行安装或维护。特别是有很多分部或专卖店的情况下，此时不是工作量的问题，而是路程的问题。此外，当系统软件升级时，客户机都需要重新安装，其维护和升级成本非常高。

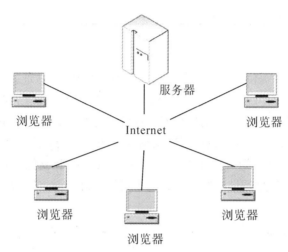

图 5.2 B/S 模式示意图

B/S 最大的优点是可以在任何地方进行操作而不用安装任何专门的软件。只要有一台能上网的计算机即能使用，客户端零维护；系统的扩展非常容易，只要能上网，再由系统管理员分配一个用户名和密码，即可使用；甚至可以在线申请，通过公司内部的安全认证（如 CA 证书）后，不需要人为参与，系统就可以自动分配给用户一个账号进入系统。

基于两种模式的优缺点，目前，众多网络应用系统及软件开发都会针对不同模块的需要采用 C/S 与 B/S 相结合的模式进行。

（3）C/S 和 B/S 应用案例

目前，电子商务具有代表性的网站有淘宝网、阿里巴巴、拍拍等，在网站应用前台都应用 B/S 构架，而对于它们的整个电子商务系统来讲也有很多基于 C/S 的应用辅助。

以淘宝网为例，淘宝网是 C2C（客户对客户）的个人网上交易平台和平台型 B2C 电子商务服务商淘宝商城，主要用于商品网上零售，也是国内最大的拍卖网站，由阿里巴巴集团投资创办。它创造了网络最大销售量。用户在购物或管理自己的店铺时一般会通过访问 B/S 架构的网站进行操作。

而对于整个淘宝电子商务系统来讲，网站只是其主要部分，还有很多的软件进行支撑，而这些软件多采用 C/S 构架。

例如，用于淘宝网买卖双方联系通信的软件阿里旺旺，阿里旺旺分为买家和卖家两种版本。买家版本主要用于买家购物咨询，卖家版本除了通信功能外还附加了一些销售管理功能。

又如，淘宝网专为手机用户开发了客户端软件，该软件主要分为安卓和苹果两个版本。该软件主要为手机用户提供软件客户端用于访问淘宝网平台。

5.2 域名与域名系统

5.2.1 域名

（1）域名的含义

IP 地址为 Internet 提供了统一的编址方式，直接使用 IP 地址就可以访问 Internet 中的主机，如 211. 154. 94. 138，但是不容易记忆。使用具有层次结构，每个字符具有特定意义的，书写有规律的域名，用户很容易理解、记忆，如 www. edu. cn。

域名是指接入 Internet 的主机用层次结构的方法命名的、全网唯一的名称。人们根据管理的需要将域名空间划分成多个不重叠的区域；每个域包含域名空间的一部分，同时也包含存储域名信息的域名服务器；每个可被管理的域名区域称为一个域。

（2）域名结构

域名的命名采用的是层次结构的方法。顶级域名分为两类：国家顶级域名和通用顶级域名。

国家顶级域名有.cn（中国）、.jp（日本）、.uk（英国）、.us（美国）等。

通用顶级域名如表 5.1 所示。

表 5.1 通用顶级域名

域名	含义	域名	含义
.com	商业机构	.biz	商业
.edu	教育	.info	信息服务
.gov	政府	.coop	合作团队
.mil	军事	.museum	博物馆
.net	网络服务	.name	个人
.org	非营利组织	.pro	会计、律师等
.aero	航空运输	.mobi	移动通信

国家级域名下注册的二级域名结构由各国自己确定。中国互联网信息中心负责管理我国的顶级域名，并分为两类：类别域名与行政区域域名。

类别域名有.ac（科研结构）、.com（商业组织）、.edu（教育机构）、.gov（政府部门）、.net（网络服务机构）、.org（非营利性组织）等。

行政区域域名有 34 个，如.bj（北京）、.sh（上海）等。

（3）中文域名

中文域名就是以中文表现的域名，同英文域名一样，是互联网中的门牌号码。

中文域名的推出客观上拓展了有限的域名资源空间，从一定程度上缓解了域名资源的需求与供给方面的紧张情况。另外，中文域名也在一定程度上解决了因英文域名中不同域名注册商标权用户的商标汉字不同，读音相同而导致用英文或拼音注册时的冲突问题。然而，域名的本质特征不可能因中文域名的出现而改变，域名的抢注导致其与商标权的冲突仍然大量存在，甚至因中文域名的本身使用的是中文字符而使这种冲突更加剧烈。

（4）域名注册

域名的注册遵循先申请先注册原则，管理机构对申请人提出的域名是否违反了第三方的权利不进行任何实质审查。同时，中华网库中每一个域名的注册都是独一无二的、不可重复的。因此，在网络中，域名是一种相对有限的资源，它的价值将随着注册企业的增多而逐步为人们所重视。

由于 Internet 中的各级域名是分别由不同机构管理的，所以各个机构管理域名的方式和域名命名的规则也有所不同。但域名的命名也有一些共同规则，主要有以下两点：

①域名中只能包含 26 个英文字母和 0~9 十个整数及"-"（英文中的连字符）。

②域名中字符的组合规则：在域名中，不区分英文字母的大小写并且对一个域名的长度是有一定限制的。

5.2.2 域名系统

（1）域名系统的含义

域名系统（domain name system，DNS）是在 Internet 中保持域名和 IP 地址间对应关系的分布式数据库的集合。域名系统是 Internet 中的一项核心服务，它能够使人更方便地访问 Internet，而不用记住能够被机器直接读取的 IP 数串。

（2）DNS 服务

DNS 服务是计算机网络中最常使用的服务之一。通过 DNS，可实现从主机数字 IP 地址与名称之间的相互转换，以及对特定 IP 地址或名称的路由解析与寻找。要进行名称解析，就需要从域名的后面向前，一级一级地查找这个域名。因此 Internet 中就有一些 DNS 服务器为 Internet 的顶级域提供解析服务，这些 DNS 服务器称为根 DNS 服务器。知道了根 DNS 服务器的地址，就能按级查找任何具有 DNS 域名的主机名称。

除了从名称查找主机的 IP 地址这种正向的查找方式之外，还有从 IP 地址反查主机域名的解析方式。很多情况下，网络中使用这种反向解析来确定主机的身份，因此也很重要。然而由于一个主机的域名可以任意设置，并不一定与 IP 地址相关，因此正向查找和反向查找是两个不同的查找过程。

（3）DNS 组成和原理

DNS 设计包含以下 3 个主要组成部分：

①域名空间和资源记录

域名空间（name space）被设计成树状结构，类似于 UNIX 的文件系统结构，最高级的结点称为"根"，根以下是顶层子域，再以下是第二层、第三层……每一个子域，或者说树状图中的结点都有一个标识，标识可以包含英文大小写字母、数字和下划线，允许长度为 0~63 字节，同一结点的子结点不可以用同样的标识，而长度为 0 的标识，即空标识是为根保留的。通常标识取特定英文名词的缩写，如顶层子域包括以下标识：com、edu、net、org、gov、mil、int，分别表示商业组织、教育机构、网络组织、非商业组织、政府机构、军事单位和国际组织；而美国以外的顶层子域，一般以国家名的两个字母缩写表示，如中国（cn）、英国（ck）、日本（jp）等。结点的域名由该结点到根的所经结点的标识顺序排列而成，从左往右，列出离根最远到最近的结点标识，中间以"."分隔，如 public. fz. fj. cn 是福州的用户服务器主机的域名，它的顶层域名是 cn，第二层域名是 fj. cn，第三层域名是 fz. fj. cn，绝对域名是 public. fz. fj. cn。域名空间的管理是分布式的，每个域名空间结点的域名管理者可以把自己管理域名的下一级域名代理给其他管理者管理，通常域名管理边界与组织机构的管理权限相符。

资源记录（resource record）是与名称相关联的数据，域名空间的每一个结点包含一系列的资源信息，查询操作就是要抽取有关结点的特定类型信息。资源记录存在形式是运行域名服务主机上的主文件（master file）中的记录项，可以包含以下类型字段：Owner，资源记录所属域名；Type，资源记录的资源类型，A 表示主机地址，NS 表示授权域名服务器等；Class，资源记录协议类型；IN 表示 Internet 类型；TTL，资源记录的生存期；RDATA，相对于 Type 和 Class 的资源记录数据。

②名称服务器

名称服务器（name server）是用以提供域名空间结构及信息的服务器程序。名称服务器可以缓存域名空间中任一部分的结构和信息，但通常特定的域名服务器包含域名空间中一个子集的完整信息和指向能获得域名空间其他任一部分信息名称服务器的指针。名称服务器分为几种类型，常用的有：主名称服务器（primary server），存放所管理域的主文件数据；备份（辅）名称服务器（secondary server），提供主名称服务器的备份，定期从主名称服务器读取主文件数据进行本地数据刷新；缓存服务器（sache-only server），缓存从其他名称服务器获得的信息，加速查询操作。几种类型的服务器可以并存于一台主机，每台域名服务主机（也称为域名服务器）都包含缓存服务器。

③解析器

解析器（resolver）的作用是应客户程序的要求从名称服务器中抽取信息。解析器必须能够存取一个名称服务器，直接由它获取信息或利用名称服务器提供的参照，向其他名称服务器查询。解析器一般是用户应用程序可以直接调用的系统例程，不需要附加任何网络协议。

5.3　数据加密技术

数据加密（data encryption）技术可将一个明文（plain text）经过加密密钥（encryption key）及加密函数转换，变成无意义的密文（cipher text），而接收方则将此密文经过解密函数、解密密钥（decryption key）还原成明文。加密技术可以解决信息安全中的机密性问题，它是其他信息安全技术的基石。

由其含义可知，数据加密技术包括两个重要元素：加密函数和加密密钥，我们把这两个元素分别称为算法和密钥。算法是将普通文本（或者可理解的信息）与一串数字（密钥）相结合，产生不可理解的密文的步骤，密钥是用来控制对数据进行编码和解码方法的参数。

数据加密技术的密码体制分为对称密钥体制和非对称密钥体制两种。相应地，数据加密技术分为两类，即对称加密（私人密钥加密）和非对称加密（公开密钥加密）。

5.3.1 对称密钥体制

对称密钥又称单密钥或专用密钥，加密和解密时使用同一个密钥，即使用同一个算法，如 DES、IDEA 和 AES 算法。对称密钥是最简单的加密方式，通信双方必须交换彼此的密钥，当需给对方发信息时，用自己的加密密钥进行加密，而在接收方收到数据后，用对方所给的密钥进行解密。当一个文本要加密传送时，该文本用密钥加密构成密文，密文在信道上传送，收到密文后用同一个密钥将密文解密出来，形成普通文本以供阅读，其原理如图 5.3 所示。

对称密钥是最古老的加密方式，一般说的"密电码"采用的就是对称密钥，目前仍被广泛采用，以 DES 为典型代表。

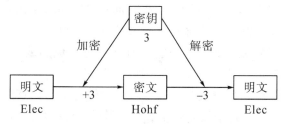

图 5.3　对称密钥原理

DES 是世界上最有名的密码算法，也是第一个被公开的现代密码。它出自 IBM 的研究工作，于 1971—1972 年研制成功，并在 1997 年被美国政府正式采纳。它很可能是使用最广泛的密钥系统，特别是在保护金融数据的安全系统中。最初开发的 DES 是嵌入到硬件中的。通常，自动取款机使用 DES 算法。

DES 使用一个 56 位的密钥及附加的 8 位奇偶校验位，产生最大 64 位的分组。这是一个迭代的分组密码，使用称为 Feistel 的技术，将加密的文本块平分成两份。使用子密钥对其中一份应用循环，然后将输出与另一份进行"异或"运算；然后交换这两份，继续此过程，但最后一个循环不交换。DES 使用 16 个循环。

攻击 DES 的主要形式被称为暴力的或彻底密钥搜索，即重复尝试各种密钥直到有一个符合要求为止。如果 DES 使用 56 位的密钥，则可能的密钥数量是 2^{56} 个。随着计算机系统能力的不断发展，DES 的安全性比它刚出现时弱得多，然而从非关键性质出发，其安全性仍可以认为是足够的。现在，普遍使用的是 3 DES，即对 64 位分组加密 3 次，每次用不同的密钥，密钥长度总共 168 位。

DES 算法已经公开，其保密性完全取决于对密钥的保密。因此，密钥的管理极为重要，一旦密钥丢失，密文将无安全性。

5.3.2 非对称密钥体制

非对称加密体制也称双密钥体制或公开密钥体制，加密和解密时使用不同的密钥，即不同的算法，虽然两者存在一定的关系，但不可能轻易地从一个算法推导出另一个算法。每个用户可以得到唯一的一对密钥，两个密钥（加密密钥和解密密钥）各不相同，一个是公开的（称为公钥，即 PK），另一个是保密的（称为私钥，即 SK）。公钥保存在公共区域，可在用户中传递，甚至可印制在报纸上。而私钥必须存放在安全保密的地方。任何人都可以有某用户的公钥，但是只有此用户能有自己的私钥。

在该体制中，PK 与 SK 是成对出现的，即存在一个 PK 就必然有配对的 SK；反之类似，存在一个 SK 就必然存在一个 PK。两个密钥中的一个用来加密消息，另一个用来解密消息。PK 用于加密时，SK 就用于解密，而此时 PK 加密的文件不能用 PK 自身解密；SK 加密时，只能用 PK 解密。

非对称加密算法的保密性比较好，它消除了最终用户交换密钥的需要，但加密和解密花费时间长、速度慢，它不适用于对文件加密而只适用于对少量数据进行加密。其典型代表为 RSA 算法。

RSA 算法是第一个能同时用于加密和数字签名的算法，也易于理解和操作。它是根据寻求两个大素数容易，而将它们的乘积分解开则极其困难这一原理来设计的。RSA算法于 1978 年由 Ron Rivest、Adi Shamir 和 Leonard Adleman 提出。其优点如下：密钥分配简单；密钥的保存量少；可以满足互不相识的人之间进行私人谈话时的保密性要求；可以完成数字签名和数字鉴别。但它也有其不可避免的缺点：产生密钥很麻烦，受到素数产生技术的限制，因而难以做到一次一密；分组长度太大，为保证其安全性，长度为 600 位以上，使运算代价很高，速度较慢，较对称密码算法慢几个数量级，且随着大数分解技术的发展，这个长度还在增加，不利于数据格式的标准化。

现有的 RSA 密码体制支持的密钥长度有 512、1024、2048、4096 位等。

5.3.3　数字摘要

在因特网上数字摘要主要用于验证信息的完整性，它通过单向 Hash 函数，将需加密的明文"摘要"成一串固定长度（如 128 位）的密文，不同的明文摘要成的密文结果总是不相同的，同样的明文其摘要必定一致，并且即使知道了摘要也不能反推出明文。其原理如下：采用单向 Hash 函数对文件进行变换运算得到摘要码，并把摘要码和文件一同发送给接收方，接收方接到文件后，用相同的方法对文件进行变换计算，用得出的摘要码与发送来的摘要码进行比较，并判断文件是否完整或被篡改，如图 5.4所示。

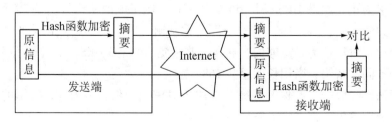

图 5.4　数字摘要原理

数字摘要简要地描述了一份较长的信息或文件，它可以被看作一份长文件的"数字指纹"。数字摘要也经常用于创建数字签名，对于特定的文件而言，数字摘要是唯一的。数字摘要可以被公开，它不会透露相应文件的任何信息。数字摘要是由 Hash 函数生成的，一个 Hash 函数的好坏是由发生碰撞的概率决定的。如果攻击者能够轻易地构造出两个消息具有相同的 Hash 值，那么这样的 Hash 函数是很危险的。一般来说，安全 Hash 标准的输出长度为 160 位，这样才能保证其足够安全。典型的 Hash 函数有MD5、SHA 等。

5.3.4 数字签名

数字签名（digital signature）是对电子形式的信息进行签名的一种方法，可防止传输的信息被篡改，通过对称密码体制和非对称密码体制都可以获得数字签名，目前主要是基于非对称密码体制的数字签名，包括普通数字签名和特殊数字签名。普通数字签名算法有 RSA、ElGamal、Fiat-Shamir、Guillou-Quisquarter、Schnorr、Ong-Schnorr-Shamir、Des/DSA、椭圆曲线数字签名算法和有限自动机数字签名算法等。特殊数字签名有盲签名、代理签名、群签名、不可否认签名、公平盲签名、门限签名、具有消息恢复功能的签名等，它与具体应用环境密切相关。

数字签名技术是非对称加密算法的典型应用。数字签名技术将摘要信息用发送者的私钥加密，与原文一起传送给接收者。接收者只有用发送的公钥才能解密被加密的摘要信息，然后用 Hash 函数对收到的原文产生一个摘要信息，并与解密的摘要信息对比。如果相同，则说明收到的信息是完整的，在传输过程中没有被修改，否则说明信息被修改过，因此数字签名能够验证信息的完整性和真实性。其原理如图 5.5 所示。数字签名技术是在网络系统虚拟环境中确认身份的重要技术，完全可以代替现实过程中的"亲笔签字"，在技术和法律上有保证。在数字签名应用中，发送者的公钥可以很方便地得到，但其私钥需要严格保密。

数字签名主要的功能：保证信息传输的完整性、发送者的身份认证、防止交易中的抵赖发生。

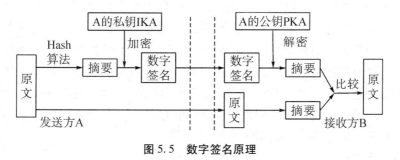

图 5.5　数字签名原理

5.3.5 数字证书

Internet 中的电子商务系统技术使在网上购物的顾客能够极其方便轻松地获得商家和企业的信息，但也增加了某些敏感或有价值的数据被滥用的风险。为了保证 Internet中电子交易及支付的安全性、保密性等，防范交易及支付过程中的欺诈行为，必须在网络中建立一种信任机制。这就要求参加电子商务的买方和卖方都必须拥有合法的身份，并且在网络中能够有效地、无误地被验证。数字证书是一种权威性的电子文档。

它提供了一种在 Internet 上验证用户身份的方式，其作用类似于司机的驾驶证或日常生活中的身份证。它是由一个由权威机构——证书授权（certificate authority，CA）中心发行的，并利用 CA 的私钥签名，人们可以在 Internet 交往中用它来识别对方的身份。

数字证书把身份与电子密钥对绑定，该密钥对可以对信息进行加密和签名。数字证书可以用于鉴别某人是否有权使用某个指定的密钥，也可以防止人们使用假冒的密钥来冒充他人。数字证书与密码技术一起提供了更为完整的安全性。

（1）数字证书的内容

数字证书的格式遵循 ITU T X.509 国际标准。一个标准的 X.509 数字证书包含以下内容：

①证书的版本信息。

②证书的序列号，每个证书都有一个唯一的证书序列号。

③证书所使用的签名算法，如 RSA 算法。

④证书的发行机构（CA 中心）的名称，命名规则一般采用 X.500 格式。

⑤证书的有效期，现在通用的证书一般采用 UTC 时间格式，它的计时为 1950~2049 年。

⑥证书拥有者的名称，命名规则一般采用 X.500 格式。

⑦证书拥有者的公钥。

⑧证书发行机构（CA 中心）对证书的数字签名。

（2）数字证书的作用

数字证书是由作为第三方的法定证书授权中心签发的，以数字证书为核心的加密技术可以对网络中传输的信息进行加密和解密、数字签名和签名验证，确保网络中传递信息的机密性、完整性、交易实体身份的真实性、签名信息的不可否认性，从而保障网络应用的安全性。

①身份认证

身份认证即身份识别与鉴别，就是确认实体即为自己所声明的实体，鉴别身份的真伪。例如，甲乙双方的认证，甲首先要验证乙的证书的真伪，当乙在网络中将证书传送给甲时，甲首先要用权威机构的公钥解开证书上 CA 的数字签名，如签名通过验证，则证明乙持有的证书是真的；然后甲还要验证乙身份的真伪，乙可以将自己的口令用自己的私钥进行数字签名传送给甲，甲已经从乙的证书中或从证书库中查得了乙的公钥，此时甲就可以用乙的公钥来验证乙用自己独有的私钥进行的数字签名。如果该签名通过验证，则乙的身份就确认无误。

②数据完整性

数据完整性就是确认数据没有被修改，即数据无论是在传输过程中还是在存储过程中经过检查确认没有被修改。数据完整性服务实现的主要方法是数字签名技术，它既可以提供实体认证，又可以保障被签名数据的完整性。如果敏感数据在传输和处理过程中被篡改，接收方就不会收到完整的数据签名，验证就会失败。反之，如果签名通过了验证，就证明接收方收到的是没经过修改的完整性数据。

③数据保密性

数据保密性就是确保除了指定的实体外，其他未经授权的人不能读出或看懂该数据。PKI 的保密性服务采用了"数字信封"机制，即发送方先产生一个对称密钥，并用该对称密钥加密敏感数据。同时，发送方用接收方的公钥加密对称密钥，就像装入一个"数字信封"里。将被加密的对称密钥（"数字信封"）和被加密的敏感数据一起传送给接收方。接收方用自己的私钥拆开"数字信封"，得到对称密钥，用对称密钥解开被加密的敏感数据。其他未经授权的人，因为没有拆开"数字信封"的私钥，看不见或读不懂原数据，起到了数据保密的作用。

④不可否认性

不可否认性是指从技术上实现保证实体对其行为的诚实性，即用数字签名的方法防止其对行为的否认。其中，人们更关注的是数据来源的不可否认性和接收的不可否认性，即用户不能否认敏感信息和文件不是来源于他；以及接收后的不可否认性，即用户不能否认他已接收到了敏感信息和文件。此外，还有其他类型的不可否认性，如传输的不可否认性、创建的不可否认性和同意的不可否认性等。

（3）数字证书的类型

①个人数字证书

个人数字证书中包含个人身份信息和个人的公钥，用于标识证书持有人的个人身份。数字安全证书和对应的私钥由个人保管，用于个人在网络中进行合同签订、订单、录入审核、操作权限、支付信息等活动中标明个人身份。

②机构数字证书

机构数字证书中包含企业信息和企业的公钥，用于标识证书持有企业的身份。数字安全证书和对应的私钥由企业相关负责人保管，可以用于企业在电子商务方面的对外活动中（如合同签订、网上证券交易、交易收入信息等）标明企业身份。

③设备数字证书

设备数字证书中包含服务器信息和服务器的公钥，用于标识证书持有服务器的身份。数字安全证书和对应的私钥由服务器管理者保管，主要用于网站交易服务器，目的是保证客户机和服务器产生与交易支付等信息相关时，确保双方身份的真实性、安全性、可信任度等。

④CA 证书

CA 证书中包含 CA 身份信息和 CA 公钥，用于标识证书持有 CA 机构的身份。数字安全证书和对应私钥由 CA 机构相关管理者保管，可在证书签发过程和其他使用证书的过程中识别证书签发 CA 机构的身份。

（4）CA 机构

CA 机构是指发放、管理、废除数字证书的机构。CA 的作用是检查证书持有者身份的合法性，并签发证书（在证书上签字），以防证书被伪造或篡改，以及对证书和密钥进行管理。在电子商务交易中，需要有这样具有权威性和公正性的第三方来完成认证工作，使电子商务交易能够正常进行。

5.3.6 电子交易协议

（1）SSL 协议

SSL 协议是 Netscape 公司在网络传输层之上提供的一种基于 RSA 和保密密钥的用

于浏览器和 Web 服务器之间的安全连接技术。它被视为 Internet 中 Web 浏览器和服务器的标准安全性措施。SSL 提供了用于启动 TCP/IP 连接的安全性"信号交换"。这种信号交换导致客户机和服务器同意将使用的安全性级别，并履行连接的任何身份验证要求。它通过数字签名和数字证书可实现浏览器和 Web 服务器双方的身份验证。在用数字证书对双方的身份验证后，双方即可用保密密钥进行安全会话。

SSL 可分为两层：握手层、记录层。SSL 握手层协议描述了建立安全连接的过程，在客户和服务器传送应用层数据之前，完成诸如加密算法和会话密钥的确定、通信双方的身份验证等功能。SSL 记录协议则定义了数据传送的格式，上层数据包括 SSL 握手层协议建立安全连接时所需传送的数据都通过 SSL 协议往下层传送，这样，应用层通过 SSL 协议把数据传送给传输层时，已是被加密的数据，此时，TCP/IP 只需要负责将其可靠地传送到目的地，弥补了 TCP/IP 安全性较差的弱点。

SSL 协议在应用层收发数据前，协商加密算法、连接密钥并认证通信双方，从而为应用层提供安全的传输通道；在该通道上可透明加载任何高层应用协议（如 HTTP、FTP、Telnet 等）以保证应用层数据传输的安全性。SSL 协议独立于应用层协议，因此，在电子交易中被用于安全传送信用卡号码。

SSL 协议并不是为支持电子商务而设计的，所以在电子商务系统的应用中还存在很多弊端。它是一个面向连接的协议，在涉及多方的电子交易中，只能提供交易中客户与服务器间的双方认证，而电子商务往往是用户、网站、银行三家协作完成的，SSL 协议并不能协调各方间的安全传输和信任关系；购货时用户要输入通信地址，这样可能使用户收到大量垃圾信件。

因此，为了实现更加完善的电子交易，Master Card 和 VISA 及其他业界厂商制定并发布了安全电子交易（secure electronic transaction，SET）协议。

（2）SET 协议

①SET 协议概念

SET 是一个通过开放网络（包括 Internet）进行安全资金支付的技术标准，由 VISA 和 Master Card 组织共同制定，并于 1997 年 5 月联合推出。由于它得到了 IBM、HP、Microsoft、Netscape、VeriFone、GTE、Terisa 等公司的支持，已成为工业标准，目前已获得 IETF（Internet 工程任务组）标准的认可。

SET 协议是开放网络环境中的信用卡支付安全协议，它采用公钥密码体制和 X.509 电子证书标准，通过相应软件、电子证书、数字签名和加密技术在电子交易环节上提供了更大的信任度、更完整的交易信息、更高的安全性和更少受欺诈的可能性。

SET 协议的主要目标：信息在 Internet 中安全传输，保证网络中传输的数据不被黑客窃取；订单信息和个人账号信息的隔离，当包含持卡人账号信息的订单送到商家时，商家只能看到订货信息，而看不到持卡人的账户信息；持卡人和商家相互认证，以确定通信双方的身份，一般由第三方机构负责为在线通信双方提供信用担保；要求软件遵循相同协议和报文格式，使不同厂家开发的软件具有兼容和互操作功能，并且可以运行在不同的硬件和操作系统平台上。

②SET 支付系统的组成

SET 支付系统主要由持卡人（cardHolder）、商家（merchant）、发卡行（issuing

bank）、收单行（acquiring bank）、支付网关（payment gateway）、认证中心（certificate authority）等 6 个部分组成。对应地，基于 SET 协议的网上购物系统至少包括电子钱包软件、商家软件、支付网关软件和签发证书软件。

③SET 的购物流程

电子商务的工作流程与实际的购物流程非常接近，使得电子商务与传统商务可以很容易地融合，用户使用也没有什么障碍。从顾客通过浏览器进入在线商店开始，一直到所订货物送货上门或所订服务完成，以及账户的资金转移，这些都是通过公共网络完成的。如何保证网络中传输数据的安全和交易双方的身份确认是电子商务能否得到推广的关键。这正是 SET 所要解决的最主要的问题。一个包括完整的购物处理流程的 SET 的工作过程如下：

①持卡人使用浏览器在商家的 Web 主页上查看在线商品目录，浏览商品。

②持卡人选择要购买的商品。

③持卡人填写订单，包括项目列表、价格、总价、运费、搬运费、税费。订单可通过电子方式从商家传送过来，或由持卡人的电子购物软件建立。有些在线商场可以让持卡人与商家协商物品的价格（如出示自己是老客户的证明，或给出竞争对手的价格信息）。

④持卡人选择付款方式，此时 SET 开始介入。

⑤持卡人发送给商家一个完整的订单及要求付款的指令。在 SET 中，订单和付款指令由持卡人进行数字签名，同时利用双重签名技术保证商家看不到持卡人的账号信息。

⑥商家收到订单后，向持卡人的金融机构请求支付认可。通过支付网关到银行，再到发卡机构确认，批准交易，并返回确认信息给商家。

⑦商家发送订单确认信息给顾客。顾客端软件可记录交易日志，以备将来查询。

⑧商家给顾客装运货物，或完成订购的服务。到此为止，一个购买过程已经结束。商家可以立即请求银行将钱从购物者的账号转移到商家账号，也可以等到某一时间，请求成批划账处理。

⑨商家从持卡人的金融机构请求支付。在认证操作和支付操作中一般有一个时间间隔，如在每天下班前请求银行结算一天的账目。

前 3 步与 SET 协议无关，从第 4 步开始 SET 协议起作用，一直到第 9 步，在处理过程中，对于通信协议、请求信息的格式、数据类型的定义等，SET 协议都有明确的规定。在操作的每一步，持卡人、商家和支付网关都通过 CA 来验证通信主体的身份，以确保通信的对方不是冒名顶替的。

（3）SSL 协议与 SET 协议的区别

①用户接口：SSL 协议已被浏览器和 Web 服务器内置，不需要安装专门软件；SET 协议中客户端需安装专门的电子钱包软件，在商家服务器和银行网络中也需安装相应的软件。

②处理速度：SET 协议非常复杂，处理速度慢；而 SSL 协议则简单得多，处理速度比 SET 协议快。

③认证要求：在安全性方面，SET 协议规范了整个商务活动的流程，从持卡人到

商家、支付网关，再到认证中心以及信用卡结算中心之间的信息流走向和必须采用的加密、认证都制定了严密的标准，从而最大限度地保证了商务性、服务性、协调性和集成性。而 SSL 协议只对持卡人与商店端的信息交换进行加密保护，可以看作用于传输的技术规范。从电子商务特性来看，它并不具备商务性、服务性、协调性和集成性。

④安全性：SET 协议的安全性远比 SSL 协议高。SET 协议采用了公钥加密、信息摘要和数字签名技术，可以确保信息的保密性、可鉴别性、完整性和不可否认性，商家只能看到持卡人的订购数据，而银行只能取得持卡人的信任，不能提供完备的防抵赖功能。

⑤在应用领域方面，SSL 协议主要和 Web 应用一起工作，而 SET 协议为信用卡交易提供安全，因此如果电子商务应用只通过 Web 或电子邮件，则可以不要 SET 协议。但如果电子商务应用是一个涉及多方交易的过程，则使用 SET 协议更安全、更通用。

⑥协议层次和功能：SSL 协议属于传输层的安全技术规范，不具备电子商务的商务性、协调性和集成性功能；而 SET 协议位于应用层，它不仅规范了整个商务活动的流程，而且制定了严格的加密和认证标准，具备商务性、协调性和集成性功能。SSL 协议虽然也采用了公钥加密、信息摘要和 MAC 检测技术，但缺乏一套完整的认证。

总之，SSL 协议实现简单，独立于应用层协议，大部分内置于浏览器和 Web 服务器中，在电子交易中应用便利。但它是一个面向连接的协议，只能提供交易中客户机与服务器间的双方认证，不能实现多方的电子交易。SET 协议在保留对客户信用卡认证的前提下增加了对商家身份的认证，安全性进一步提高。由于两个协议所处的网络层次不同，为电子商务提供的服务也不相同，因此在实践中应根据具体情况来选择独立使用或混合使用。

5.4 WWW 信息发布技术

5.4.1 WWW 的概念

万维网（world wide web，WWW）常简称为 Web，分为 Web 客户端和 Web 服务器程序。WWW 可以使 Web 客户端（常用浏览器）访问、浏览 Web 服务器上的页面。WWW 提供了丰富的文本、图形、音频、视频等多媒体信息，并将这些内容集合在一起，并提供导航功能，使得用户可以方便地在各个页面之间进行浏览。由于其内容丰富，浏览方便，目前已经成为互联网最重要的服务。

Web 是建立在客户机/服务器模型之上的。Web 是以超文本标记语言（hyper text markup language，HTML）与超文本传输协议（hyper text transfer protocol，HTTP）为基础，能够提供面向 Internet 服务的、一致的用户界面的信息浏览系统。其中，Web 服务器采用超文本链路来链接信息页，这些信息页既可放置在同一主机上，也可放置在不同地理位置的主机上；本链路由统一资源定位器（URL）维持，WWW 客户端软件（Web 浏览器）负责信息显示与向服务器发送请求，如图 5.6 所示。

图 5.6　Web 服务器工作简图

5.4.2　Web 服务器

WWW 服务器又称 Web 服务器，主要功能是提供网上信息浏览服务。Web 服务器是驻留于 Internet 中某种类型计算机的程序。当 Web 浏览器（客户端）连接到服务器上并请求文件时，服务器将处理该请求并将文件发送到该浏览器上，附带的信息会告诉浏览器如何查看该文件（文件类型）。Web 服务器不仅能够存储信息，还能在用户通过 Web 浏览器提供信息的基础上运行脚本和程序。

目前主流的 Web 服务器如下：

（1）Microsoft IIS

Microsoft 的 Web 服务器产品为 Internet Information Server（IIS），IIS 是允许在公共 Intranet 或 Internet 上发布信息的 Web 服务器。IIS 是目前最流行的 Web 服务器产品之一，很多著名的网站都建立在 IIS 的平台上。IIS 提供了一个图形界面的管理工具，称为 Internet 服务管理器，可用于监视配置和控制 Internet 服务。

IIS 是一种 Web 服务组件，包含 Web 服务器、FTP 服务器、NNTP 服务器和 SMTP 服务器，分别用于网页浏览、文件传输、新闻服务和邮件发送等，它使得在网络（包括互联网和局域网）中发布信息成为一件很容易的事。它提供 ISAPI（Internet server API）作为扩展 Web 服务器功能的编程接口；同时，它还提供了一个 Internet 数据库连接器，可以实现对数据库的查询和更新。

（2）IBM WebSphere

IBM WebSphere 应用程序服务器是一种功能完善、开放的 Web 应用程序服务器，是 IBM 电子商务计划的核心部分。它基于 Java 的应用环境，用于建立、部署和管理 Internet 和 Intranet Web 应用程序。这一整套产品进行了扩展，以适应 Web 应用程序服务器的需要，其范围从简单、高级到企业级。

WebSphere 针对以 Web 为中心的开发人员，他们都是在基本 HTTP 服务器和 CGI 编程技术上成长起来的。IBM 提供了 WebSphere 产品系列，通过提供综合资源、可重复使用的组件，功能强大并易于使用的工具，以及支持 HTTP 和 IIOP 通信的可伸缩运行环境，来帮助这些用户从简单的 Web 应用程序转移到电子商务系统。

（3）Apache

Apache 仍然是现在使用最多的 Web 服务器，市场占有率为 60% 左右。它成功的原因：主要是其源代码开放，有一支开放的开发队伍，支持跨平台的应用（可以运行在几乎所有的 UNIX、Windows、Linux 系统平台上）及具有可移植性等。

5.4.3　网站开发技术

网站的开发技术有很多，主要包括 CGI、ASP、PHP、JSP、ASP. NET 等。每一种技术都有其自身的特点与局限性，具体的网站开发技术要根据网站的功能需求、面对的受众、访问量、开发者熟悉的技术等进行选择。

（1）ASP．NET 技术

①ASP．NET 技术的含义

ASP．NET 不仅是 ASP 的后续版本，还是一种建立在通用语言上的程序构架，能被用于一台 Web 服务器来建立强大的 Web 应用程序。ASP．NET 有许多比现在的 Web 开发模式更好的优势。

②ASP．NET 技术的特点

·执行效率高。ASP．NET 把基于通用语言的程序在服务器上运行。不像以前的 ASP 一样即时解释程序，而是当程序在服务器端首次运行时对其进行编译。这样的执行效果，比一条一条的解释好很多。

·适应性强。ASP．NET 是基于通用语言的编译运行的程序，适应性强。通用语言的基本库、消息机制、数据接口的处理都能无缝地整合到 ASP．NET 的 Web 应用中。ASP．NET 同时也是语言独立化的。所以，可以选择一种最适合自己的语言来编写程序，或者用很多种语言来编写程序，现在已经支持的有 C#、VBScript，JavaScript。

·简单易学性。ASP．NET 使运行一些很平常的任务，如表单提交客户端的身份验证、分布系统和网站配置变得非常简单。

·高效可管理性。ASP．NET 使用一种字符基础的、分级的配置系统，使服务器环境和应用程序的设置更加简单。因为配置信息都保存在简单文本中，所以新的设置有可能不需要启动本地的管理员工具即可实现。

·多处理器环境的可靠性。ASP．NET 已经被刻意设计成为一种可以用于多处理器的开发工具，它在多处理器的环境下用特殊的无缝连接技术，将提高运行速度。即使现在的 ASP．NET 应用软件是为一个处理器开发的，将来多处理器运行时也不需要任何改变就能提高它们的效能，但是现在的 ASP 却做不到这一点。

③ASP．NET 的缺点

ASP．NET 提供了 Cookies、QueryStriIlgs（ORL）、Hidden Fields、View State and Control State（ASP．NET 2.0）来管理客户端的请求。但在应用中存在以下缺点：

·客户端可以禁用 Cookies。

·Cookies 在每次请求或发送时都会被加载，影响传输。

·易被攻破，不适用于存储安全信息。

·不安全，以明文的形式直接从网络中传输。

·加密编码增大了页面的尺寸，增加了网络传输。

（2）PHP 技术

①PHP 技术的含义

PHP（超级文本预处理语言）是一种 HTML 内嵌式的语言，是一种在服务器端执行的嵌入 HTML 文档的脚本语言，语言的风格类似于 C 语言，现在被很多的网站编程人员广泛运用。它可以比 CGI 或者 Perl 更快地执行动态网页。PHP 是将程序嵌入到 HTML 文档中去执行的，故执行效率比完全生成 HTML 标记的 CGI 要高得多。

②PHP 技术的优点

·开放的源代码。所有的 PHP 源代码都可以免费得到。

·PHP 的便捷性。PHP 可以嵌入 HTML 语言。PHP 坚持以脚本语言为主，简单易学。

·跨平台运行。PHP 是运行在服务器端的脚本，可以运行在 UNIX、Windows 操作系统下。

·效率高。PHP 消耗相当少的系统资源。

·图像处理。PHP 可动态创建图像。

·面向对象。PHP4、PHP5 中在面向对象方面都有了很大的改进，现在的 PHP 完全可以用来开发大型商业程序。

·运行速度比起 ASP 等即时型语言要快，比较容易找到廉价的空间。

③PHP 技术的缺点

·运行速度受到限制。与 MySQL 的配合使用，使得数据库与网站程序分别位于两台服务器，网站的整体速度受到了 Web 服务器与数据库服务器之间的交互速度、Web 服务器的运行速度及反应速度的制约。

·拓展性较差。经过编译的程序，除了编译者，其他人很难进行拓展。

·不适用于大型电子商务站点，而更适用于一些小型的商业站点。这是因为 PHP 缺乏规模支持，缺乏多层结构支持。

·提供的数据库接口支持不统一，这就使得它不适用于复杂的电子商务。

（3）JSP 技术

①JSP 技术的含义

JSP（Java server pages）是由 Sun Microsystems 公司（现被甲骨文公司收购）倡导、许多公司参与创建的一种动态网页技术标准。JSP 技术有些类似 ASP 技术，它在传统的网页 HTML 文件中插入 Java 程序段（Scriptlet）和 JSP 标记（tag），从而形成 JSP 文件。

JSP 技术使用 Java 编程语言编写类 XML 的 tags 和 Scriptlets，来封装产生动态网页的处理逻辑。网页还能通过 tags 和 Scriptlets 访问存在于服务端的资源的应用逻辑。JSP 将网页逻辑与网页设计和显示分离，支持可重用的基于组件的设计，使基于 Web 的应用程序的开发变得容易。

②JSP 技术的优点

·一次编写，到处运行。在这一点上，JSP 比 PHP 效果更好，除了系统之外，代码不用做任何更改。

·系统的多平台支持。基本上可以在所有平台的任意环境中开发，在任意环境中进行系统部署，在任意环境中扩展。与其相比，ASP、PHP 的局限性是显而易见的。

·强大的可伸缩性。从只有一个小的 Java 文件就可以运行 Servlet/JSP，到由多台服务器进行集群和负载均衡，再到多台应用进行事务处理、消息处理，从一台服务器到无数台服务器，Java 显示了其强大的生命力。

·多样化和功能强大的开发工具支持。这一点与 ASP 相似，Java 已经有许多非常优秀的开发工具，许多开发工具可以免费得到，很多工具已经可以顺利地运行于多种平台之下。

③JSP 技术的缺点

·Java 的一些优势正是其致命的问题所在：正是因为提供跨平台的功能，为了极度的伸缩能力，所以极大地增加了产品的复杂性。

·Java 的运行速度是用 class 常驻内存来完成的，所以在一些情况下，它所使用的内存与用户数量相比是"最低性能价格比"。

通过对三种技术——PHP、JSP、ASP．NET 的分析可见，每种技术都其优点与缺点，它们分别适用于不同需求的网站开发，掌握不同技术的人员在网站开发技术方面也会有不同的选择。

5.5 多媒体视频会议

5.5.1 视频会议系统

视频会议系统又称会议电视系统，是指两个或两个以上不同地方的个人或群体，通过传输线路及多媒体设备，将声音、影像及文件资料互传，实现即时互动的沟通，以实现会议目的的系统设备。视频会议的使用类似于电话，除了能与对方进行语言交流外，还能看到他们的表情和动作，使处于不同地方的人就像在同一房间内沟通一样。

视频会议的发展可分为四个阶段：拨号组群电视会议，基于综合业务数字网视频会议系统，基于 LAN 的产品和基于广域网、互联网的组播视频会议。随着视频会议技术和网络技术的发展，视频会议被广泛应用于政府会议、远程教育、远程医疗、电子商务、跨国公司的业务会议、企业的培训和协同办公等。

5.5.2 视频会议系统的工作原理和分类

目前视频会议逐步向着多网协作、高清化的方向发展。相比传统的自建视频会议，租用视频会议在价格与灵活性上具有不可替代的优势，逐渐受到单位与企业的青睐。

（1）工作原理

一套完整的视频会议系统通常由视频会议终端、多点控制单元、网络管理软件、传输网络及相关附件五大部分构成。视频会议终端将输入的视频、音频、数据、控制信令进行单独编码，然后将编码后的数据进行"复用"压缩后形成遵循网络协议的数据包，通过网络接口传到多点控制单元供选择广播。从多点控制单元传来的其他会场的数据包通过"解复用"，分别还原成视频、音频、数据及控制信令并在相应的输出设备上回显或执行，这便是视频会议终端的工作过程。

多点控制单元是视频会议系统中的关键设备，作用相当于交换机。它将来自各会议场点的信息流，经过同步分离后，抽取出音频、视频、信令和数据信息，并将各会场的信息和信令送入同一个处理模块，完成相应的音频、视频混合与切换，以及数据广播、路由选择、定时和控制接入等过程，最后将各个会场的各种信息重新组合起来，送往各个相应的终端系统设备。

（2）视频会议系统的分类

①硬件视频会议系统

硬件视频是基于嵌入式架构的视频通信方式，依靠 DSP+嵌入式软件实现视频、音频处理，网络通信和各项会议功能。其最大的特点是性能高、可靠性好，大部分中高端视讯应用中都采用了硬件视频方式。

硬件视频会议系统主要包括嵌入式多点控制单元、会议室终端、桌面终端等设备。其中，多点控制单元部署在网络中心，负责码流的处理和转发；会议室终端部署在会议室，与摄像头、话筒、电视机等外围设备互连；桌面终端集成了小型摄像头和液晶显示器，可安放在办公桌上作为专用视频通信工具。

②软件视频会议系统

软件视频是基于 PC 架构的视频通信方式，主要依靠 CPU 处理视频、音频编解码工作，其最大的特点是廉价，且开放性好，软件集成方便。但软件视频在稳定性、可靠性方面还有待提高，视频质量普遍无法超越硬件视频系统，它当前的市场主要集中在个人和企业。

软件视频会议系统是软件视频的一个重要应用，主要采用服务器+PC 的架构。在中心点部署多点控制单元服务器、多画面处理服务器和流媒体服务器，在普通桌面 PC 上配置 USB 摄像头、耳麦和会议终端软件，在会议室配置高性能 PC、视频采集卡、会议摄像头和会议终端软件。在召开视频会议时，采用基于 Windows 的操作界面进行会议的各项设置和管理。

5.5.3 视频会议系统设计案例

大型国有企业春兰（集团）公司是中国规模最大、经济效益最好的综合家电企业，是集科研、制造、投资、贸易于一体的多元化、高科技、国际化的现代公司。春兰（集团）公司总部下辖电器、自行车、电子、商务、海外五大产业集团。五大产业集团按照产业门类分别管理世界范围内的 42 个独立子公司，其中制造公司有 18 家，并设有春兰研究院、春兰学院、春兰博士后工作站和春兰电器研究所、春兰自动车研究所、春兰电子研究所等科研、教育机构。春兰（集团）公司的主导产品包括家电、自动车、机械、电子信息四大类 15 个系列。

（1）春兰（集团）公司的网络设计

在方案设计过程中，应充分考虑到网络可能存在的问题，如网络安全性设计、网络带宽资金合理预算、区域的合理规划及分布。

（2）会议功能设计

在春兰（集团）公司的会议系统的设计中，充分考虑企业的需要，特别设计了以下功能。

①远程摄像头控制

主席会场可以经过多点控制单元使用会议终端的遥控器，控制所观看的其他会场的终端摄像头。设计中主会场需要远端遥控分会场的镜头，以观看各个分会场领导、员工的到会情况及会议纪律等。

②双视频

双视频（dual video）是指分会场能够将本会场的两路视频同时传输到多点控制单元，利用 DST H. 323 MCS 多点控制单元将两路视频源同时传输到各分会场。DST H. 323 MCS 是支持在多点会议中实现双视频功能的多点控制单元，可将任意一台计算机屏幕或者动态图像作为会议终端第二路视频传送到其他会场，适用于领导在开会的同时对文件、图片进行讲解，使会议更加生动，内容更加丰富。

③请求发言

请求发言功能是指在多点会议中，分会场向主会场的会议组织者提出发言申请，由会议组织者决定是否允许其发言。

④网络状态检测

在会议进行中会对网络状态进行实时监测，在图像质量不理想的情况下可以立即判断故障点并进行分析，并通过色彩报警帮助网络管理员迅速排除网络故障，使会议正常召开。

⑤电视墙扩展支持

春兰（集团）公司包括主会场在内有 47 个地点，在主会场设计了 46 路电视墙，每一路图像的清晰度都是 352 像素×288 像素，每个画面独立显示在一台电视机上，从而组成了 46 路的电视墙画面，领导可以实时观看到每一个分会场的高质量画面。

⑥自动断线重邀

春兰（集团）公司的所有线路均租用电信的线路，电信网络难免出现网络不稳定的情况，从而导致会议中有终端掉点的现象，影响会议的召开，而且不容易发现造成此现象的原因。针对网络状况，设计自动断线重邀功能，在会议召开过程中，不需要查找任何原因，只要线路稳定，多点控制单元就会迅速地将终端邀请到当前会议中。

⑦组播功能

会议室的容量是有限的，参加会议的人数就受到了限制。但是有些会议总是希望更多的人领会到会议的指示精神。针对这个问题，要使多点控制单元具有组播功能，能够实时地将会议实况以流媒体的形式发送到网络中。客户只需要使用免费的软件就可以接收到会议的实况转播，而且收看的人数不受到限制，可以成千上万。

（3）会议管理设计

在会议控制方面，我们应充分考虑设备管理和人员调配等因素，设计如下：

①多点控制单元采用三级口令保护。

②终端自动群邀功能。

③支持多种会议控制方式。

④支持脚本文件编辑。

⑤终端管理功能（终端状态显示、声音的灵活控制）。

⑥多种会议模式。

项目实践

1. 安装与配置 Windows Server 2012

每 3~4 人一组，安装与配置 Windows Server 2012，提交实验报告。

（1）Windows Server 2012 相关知识

Windows Server 2012（开发代号：Windows Server 8）是微软的一个服务器系统。

这是 Windows8 的服务器版本，并且是 Windows Server 2008 R2 的继任者。该操作系统已经在 2012 年 8 月 1 日完成编译 RTM 版，并且在 2012 年 9 月 4 日正式发售。Windows Server 2012 变化只有授权、虚拟实例授权。

（2）配置要求

支持 Windows Server 2008 R2 的服务器也支持 Windows Server 2012。

最低配置要求：1.4 GHz 的 64 位处理器；512 MB 的内存；32 GB 硬盘空间。

其他要求：DVD 驱动器；超级 VGA（800 ×600）或更高分辨率的显示器；键盘和鼠标（或其他兼容的输入设备）；Internet 访问（可能需要付费）。

（3）安装前的注意事项

为了保证 Windows Server 2012 的顺利安装，在开始安装之前必须做好准备工作，如备份文件、检查系统兼容性等。

①切断非必要的硬件连接。如果当前计算机正与打印机、扫描仪、UPS（管理连接）等非必要外设连接，则在运行安装程序之前将其断开，因为安装程序将自动监测连接到计算机串行端的所有设备。

②检查硬件和软件兼容性。为升级启动安装程序时，执行的第一个过程是检查计算机硬件和软件的兼容性。安装程 序在继续执行前将显示报告。使用该报告以及 Rel-notes. htm（位于安装光盘的 \ Docs 文件夹）中的信息确定在升级前是否需要更新硬件、驱动程序或软件。

③检查系统日志。如果在计算机中以前安装有 Windows 2000/XP/2003/2008，建议使用"事件查看器"查 看系统日志，寻找可能在升级期间引发问题的最新错误或重复发生的错误。

④备份文件。如果是从其他操作系统升级至 Windows Server 2012，建议在升级前备份当前文件，包括含有配置信息（如系统状态、系统分区和启动分区）的所有内容，以及所有的用户和相关数据。建议将文件备份到各种不同的媒介，如磁带驱动器或网络上其他计算机的硬盘，而尽量不要保存在本地计算机的其他非系统分区。

⑤断开网络连接。网络中可能会有计算机病毒在传播，因此，如果不是通过网络安装操作系统，在安装之前就应拔下网线，以免新安装的系统感染上计算机病毒。

⑥规划分区。Windows Server 2012 要求必须安装在 NTFS 格式的分区上，全新安装时直接按照默认 设置格式化磁盘即可。如果是升级安装，则应预先将分区格式化成 NTFS 格式，并且如果系统分区的剩余空间不足 32 GB，则无法正常升级。建议将 Windows Server 2012 目标分区至少设置为 60 GB 或更大。

（4）安装与配置 Windows Server 2012

使用 Windows Server 2012 的引导光盘进行安装是最简单的安装方式。在安装过程中，需要用户干预的地方不多，只需掌握几个关键点即可顺利完成安装。

①设置光盘引导。重新启动系统按 Delete 键进入 CMOS 设置并把光盘驱动器设为第一启动设备，按 F10 键保存配置，退出 CMOS 设置。

②从光盘引导。将 Windows Server 2012 系统安装光盘放入光驱并重新启动计算机。

启动计算机后，系统首先检测硬件以及加载必需的启动文件。如果硬盘内没有安装任何操作系统，计算机会直接从光盘启动到安装界面；如果硬盘内 安装有其他操作系统，计算机就会显示"Press any key to boot from CD or DVD…"的提示信息，此时在键盘上按任意键，即从 DVD-ROM 启动。

③文件加载完成后，弹出【Windows 安装程序】窗口，首先需要选择安装语言及输入法设置。在需要安装的语言下拉框选择【中文（简体，中国）】选项，时间格和货币格式下拉框选择【中文（简体，中国）】选项，键盘和输入方法下拉框选择【微软拼音简捷】选项。

④单击【下一步】按钮，出现 Windows 安装程序对话框，单击【现在安装】按钮。

⑤等待 Windows 启动安装程序，一段时间后，弹出输入安装密钥窗口，在文本框里输入 Windows Server 的安装密钥。

⑥出现选择安装操作系统界面，选择【Windows Server 2012 Standard（带有 GUI 的服务器）】选项，安装 Windows Server 2012 标准版。

⑦单击【下一步】按钮出现安装许可窗口，单击【我接受许可条款】复选框。

⑧单击【下一步】按钮，出现选择安装类型窗口，其中"升级"用于从 Windows Server 2008 系列升级到 Windows Server 2012，如果当前计算机没有安装操作系统，则该项不可用；单击自定义（高级）选项用于全新安装。

⑨单击【自定义（高级）】，显示"您想将 Windows 安装在哪里?"对话框，显示当前计算机硬盘上的分区信息。如果服务器安装有多块硬盘，则会依次显示为磁盘 0、磁盘 1、磁盘 2。

⑩选择好分区后安装操作系统，单击【下一步】按钮，出现正在安装 Windows 窗口。

⑪在安装过程中，系统会根据需要自动重启多次。在安装完成之前，然后进入 Windows 设置界面，要求用户设置 Administrator 的密码。

⑫一段时间后，进入系统时，用户需要按 Ctrl+Alt+Delete 组合键，输入密码登录系统。输入密码后，登录进入 Windows Server 2012。

⑬单击【下一步】按钮，显示图 5.14 所示的"确认安装所选内容"对话框。如果在选择服务器角色的同时选中了多个，则会要求选择其他角色的详细组件。单击【添加角色和功能】选项，弹出【添加角色和功能向导】窗口，要确认安装所有调制解调器和网卡，连接好需要的电缆，如果要让这台服务器连接互联网，要先连接到互联网上，打开所有的外围设备，如打印机、外部的驱动器等。

⑭单击【安装】按钮即可开始安装。

2. 配置与管理 DNS 服务器

每 3~4 人一组完成对 DNS 服务器的安装、配置与管理，提交实验报告。

（1）正反向解析

DNS 服务器中有两个区域，即"正向查找区域"和"反向查找区域"，正向查找区域是通常所说的域名解析，反向查找区域即 IP 反向解析。

①正向解析：正向解析指域名到 IP 的解析过程。例如，DNS 客户机可以查询主机名称为 www. baidu. com 的 IP 地址。

②反向解析：反向解析是从 IP 地址到域名的解析过程。IP 反向解析主要应用到邮件服务器中，以阻拦垃圾邮件。例如，用邮箱 xxx@ xyz. com 给邮箱 123456@ sina. com 发了一封信。新浪邮件服务器接到这封信会查看这封信的信头文件，这封信的信头文件会显示是由那个 IP 地址发出来的，然后根据这个 IP 地址进行反向解析，如果反向解析到这个 IP 所对应的域名是 xyz. com，那么就接收这封邮件，否则拒绝。

（2）DNS 服务器的配置与管理

配置主机 IP 地址的步骤如下：

①执行【开始】/【控制面板】/【网络和共享中心】命令，打开"网络和共享中心"窗口，单击"管理网络连接"链接。

②在弹出的"网络连接"窗口中，右击"本地连接"，在弹出的快捷菜单中，选择"属性"。

③在弹出的"本地连接 属性"窗口中，选中"internet 协议版本 4"，然后单击"属性"按钮。

④弹出"Internet 协议版本 4 属性"窗口，在对话框中，除了要设置本机的 IP 地址外，一定要设置 DNS 服务器地址，我们在首选 DNS 服务器地址中，由于本机作为 DNS 服务器，所以设置"首选 DNS 服务器地址"为本机的地址，也就是"192. 168. 0. 234"，单击"确定"按钮，完成设置。

⑤执行【开始】/【管理工具】/【服务器管理器】命令，打开"服务器管理器"窗口，单击左侧功能区的"角色"，在右侧主区域中会显示已经安装的角色，点击"添加角色"按钮，打开向导界面。在"选择服务器角色"对话框中，选择"DNS 服务器"复选框。

⑥单击"下一步"按钮，出现"DNS 服务器"对话框，在该对话框中显示 DNS 服务器简介和注意事项。

⑦单击"下一步"按钮，出现"确认选择安装"对话框。

⑧单击"安装"按钮开始安装 DNS 服务器角色，在信息显示框中，显示"安装成功"，DNS 安装完成。

DNS 服务器支持以下三种区域类型：

① 标准主要区域。该区域存放了此区域内所有的主机数据，其区域文件是采用了标准 DNS 规格的一般文本文件。当在 DNS 服务器内创建一个主要区域与区域文件后，这个 DNS 服务器就是此区域的主要名称服务器。

② 标准辅助区域。该区域存放了区域内所有主机数据的副本，这些数据从其主要区域利用区域转送的方式复制过来，区域文件是采用了标准 DNS 规格的一般文本文件，只能读而不可以修改。创建辅助区域的 DNS 服务器为辅助名称服务器。

③ Active Directory 集成的区域。该区域主机数据存放在域控制器的 Active Directory 内，这份数据会自动复制到其他的域控制器内。

添加正向搜索区域：在创建新的区域之前，首先检查 DNS 服务器的设置，确认已将"IP 地址""主机名""域"分配给了 DNS 服务器。检查完 DNS 服务器的设置，按如下步骤创建新的区域：

① 选择"开始"→"程序"→"管理工具"→"DNS"选项，打开"DNS"窗口。

② 选取要创建区域的 DNS 服务器，右击"正向搜索区域"选项，在弹出的快捷菜单中选择"新建区域"选项，打开"新建区域向导"对话框，单击"下一步"按钮。

③ 在打开的对话框中选择要建立的区域类型，这里选择"标准主要区域"。

注意： 只有在域控制器的 DNS 服务器才可以选择"Active Directory 集成的区域"。

④ 单击"下一步"按钮，设置区域名，输入新建主区域的区域名，如 zzpi. edu. cn，文本框中会自动显示默认的区域文件名。如果不接受默认的名称，也可以键入不同的名称。

⑤ 单击"下一步"按钮，并单击"完成"按钮，结束区域添加。新创建的主区域显示在所属 DNS 服务器的列表中，且在完成创建后，"DNS 管理器"将为该区域创建一个 SOA 记录，同时也为所属的 DNS 服务器创建一个 NS 或 SOA 记录，并使用所创建的区域文件保存这些资源记录，如图 5.7 所示。

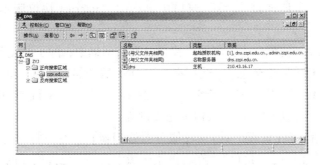

图 5.7　主区域创建完成

添加 DNS 域：一个较大的网络，可以在区域内划分多个子区域，Windows 2012 中为了与域名系统一致也称为域。例如，一个校园网中，计算机系有自己的服务器，为了方便管理，可以为其单独划分域，如增加一个"ComputerDepartment"域，在这个域下可添加主机记录及其他资源记录（如别名记录等）。

首先选择要划分子域的区域，如 zzpi. edu. cn，右击该区域名称，在弹出的快捷菜单中选择"新建域"选项，在打开的对话框中输入域名"ComputerDepartment"，单击"确定"按钮完成操作。

在"zzpi. edu. cn"下即出现"ComputerDepartment"域，如图 5.8 所示。

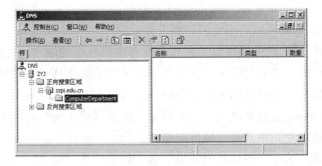

图 5.8　新建域

添加 DNS 记录：创建新的主区域后，"域服务管理器"会自动创建起始机构授权、名称服务器、主机等记录。除此之外，DNS 数据库还包含其他资源记录，用户可自行向主区域或域中添加。这里先介绍如下常见记录类型：

① 起始授权机构：该记录表明 DNS 名称服务器是 DNS 域中的数据表的信息来源，该服务器是主机名称的管理者，创建新区域时，该资源记录自动创建，并且是 DNS 数据库文件中的第一条记录。

② 名称服务器：为 DNS 域标识 DNS 名称服务器，该资源记录出现在所有 DNS 区域中。创建新区域时，该资源记录自动创建。

③ 主机地址：该资源将主机名映射到 DNS 区域中的一个 IP 地址上。

④ 指针：该资源记录与主机记录配对，可将 IP 地址映射到 DNS 反向区域中的主机名。

⑤ 电子邮件交换器资源记录：为 DNS 域名指定了邮件交换服务器。在网络存在电子邮件服务器，需要添加一条 MX 记录对应电子邮件服务器，以便 DNS 能够解析电子邮件服务器地址。若未设置此记录，则电子邮件服务器无法接收邮件。

DNS 服务器具备动态更新功能，当一些主机信息（主机名称或 IP 地址）更改时，更改的数据会自动传送到 DNS 服务器端。这要求 DNS 客户端也必须支持动态更新功能。

在 DNS 服务器端必须设置可以接收客户端动态更新的要求，其设置是以区域为单位的，右击要启用动态更新的区域，在弹出的快捷菜单中选择"属性"选项，打开属性对话框，选择是否允许动态更新。

添加反向搜索区域：反向区域可以让 DNS 客户端利用 IP 地址反向查询其主机名称，如客户端查询 IP 地址为 210.43.15.17 的主机名称时，系统会自动解析为 dns.zzpi.edu.cn。

添加反向区域的步骤如下：

① 选择"开始"→"程序"→"管理工具"→"DNS"选项，打开"DNS"窗口。

② 选取要创建区域的 DNS 服务器，右击"反向搜索区域"选项，在弹出的快捷菜单中选择"新建区域"选项，打开"新建区域向导"对话框。

③ 单击"下一步"按钮，选择要建立的区域类型，这里选择"标准主要区域"。

注意：只有在域控制器的 DNS 服务器中才可以选择"Active Directory 集成的区域"。

④ 单击"下一步"按钮，直接在"网络 ID"文本框中输入此区域支持的网络 ID，如 210.43.16，它会自动在"反向搜索区域名称"文本框中设置区域名"15.43.210.in-addr.arpa"。

⑤ 单击"下一步"按钮，文本框中会自动显示默认的区域文件名。如果不接受默认的名称，也可以键入不同的名称，单击"下一步"按钮完成创建。查看如图 5.9 所示窗口，其中的"210.43.15.x Subnet"就是刚才所创建的反向区域。

图 5.9   创建成功

反向搜索区域必须有记录数据以便提供反向查询服务，添加反向区域的记录的步骤如下：

① 选中要添加主机记录的反向主区域 210. 43. 15. x Subnet 并右击，在弹出的快捷菜单中选择"新建指针"选项。

② 打开"新建资源主机"对话框，输入主机 IP 地址和主机的完整名称，如 Web 服务器的 IP 地址是 210. 43. 15. 36，主机完整名称为 web. zzpi. edu. cn。

可重复以上步骤，添加多个指针记录。添加完毕后，在"DNS"窗口中会增添相应的记录，如图 5. 10 所示。

图 5. 10   查看结果

DNS 客户端的设置：在安装 Windows server 2012 的客户机上，在"控制面板"窗口中双击"网络共享中心"图标，在打开的窗口中右击"本地连接"图标，在弹出的快捷菜单中选择"属性"选项，在"本地连接 属性"对话框中勾选"Internet 协议（TCP/IP）"选项，单击"属性"按钮，打开"Internet 协议（TCP/IP）属性"对话框如图 5. 11 所示。在"首选 DNS 服务器"中输入 DNS 服务器的 IP 地址，如果有其他的 DNS 服务器提供服务，可在"备用 DNS 服务器"中输入另外一台 DNS 服务器的 IP 地址。

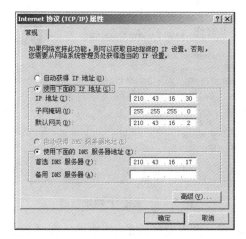

图 5.11 "Internet 协议（TCP/IP）属性"对话框

在安装 Windows 的客户机上，在"控制面板"窗口中双击"网络连接"图标，打开"网络连接"窗口右击该图标，在弹出的快捷菜单中选择"属性"选项，打开对话框，勾选对话框中的"Internet 协议（TCP/IP）"复选框，单击"属性"按钮，打开"Internet 协议（TCP/IP）属性"对话框，分别设置本机 IP 地址、DNS 服务器的 IP 地址以及网关的 IP 地址。

3. 分组配置与管理 DHCP 服务器

每 3~4 人一组完成对 DHCP 服务器的安装、配置与管理，提交实验报告。

（1）DHCP 服务器的概述

动态主机配置协议（dynamic host configuration protocol，DHCP）通常被应用在大型局域网络环境中，主要作用是集中管理与分配 IP 地址，使网络环境中的主机动态获得 IP 地址、子网掩码、Gateway 网关地址和 DNS 服务器地址等信息，并能够提升 IP 地址的使用率，从而帮助网络管理员配置相关选项。DHCP 采用客户端/服务器模型，DHCP 客户端和 DHCP 服务器之间通过收发 DHCP 消息进行通信。

（2）安装 DHCP 服务器

①选择"开始"→"管理工具"→"服务器管理器"→选择"添加角色"→在打开的对话框中勾选"动态主机配置协议（DHCP）"复选框，单击"确定"按钮。

②单击"下一步"按钮，系统会根据要求配置组件。

③安装完成后，单击"确定"按钮。

（3）DHCP 服务器的配置

①选择"开始"→"管理工具"→"DHCP"选项，打开"DHCP"窗口。

②右击服务器的名称，在弹出的快捷菜单中选择"新建作用域"选项，打开"新建作用域向导"对话框。

③单击"下一步"按钮，设置作用域名，在"名称"和"描述"文本框中输入相应的信息。

④单击"下一步"按钮，设置 IP 地址范围，在"起始 IP 地址"文本框中输入作用域的起始 IP 地址，在"结束 IP 地址"文本框中输入作用域的结束 IP 地址，如图 5.12 所示。

图 5.12 设置 IP 地址范围

⑤单击"下一步"按钮，设置要排除的 IP 地址，在"起始 IP 地址"和"结束 IP 地址"文本框中输入要排除的 IP 地址或范围，单击"添加"按钮，如图 5.13 所示。设置完成后，排出的 IP 地址不会被服务器分配给客户机。

⑥单击"下一步"按钮，设置租约期限，在这里选择默认即可。

⑦单击"下一步"按钮，配置 DHCP 选项，点选"是，我想现在配置这些选项"单选按钮。

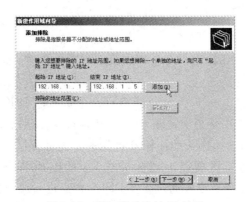

图 5.13 添加要排除的 IP 地址

⑧单击"下一步"按钮，设置路由器（默认网关），在"IP 地址"文本框中设置 DHCP 服务器发送给 DHCP 客户机使用的默认网关的 IP 地址，单击"添加"按钮。

⑨单击"下一步"按钮，设置域名称和 DNS 服务器，如果要为 DHCP 客户机设置 DNS 服务器，则可在"父域"文本框中设置 DNS 解析的域名，在"IP 地址"文本框中添加 DNS 服务器的 IP 地址，如图 5.14 所示；也可以在"服务器名"文本框中输入服务器的名称，单击"解析"按钮，自动查询 IP 地址。

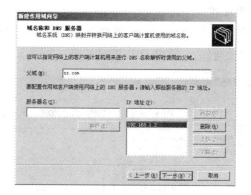

图 5.14 设置域名称和 DNS 服务器

⑩单击"下一步"按钮，设置 WINS 服务器。在"IP 地址"文本框中添加 WINS 服务器的 IP 地址，如图 5.15 所示。

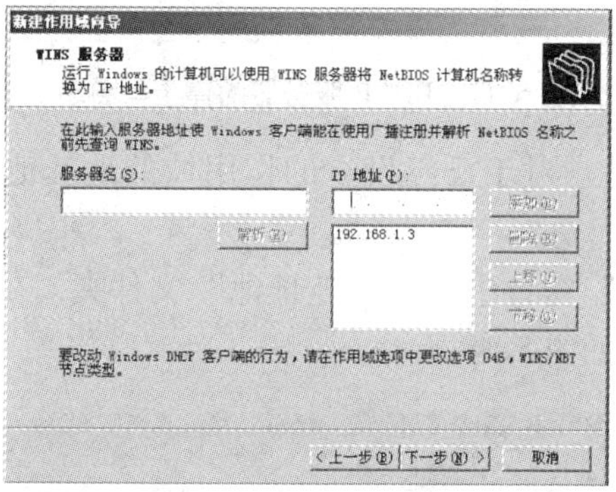

图 5.15 设置 WINS 服务器

⑪单击"下一步"按钮，激活作用域，点选"是，我想现在激活此作用域"单选按钮。

⑫单击"下一步"按钮，新建作用域完成，单击"完成"按钮。

⑬选择"开始"→"管理工具"→"DHCP"选项，打开"DHCP"窗口，查看设置结果，如图 5.16 所示。

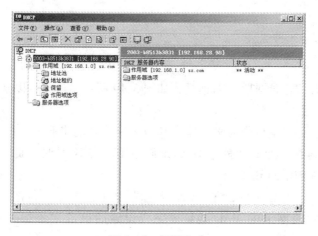

图 5.16 设置完成

（4）DHCP 服务器的管理

①DHCP 服务器的停止与启动。右击服务器名称，在弹出的快捷菜单中选择"所有任务"选项，可以停止、启动、暂停 DHCP 服务器，如图 5.17 所示。

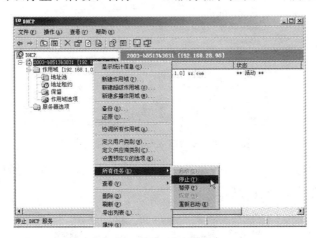

图 5.17　DHCP 服务器的停止与启动

②修改作用域地址池。对于已经设立的作用域的地址池可以修改其设置，步骤如下：

第一步，在"DHCP"窗口中右击"地址池"文件夹，在弹出的快捷菜单中选择"新建排除范围"选项，如图 5.18 所示。

图 5.18　新建排除范围

第二步，打开"添加排除"对话框，如图 5.19 所示。从中可以修改地址池中要排除的 IP 地址的范围。

③建立保留。如果主机作为服务器为其他用户提供网络服务，IP 地址最好能够固定。这时可以把其 IP 地址设为静态 IP 地址而不用动态 IP 地址，此外也可以让 DHCP 服务器为它们分配固定的 IP 地址。

在"新建保留"对话框中，在"保留名称"文本框中输入名称，在"MAC 地址"文本框中输入客户机网卡的 MAC 地址，完成设置后单击"添加"按钮，如图 5.20 所示。

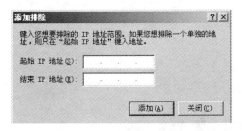

图 5.19　"添加排除"对话框

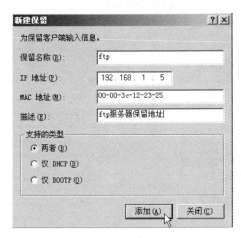

图 5.20　"新建保留"对话框

（5）测试是否配置成功

在命令提示符窗口中执行 ipconfig/all 命令，可以查看 IP 地址、WINS、DNS、域名是否正确。

分组讨论

把全班同学分成 3~4 人的学习小组，讨论下列问题并提交讨论报告。

1. WWW 信息发布的主流技术有哪些，其主要作用范围是什么？以一个案例进行信息发布并实施。

2. 配置 DNS、DHCP 时遇到什么困难，如何解决？

习题

1. 简述 B/S 模式与 C/S 模式的区别和联系。

2. 说明 SSL 和 SET 各有什么不同，其应用场合有哪些？

3. 对称加密和非对称加密各有什么优点，如何应用？

4. 虚拟现实技术分为哪几种？

5. 简述 Windows Server 2012 系统的最低硬件配置需求？

6. 在安装 Windows Server 2012 前有哪些注意事项？

项目 6

网络安全

项目任务

1. IE 浏览器安全配置。
2. Windows 防火墙配置。
3. Windows Server 安全设置。

知识要点

➤网络安全概述。

➤网络安全标准。

➤网络安全管理。

➤网络安全攻防技术。

➤网络安全发展趋势。

随着 Internet 的迅速发展和广泛应用，网络的触角深入到政治、经济、文化、军事、意识形态和社会生活等各个方面，其影响与日俱增，由此也宣告了网络社会化时代的到来。在人们尽情享受网络带来的快捷、便利服务的同时，全球范围内针对重要信息资源和网络基础设施的入侵行为和企图入侵行为的数量也在持续不断增大，对国家安全、经济和社会生活造成了极大的威胁。因此，网络安全已成为当今世界各国共同关注的焦点。

事实上，资源共享和网络安全本身就是相互矛盾的，随着资源共享的增多，网络安全问题必然日益突出。因此，如何使计算机网络系统不受破坏，提高系统的安全性已成为人们关注且必须认真对待的问题。每个计算机用户都应该掌握一定的计算机网络安全技术，以使自己的信息系统能够安全、稳定地运行。

6.1 网络安全概述

随着网络威胁的增多，人们逐渐建立了网络安全研究的相关技术和理论，提出了网络安全的模型、体系结构和目标等。

6.1.1 网络安全概念

网络安全指网络系统的硬件、软件及其系统中的数据受到保护,不因偶然的或者恶意的原因而遭到破坏、更改、泄露,系统连续可靠正常地运行,网络服务不中断。其包括如下含义:

①网络运行系统安全,即保证信息处理和传输系统的安全。

②网络中系统信息的安全。

③网络中信息传播的安全,即信息传播后果的安全。

④网络中信息内容的安全,即狭义的"信息安全"。

计算机网络安全的主要内容不仅包括硬件设备、管理控制网络的软件,还包括共享的资源、快捷的网络服务等。具体来讲,其包括如下内容:

①网络实体安全:计算机机房的物理条件、物理环境及设施的安全,计算机硬件、附属设备及网络传输线路的安装及配置等。

②软件安全:保护网络系统不被非法入侵,系统软件与应用软件不被非法复制、篡改,不受病毒的侵害等。

③数据安全:保护数据不被非法存取,确保其完整性、一致性、机密性等。

④安全管理:在运行期间对突发事件的安全处理,包括采取计算机安全技术,建立安全管理制度,开展安全审计,进行风险分析等内容。

⑤数据保密性:信息不泄露给非授权的用户、实体或过程,或供其利用的特性。在网络系统的各个层次上有不同的机密性及相应的防范措施。例如,在物理层要保证系统实体不以电磁的方式(电磁辐射、电磁泄漏等)向外泄露信息,在数据处理、传输层要保证数据在传输、存储过程中不被非法获取、解析。

⑥数据完整性:指数据在未经授权时不能改变其特性,即信息在存储或传输过程中保持不被修改、不被破坏和丢失的特性,完整性要求信息保持原样,即信息的正确生成、正确存储和正确传输。影响网络信息完整性的主要因素包括设备故障、传输、处理或存储过程中产生的误码、网络攻击、计算机病毒等,其主要防范措施是校验与认证。

⑦可用性:网络信息系统最基本的功能是向用户提供服务,而用户所要求的服务是多层次的、随机的,可用性是指可被授权实体访问,并按需求使用的特性,即当需要时应能存取所需的信息。网络环境下拒绝服务、破坏网络和有关系统的正常运行等都属于对可用性的攻击。

⑧可控性:指对信息的传播及内容具有控制能力,保障系统依据授权提供服务,使系统任何时候都不被非授权用户使用,对黑客入侵、口令攻击、用户权限非法提升、资源非法使用等采取防范措施。

⑨可审查性:提供历史事件的记录,对出现的网络安全问题提供调查的依据和手段。

6.1.2 网络安全面临的威胁

随着信息化水平的不断提高，人们的生活、工作越来越依赖于网络，网络已经变成一个无处不在的基本工具。然而网络在带来便利的同时，也带来了巨大的安全威胁。由于信息安全规范标准不统一，且跟不上技术发展的现状，因此安全威胁越来越猖獗。

据统计，全球约每20s就会发生一次网络入侵事件，约1/4的防火墙被攻破过，并且随着技术的不断进步，网络安全面临的威胁呈现出多种多样的形式，如图6.1所示。

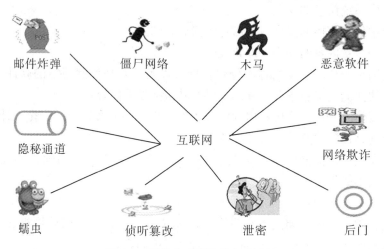

图6.1 网络安全面临的各种威胁

计算机网络安全面临的主要威胁可以总结为以下几种情况：

（1）人为疏忽

人为疏忽主要是由管理者安全意识薄弱或者责任心不强造成的，是可以尽力避免的。操作员由于安全配置不当，或者没有及时修复漏洞而引发的攻击时有发生。另外，用户安全意识差、密码选择不慎，或者把自己设置的密码随意在网上发送给别人，也是信息失窃的重要原因之一。

（2）人为攻击

人为攻击包括主动攻击和被动攻击两种类型。

主动攻击是以各种方式有选择地破坏信息的有效性和完整性，很容易被发现。主动攻击包括拒绝服务攻击、信息篡改、资源使用和欺骗等攻击方法。

被动攻击的目的是收集信息而不是访问，在不影响网络正常工作的情况下，攻击者通过嗅探、信息收集等攻击方法，截获、窃取、破译网络数据来获得重要机密信息。被动攻击不易被发现，对网络安全危害极大，近年来又呈现出智能性、严重性、隐蔽性和多样性等特征，如侵入电脑网络盗窃信用卡卡号、网购遭遇钓鱼陷阱等。

（3）软件漏洞

网络软件由于种种原因总是存在各种漏洞和缺陷，成为黑客攻击的首选目标，软件的隐秘通道一旦被打开，后果不堪设想，如频频发生黑客盗窃Q币和虚拟装备事件。

（4）非授权访问

非授权访问主要是指在预先没有经过同意的前提下，擅自使用网络或计算机资源，如故意避开身份认证或访问控制，对服务器或数据库资源进行非正常使用等。非授权访问主要包括假冒、身份攻击、非法用户进入网络系统进行违法操作、合法用户以未授权方式进行操作等，近年多次出现的二维码非法"扫走"网银账户里钱的事件就是典型案例。

（5）信息泄露或丢失

信息泄露或丢失是指敏感数据被有意或无意地泄露出去或丢失，如在信息传输中丢失或泄露。最近几年，这种情况频繁出现，大量用户的个人信息被卖出，行为十分恶劣。

6.1.3 网络系统的脆弱性

（1）操作系统的脆弱性

网络操作系统为了升级和维护方便提供了一些服务，这些服务虽然为厂商和用户提供了便利，但同时也为黑客和病毒提供了后门，如为了方便修复漏洞而设置的动态链接，可以远程访问的 RPC，以及系统为方便维护而提供的空口令等。

网络操作系统允许在远程结点上创建和激活进程，加上超级用户的存在，给黑客提供了入侵的通道，如黑客将木马附到超级用户上，避开作业监视程序的检测。

（2）计算机系统的脆弱性

计算机系统本身的软件、硬件故障也可能影响系统的正常运行。硬件故障包括电源故障、芯片故障、驱动器故障和存储介质故障等，存储介质用于服务器时，使用频繁，很容易出现故障，而由于其存有大量信息，也容易被盗窃或损坏；软件故障指应用软件和驱动程序等存在漏洞，又不能及时维护，从而给黑客以可乘之机。

（3）数据库系统的脆弱性

数据库管理系统采用分级管理机制，且必须与操作系统的安全配套，攻击者攻破操作系统后，很容易侵入数据库。数据库是信息的主要载体，一旦被攻破，损失巨大，而若对数据库中的数据加密又会影响数据库的运行效率。

（4）网络通信的脆弱性

非法用户可以对有线线路进行物理破坏、搭线窃取数据；对无线传输可以进行侦听、窃听等。各种通信介质还可能由于屏蔽不严造成电磁信息辐射，进而导致机密信息外泄。

通信协议也存在安全漏洞。正常的 TCP 连接可以被非法第三方复位，因此，攻击者可以插入虚假数据到正常的 TCP 会话中；SMTP 存在封装 SMTP 地址的漏洞，导致攻击者能够绕过 RELAY 规则发送有害信息；ARP 漏洞会导致 ARP 欺骗；FTP 允许匿名服务等，都是通信协议脆弱性的表现。

6.2 网络安全标准

6.2.1 安全模型

随着信息化社会的网络化，各国的政治、外交、国防等领域越来越依赖于计算机网络，因此，计算机网络安全的地位日趋重要。

围绕安全模型设计与实施，将相关的网络安全技术与安全机制方面的工作有机结合起来，才能够有效地保证网络安全。所以，建立合理有效的网络安全模型，无论是对硬件设备的选择，还是对后期网络安全管理工作的开展，都是一个关键技术问题，从而也决定了它在实现网络安全方面不可忽视的重要性。网络安全有效地承担职责，对于网络技术的发展，网络时代信息秩序的维护以及企业和单位用户的网络正常运行都奠定了坚实的基础。

目前，在网络安全领域存在较多的网络安全模型。这些安全模型都较好地描述了网络安全的部分特征，又都有各自的侧重点，在不同的专业和领域都有着一定程度的应用。

（1）基本模型

在网络信息传输中，为了保证信息传输的安全性，一般需要一个值得信任的第三方负责在源结点和目的结点间进行秘密信息分发，当双方发生争执时，起到仲裁的作用。

在基本模型中，通信的双方在进行信息传输前，首先建立起一条逻辑通道，并提供安全的机制和服务来实现开放网络环境中信息的安全传输，图6.2为基本模型示意图。

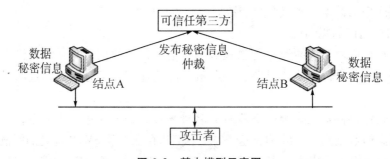

图 6.2　基本模型示意图

信息的安全传输主要包括以下两点：

从源结点发出的信息，使用信息加密等加密技术对其进行安全转发，从而实现该信息的保密性，也可以在该信息中附加一些特征信息，作为源结点的身份验证。

源结点与目的结点应该共享如加密密钥这样的保密信息，这些信息除了发送双方和可信任的第三方之外，对其他用户都是保密的。

（2）P2DR 模型

P2DR 模型是由美国国际互联网安全系统公司提出的动态网络安全理论（或称为可适应网络安全理论）的主要模型。该模型是美国可信计算机系统评价准则（TCSEC）的发展，也是目前被普遍采用的模型，主要由安全策略（policy）、防护（protection）、检测（detection）和响应（response）四部分构成。其中，防护、检测和响应构成了一个所谓的完整的、动态的安全循环，在安全策略的整体指导下保证信息系统的安全，图 6.3 为其示意图。

图 6.3 P2DR 模型示意图

对于该模型的各组成部分有如下说明：

①安全策略：模型的核心，所有的防护、检测和响应都是依据安全策略实施的。网络安全策略一般包括总体安全策略和具体安全策略两个部分。

②防护：根据系统可能出现的安全问题而采取的预防措施，这些措施通过传统的静态安全技术实现。采用的防护技术通常包括数据加密、身份认证、访问控制、授权和虚拟专用网技术、防火墙、安全扫描和数据备份等。

③检测：当攻击者穿透防护系统时，检测功能就会发挥作用，与防护系统形成互补。检测是动态响应的依据。

④响应：当系统检测到危及安全的事件、行为、过程时，响应系统就开始工作并对发生事件进行处理，杜绝危害的进一步蔓延，力求使系统能提供正常服务。响应包括紧急响应和恢复处理两部分，而恢复处理又包括系统恢复和信息恢复。

总之，P2DR 模型是在整体的安全策略的控制和指导下，在综合运用防护工具（如防火墙、操作系统身份认证、加密等）的同时，利用检测工具（如漏洞评估、入侵检测等）了解和评估系统的安全状态，通过适当的反应将系统调整到"最安全"和"风险最低"的状态。防护、检测和响应组成了一个完整的、动态的安全循环，在安全策略的指导下保证了信息系统的安全。

6.2.2 安全层次

从层次体系结构上，我们通常将网络安全划分成物理安全、逻辑安全、操作系统安全和联网安全四个层次。

（1）物理安全

物理指计算机硬件、网络硬件设备等。而物理安全指整个计算机硬件、网络设备和传输介质等一些实物的安全。通常物理安全包括如下五个方面：

①防盗：与其他物体一样，物理设备（如计算机）也是偷窃者的目标之一，如盗走硬盘、主板等。计算机偷窃行为所造成的损失可能远远超过计算机本身的价值，因此必须采取严格的防范措施以确保计算机设备不丢失。

②防火：计算机机房发生火灾一般是因电器故障、人为事故或外部火灾蔓延引起的。电器设备和线路会因为短路、过载、接触不良、绝缘层破坏或静电等原因引起电打火而导致火灾。

③防静电：静电是由物体间的相互摩擦、接触而产生的，计算机显示器也会产生很强的静电。静电产生后，由于未能释放而保留在物体内，会有很高的电位（能量不大），从而产生静电放电火花，造成火灾。此外，静电还可能使大规模集成电器损坏，这种损坏可能是不知不觉中造成的。

④防雷击：利用传统的避雷针防雷，不但增加了雷击概率，还会产生感应雷，而感应雷是电子信息设备被损坏的主要原因之一，也是易燃易爆品被引燃引爆的主要原因。

目前，对于雷击的主要防范措施是根据电器、微电子设备的不同功能及不同受保护程序和所属保护层来确定防护要点做分类保护；根据雷电和操作瞬间过电压危害的可能，通道从电源线到数据通信线路都应做多层保护。

⑤防电磁泄漏：与其他电子设备一样，计算机在工作时也要产生电磁发射。电磁发射包括辐射发射和传导发射两种类型。而这两种电磁发射可被高灵敏度的接收设备接收并进行分析、还原，从而造成计算机中信息的泄露。

目前，屏蔽是防电磁泄漏的有效措施，屏蔽方式主要包括电屏蔽、磁屏蔽和电磁屏蔽3种类型。

（2）逻辑安全

计算机的逻辑安全需要用口令、文件许可等方法来实现。例如，可以限制用户登录的次数或对试探操作加上时间限制；可以用软件来保护存储在计算机文件中的信息。限制存取的另一种方式是通过硬件完成的，在接收到存取要求后，先询问并校核口令，然后访问位于目录中的授权用户标志号。

另外，有一些安全软件包也可以跟踪可疑的、未授权的存取企图，如多次登录或请求别人的文件。

（3）操作系统安全

操作系统是计算机中最基本、最重要的软件。在同一台计算机中，可以安装几种不同的操作系统。例如，一台计算机中可以安装 Windows 7 和 Windows XP 两种系统，从而构成双系统。

如果计算机系统可提供给许多人使用，则操作系统必须能区分用户，以避免用户间相互干扰。一些安全性较高、功能较强的操作系统（如 Windows Server 2008）可以为计算机中的每一位用户分配账户。通常，一个用户分配一个账户。操作系统不允许一个用户修改由另一个账户创建的数据。

（4）联网安全

联网安全是指用户使用计算机与其他计算机通信的安全，通常由以下两个方面的安全服务来实现：

访问控制服务：用来保护计算机和联网资源不被非授权使用。

通信安全服务：用来认证数据的机要性与完整性，以及各通信的可信赖性。

6.2.3 安全等级

为实现对网络安全的定性评价，美国国防部所属的国家计算机安全中心在 20 世纪 90 年代提供了网络安全性标准，即可信任计算机标准评估准则（trusted computer standards evaluation criteria，TCSEC），该标准认为要使系统免受攻击，对应不同的安全级别，则硬件、软件和存储的信息应实施不同的安全保护。安全级别对不同类型的物理安全、用户身份验证、操作系统软件的可信任性和用户应用程序进行了安全描述。

目前，TCSEC 已经成为现行的网络安全标准。TCSEC 将网络安全性等级划分为 A、B、C、D 四类共 7 级，其中，A 类安全等级最高，D 类安全等级最低。

（1）D 类

D 级也称酌情安全保护，是可用的最低安全等级。该标准说明整个系统都是不可信任的。对硬件没有任何保护，操作系统容易受到损害，对用户和其对存储在计算机上信息的访问权限没有身份认证。

（2）C 类

C 级有两个安全子级别，即 C1 级和 C2 级。C1 级也称自选安全保护系统，它描述了一个 UNIX 系统中可用的级别。C1 级对硬件存在某种程度的保护，因为它使操作系统不再那么容易受到损害（尽管损害的可能性仍然存在）。用户必须通过用户注册名和口令系统识别自己，系统用这种方式来确定每个用户对程序和信息拥有什么访问权限。

除 C1 级包含的特征外，C2 级还包括其他的创建受控访问环境的安全特性，该环境具有进一步限制用户执行某些命令或访问某些文件的功能。这不仅基于许可权限，还基于身份验证级别。另外，这种安全级别要求对系统加以审核，审核可用来跟踪记录所有与安全有关的事件，如哪些是由系统管理员执行的活动。

（3）B 类

B 级也称被标签的安全性保护，分为 3 个子级别，即 B1、B2 和 B3 级。B1 级也称标准安全保护，是支持多级安全的第一个级别。这一级说明了一个处于强制性访问控制之下的对象，不允许文件的拥有者改变其许可权限。

B2 级也称结构保护，要求计算机系统中所有对象都加标签，而且给设备分配单个或多个安全级别。这是较高安全级别的对象与另一个较低安全级别的对象相互通信的第一个级别。

B3 级也称安全域级别，使用安装硬件的办法来加强域，如内存管理硬件用来保护安全域免受无授权访问或其他安全域对象的修改。该级别要求用户终端通过一条可信任途径连接到系统上。

（4）A 类

A 级也称验证设计，是当前的最高级别，包含了一个严格的设计、控制和验证过程。与前面提到的各级别一样，这一级包含了较低级别的所有特性，其设计必须从数学上经过验证，而且必须进行对秘密通道和可信任分布的分析。

6.3 网络安全管理

6.3.1 管理目标

网络信息安全的目标是保护网络信息系统，使其减少危险、不受威胁、不出事故。从技术角度来说，其主要表现在系统的可靠性、保密性、完整性、认证、可用性及不可抵赖性等方面。

现在计算机网络安全的目标：均衡考虑安全和通信方便性。显然，要求计算机系统越安全，对通信的限制和使用的难度就越大。而现代信息技术的发展又使通信成为不可缺少的内容，包括跨组织、跨学科、跨地区及全球通信。

计算机安全的重要性是毫无疑问的。但是计算机的安全程度应与所涉及的信息的价值相适应，即应当有一个从低、中到高级的多层次的安全系统，分别对不同重要性的信息资料给予不同级别的保护。

（1）维护公司或个人隐私

拥有存储个人和财务信息数据库的公司、医院和其他机构都需要维护隐私，这不仅是为了保护其客户的利益，也是为了维护自己的利益和可信性。

要维护存储在一个单位或公司网络中信息的隐私，最重要和最有效的方法之一就是向普通员工讲授安全风险和策略。这种增强自我意识的教育并非他们考虑的一项事物，但它却是一项应当实现的重要任务，如防止个别员工因自己粗心的行为而无意中造成安全隐患，防止某些员工在下班后复制文件，防止员工在家里使用不安全的网络。

（2）保持数据的完整性

通常入侵者或破坏者会将虚假信息输入 Internet 或者在使用 TCP/IP 协议族的网络中传输数据的数据包。黑客能够使电子邮件看起来就像是来自正常联系人，或者来自一家受信任的公司。

当破坏性或伪造的数据包到达网络的外围时，防火墙、杀毒软件和入侵检测系统都可以阻挡它们。但是，确保网络安全的一种更加有效的方法是在网络的关键位置使网络通信免受窃听或伪造，从而保证通信的完整性。

利用在 Internet 中使用的多种加密方法中的任意一种，都可以保证数据的完整性。目前，最流行的方法之一是使用公钥加密技术，它使用一种称为密钥的长代码块加密通信。网络中的每个用户都可以获得一个或多个密钥，它们是由称为算法的复杂公式生成的。

（3）连接的安全性

在 Internet 的早期，网络安全主要强调的是阻止黑客或其他未经授权的用户访问公司的内部网络。然而，随着 Internet 用户的快速增长，通过 Internet 进行的业务也越来越多，因此，这些企业（或其他消费用户）经常要进行的活动都可能会被黑客或罪犯分子利用，所以现在最需要的是网络连接的安全性。

不法分子通常会通过以下手段来进行非法活动：

①直接访问对方企业的信息系统并下订单，而不通过电话或传真。

②利用 Internet 电子银行转账的方式付款。

③查找员工的记录。

④为需要访问网络的员工创建口令。

为了保证这类业务的安全性，许多企业的传统做法就是建立租用线路。租用线路是由拥有连接线路的电信公司建立的点对点连接或其他连接。这种方式非常安全，因为它们直接将两个企业网络连接起来，其他公司或用户不能使用该电缆连接。但是租用线路的价格非常昂贵。

为了削减成本，许多已经具有与 Internet 高速连接的企业建立了虚拟专用网络（virtual private network，VPN）。VPN 使用加密、身份验证和数据封装，数据封装是将数字信息的数据包装入另一个数据包从而保护前者的过程。VPN 可以在使用 Internet 的计算机或者网络之间建立安全的连接。数据通过公众使用的同一个 Internet 从一个 VPN 参与者传输到另一个 VPN 参与者。数据有各种安全措施进行安全保护。

在 VPN 连接的每一端都可以使用防火墙阻挡未授权的通信。

VPN 可以使用多种数据加密方法。这些方法包括日益流行的 IPSec，可以在计算机、路由器和防火墙之间加密数据，并且使用加密和身份验证使数据沿着 VPN 安全地传输。数据以传输模式或隧道模式沿着 VPN 发送，这两种模式都对利用 TCP/IP 传输数据的数据包进行加密，如图 6.4 所示。

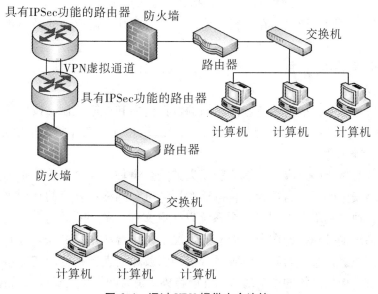

图 6.4 通过 VPN 提供安全连接

6.3.2 管理方法

随着网络技术的快速发展，与其相关的领域也发生了巨大变化，一方面，硬件平台、操作系统、应用软件变得越来越复杂和难以实行统一管理；另一方面，现代社会生活对网络的依赖程度逐渐加大。因此，如何合理地管理网络变得至关重要。

网络管理包括监督、组织和控制网络通信服务，以及信息处理所必需的各种技术手段和措施。网络管理的目标是确保计算机网络系统的正常运行，并在其出现故障时及时响应和处理。

一般来讲，网络管理的功能包括配置管理、性能管理、安全管理和故障管理四个方面。由于网络安全对整个网络的性能及管理有着很大的影响，因此已经逐渐成为网络管理技术中的一个重要组成部分。

网络管理主要偏向于对网络设备的运行状况、网络拓扑、信元等的管理，而网络安全管理则主要偏向于网络安全要素的管理。其中，网络安全管理主要包括安全配置管理、安全策略管理和安全事故管理等3方面内容。

（1）安全配置管理

安全配置是指对网络系统中各种安全设备、系统的各种安全规则、选项和策略的配置。它不仅包括防火墙系统、入侵检测系统、VPN等安全设备方面的安全规则、选项和配置，还包括各种操作系统、数据库系统等的安全设置和优化措施。

安全配置必须得到严格的管理和控制，不能被他人随意更改。同时，安全配置必须备案存档，必须做到定期更新和复查，以确保其能够反映安全策略的需要。

（2）安全策略管理

安全策略是由管理员制定的活动策略，基于代码所请求的权限为所有托管代码以编程方式生成授予的权限。对于要求的权限比策略允许的权限还要多的代码，将不允许其运行。前面提到的安全配置正是对安全策略的微观实现，合理的安全策略能降低故障事件的出现概率。安全策略的设施包括如下三个原则：

①最小特权原则：指主体在执行操作时，将按照其所需权利的最小化原则分配权利的方法。

②最小泄露原则：指主体执行任务时，按照主体所需要知道的信息最小化的原则分配给主体权利。

③多级安全策略：指主体与客体之间的数据流向和权限控制。按照安全级别绝密（TS）、秘密（S）、机密（C）、限制（RS）和无级别（U）五个等级来划分。

（3）安全事故管理

安全事故是指能够造成一定影响和损失的安全事件。安全事件是指那些影响计算机系统和网络安全的不正当行为。它包括在计算机和网络中发生的任何可以观察到的现象以及用户通过网络进入到另一个系统以获取文件、关闭系统等。恶意事件是指攻击者对网络系统的破坏，如在未经授权的情况下使用合法用户的账户登录系统或提高使用权限、恶意篡改文件内容、传播恶意代码、破坏他人数据等。它能够直接反应网络、操作系统、应用系统的安全现状和发展趋势，是对网络系统安全状况的直接体现。

在出现安全事故时，管理员必须及时找出发生事故的原因并准确、迅速地对其进行处理。另外，必须要有信息资产库和强大的知识库作为支持，以保证能够准确地了解事故现场系统或设备的状况和处理事故所需的技术、方法、手段。

6.4 网络安全攻防技术

6.4.1 网络攻防体系

"道高一尺，魔高一丈"，这是网络安全攻击与防御的最好写照。网络安全的攻防体系结构由网络安全物理基础、网络安全的实施、防御技术和攻击技术四大方面构成，图 6.5 为其示意图。

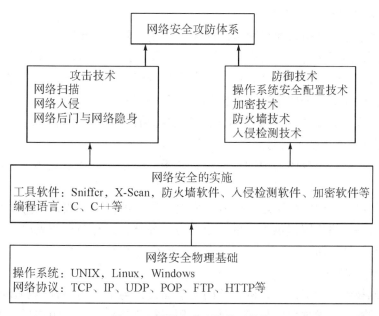

图 6.5 网络安全攻防体系结构

6.4.2 网络攻击技术

常用的攻击技术主要包括以下五个方面：

①网络监听：自己不主动去攻击别人，而在计算机上设置程序去监听目标计算机与其他计算机通信的数据。

②网络扫描：利用程序去扫描目标计算机开放的端口等，发现漏洞，为入侵该计算机做准备。

③网络入侵：当探测发现对方计算机存在漏洞后，入侵到目标计算机以获取信息。

④网络后门：成功入侵目标计算机后，为了对其进行长期控制，在目标计算机中植入木马等。

⑤网络隐身：入侵完毕退出目标计算机后，将自己入侵该计算机的痕迹清除掉，从而防止被对方管理员发现。

6.4.3　网络防御技术

（1）防病毒技术

随着计算机技术的不断发展，计算机病毒变得越来越复杂和越来越高级，对计算机信息系统构成了极大的威胁。在病毒防范中普遍使用的防病毒软件，从功能上可以分为网络防病毒软件和单机防病毒软件两大类。单机防病毒软件一般安装在单台 PC 上，即对本地和本地工作站连接的远程资源采用分析扫描的方式检测、清除病毒。网络防病毒软件则主要注重网络预防病毒，一旦病毒入侵网络或者从网络向其他资源传染，网络防病毒软件会立刻检测到并将其删除。

（2）防火墙技术

防火墙技术是一种用来加强网络之间访问控制，防止外部网络用户以非法手段通过外部网络进入内部网络，访问内部网络资源，保护内部网络操作环境的特殊网络互连设备。它对两个或多个网络之间传输的数据包按照一定的安全策略来实施检查，以决定网络之间的通信是否被允许，并监视网络运行状态。

目前的防火墙产品主要有堡垒主机、包过滤路由器、应用层网关（或代理服务器）、电路层网关、屏蔽主机防火墙、双宿主机等类型。

防火墙处于网络安全体系中的最底层，属于网络层安全技术范畴。它负责网络间的安全认证与传输，但随着网络安全技术的整体发展和网络应用的不断变化，现代防火墙技术已经逐步走向网络层之外的其他安全层次，不仅要完成传统防火墙的过滤任务，还要为各种网络应用提供相应的安全服务。另外，还有多种防火墙产品正朝着数据安全与用户认证、防止病毒与黑客侵入等方向发展。

（3）入侵检测技术

入侵检测技术是为保证计算机系统的安全而设计与配置的一种能够及时发现并报告系统中未授权或异常现象的技术，是一种用于检测计算机网络中违反安全策略行为的技术，包括对系统外部的入侵和内部用户的非授权行为进行检测。进行入侵检测的软件与硬件的组合就是入侵检测系统（intrusion detection system，IDS）。入侵检测系统能够实现以下主要功能：

①监视、分析用户及系统活动。

②系统构造和弱点的审计。

③识别反映已知进攻的活动模式并向相关人士报警。

④异常行为模式的统计分析。

⑤评估重要系统和数据文件的完整性。

⑥操作系统的审计跟踪管理，并识别用户违反安全策略的行为。

6.5　网络安全发展趋势

前面介绍的网络安全的各种威胁中主要的攻击方法有窃听、讹传、伪造、篡改、截获、拒绝服务攻击、行为否认、旁路控制、物理破坏、病毒、木马、窃取、服务欺骗、陷阱、消息重发和信息战等。

由于网络系统自身的脆弱性及网络威胁的不断发展，人们对网络安全提出了更高的要求，未来网络安全将呈现如下发展趋势。

6.5.1 网络安全体系化

随着信息化程度的不断提高，网络安全变得更为复杂，不再是某个安全产品或某项安全技术所能解决的。未来的网络安全将会纵向、横向全面发展，成为综合防御体系，更注重应用安全和安全管理。"三分技术，七分管理"，安全管理在网络安全中所占的比例会越来越大。我国十分重视网络和信息的安全性问题，将会逐步建立和完善信息安全保障体系。

6.5.2 技术发展两极化

技术发展两极化包括技术的专一和技术的融合。由于一些大的集团企业和对安全要求比较高的政府部门网络，要应对各种各样的安全威胁，对产品性能要求很高，因此为了应对这种需求，防火墙、入侵检测系统和防毒杀毒产品等越做越专业。

目前市场上出现了融合两种或几种安全功能于一体的产品，用于一些规模较小的网络，如：三层交换机大部分都具备防火墙的过滤功能，防病毒、防攻击的功能被集成到越来越多的软件系统中，大量网络管理软件都增加了防范恶意程序的功能。

6.5.3 安全威胁职业化

黑客和病毒制作者不再单纯地追求个人成就感，而更关注商业财富利益，甚至有些人已经变成了专业化程度很高、有组织的职业罪犯。电子商务成为热点后，针对网上银行和支付平台的攻击越来越多，病毒从开始的破坏系统、销毁数据，到窃取客户隐私和财富，从早期的盗窃虚拟价值转向金融犯罪，已经形成了一个专业化程度很高的产业链：专业的病毒木马编写人员、专业的盗号人员、有组织的销售渠道和专业的玩家。

另外，越来越多的恶意软件削弱了病毒特征，增加了欺骗元素，目标直指商业利益。例如，网页挂马成为木马传播的又一手段，不但大量消耗了服务器的资源和带宽，也严重威胁着客户端用户的信息安全。

项目实践

1. 配置 IE 安全选项

（1）实验内容

Cookie 安全配置、IE 的安全区域设置、IE 本地安全配置、禁用或限制使用 Java 程序及 ActiveX 控件、防止 IE 主页被篡改。

（2）实验指导

①Cookie 安全配置

Cookie 是 Web 服务器通过浏览器放在硬盘上的一个文件，用于自动记录用户的个人信息的文本文件。有不少网站的服务内容是基于用户打开 Cookie 的前提下提供的。

为了保护个人隐私，用户有必要对 Cookies 的使用进行必要的限制，配置步骤如下：

·通过"工具/Internet 选项"菜单打开选项窗口

·点击"安全"标签页，选择"Internet 区域"，单击"自定义级别"按钮。

·在"安全设置"对话框的 Cookies 区域，在"允许使用存储在您计算机的。

·Cookies"和"允许使用每个 对话 Cookies"选项前都有"提示"或"禁止"项，由于 Cookies 对于一些网站和论坛是必须的，所以我们可以选择"提示"。这样，当用到 Cookie 时，系统会弹出警告框，我们就能根据实际情况进行选择了。如果要彻底删除已有的 Cookie，可点选"常规"标签页，在"Internet 临时文件"区域，点击"删除Cookies"按钮，也可进到 Windows 目录下的 cookies。

②IE 的安全区域设置

IE 的安全区设置可以对被访问的网站设置信任程度。IE 包含了四个安全区域：Internet、本地 Intranet、可信站点、受限站点，系统默认 的安全级别分别为中、中低、高和低。通过"工具/Internet 选项"菜单打开选项窗口，切换至"安全"标签页，建议每个安全区域都设置为默认的级别，然后把本地的站点，限制的站点放置到相应的区域中，并对不同的区域分别设置。例如网上银行需要 Activex 控件才能正常操作，而你又不希望降低安全级别，最好的解决办法就是把该站点放入"本地 intranet"区域，配置步骤如下：

·通过"工具/Internet 选项"菜单打开选项窗口

·点击"安全"标签页，点选"本地 intranet"

·点击"站点"按钮，在弹出的窗口中，输入网络银行网址，添加到列表中即可。

③IE 本地安全配置

IE 中还包含有一个本地区域，而 IE 的安全设置都是对 Internet 和 Intranet 上 WEB 服务器而言的，根本就没有针对这个本地区域的安全设置。也就是说 IE 对于这个区域是绝对信任的，这就埋下了隐患。很多网络攻击都是通过这个漏洞绕过 IE 的 ActiveX 安全设置的，可以通过如下步骤配置：

·打开注册表定位到：HKEY_ CURRENT_ USER \ Software \ Microsoft \ Windows \ CurrentVersion \ Internet Settings \ Zones \ 0。

·在右边窗口中找到 DWORD 值"Flags"，默认键值为十六进制的 21（十进制 33），双击"Flags"，在弹出 的对话框中将它的键值改为"1"即可。

·关闭注册表编辑器，重新打开 IE，再次点击"工具/Internet 选项/安全"标签，你就会看到多了一个"我的电 脑"图标，在这里你可以对 IE 的本地安全进行配置，禁用 ActiveX，这样可以避免 IE 可本地执行任意命令以及 IE 的 ActiveX 安全设置被绕过。

④禁用或限制使用 Java 程序及 ActiveX 控件

·在网页中经常使用 Java、Java Applet、ActiveX 编写的脚本，它们可能会获取用户的用户标识、IP 地址，乃至口令，甚至会在用户的机器上安装某些程序或进行其他操作，因此应对 Java、Java 小程序脚本、ActiveX 控件和插件的使用进行限制。配置步骤如下：

·打开"Internet 选项"→"安全"→"自定义级别"，就可以设置"ActiveX 控件和插件""Java""脚本""下载""用户验证以及其他安全选项。

（5）防止 IE 主页被篡改

修改 IE 默认主页地址是恶意网页常用的攻击方式。IE 被修改后，会自动连接到恶意网页的地址。可以通过修改注册表解决，或给 IE 加个参数，或安装具有 IE 主页防篡改的安全工具比如 360 安全卫士等就可以防止 IE 主页被修改。

2. WINDOWS 防火墙配置

（1）实验内容

打开关闭 WINDOWS 防火墙、利用 WINDOWS 防火墙禁止程序联网。

（2）实验指导

利用 WINDOWS 防火墙禁止程序联网：

①打开开始菜单，在所有程序里，找到"Windows 系统"里的"控制面板"，并打开。

②在控制面板窗口，选择"系统和安全"，再选择"Windows Defender 防火墙"。

③在防火墙窗口界面右侧，点击"高级设置"选项，系统会弹出"高级安全 Windows Defender 防火墙"窗口。

④选择"出站规则"，再在右侧栏，选择"新建规则"，然后一步步设置出站规则向导，如图 6.6 所示。

图 6.6　网络安全攻防体系结构

⑤规则类型选择"程序"，点"下一步"，然后点击"浏览"，选择要禁止联网的程序位置。

⑥再点"下一步"，操作选择"阻止连接"，点"下一步"，配置文件三个选项都勾上。最后命名规则，点完成即可

3. Windows Server 2012 安全设置

每 3~4 人一组完成对 Windows Server 2012 本地安全的设置，提交实验报告。

①防火墙的设置。打开【控制面板】窗口，单击【系统和安全】选项，打开【系统和安全】窗口，在右侧单击【Windows 防火墙】选项，打开【Windows 防火墙】窗口，即可进行 Windows Server 2012 相应的安全设置，如图 6.7 所示。

图 6.7　"添加排除"对话框

②单击左侧【允许应用或功能通过 Windows 防火墙】选项，允许特定的程序或服务通过 Windows 防火墙，选中【允许的应用和功能】中相应的复选框，如图 6.8 所示。

图 6.8　"允许应用"对话框

③单击左侧【高级设置】选项可进行 Windows Server 2012 高级安全设置，如出站规则、入站规则、连接安全规则等，如图 6.9 所示。

图 6.9　"高级安全 Windows 防火墙"对话框

分组讨论

分 3~4 人一组，讨论下列问题，并提交讨论报告。

1. 网络安全的主要威胁和网络系统的脆弱性在那些方面？

2.IE 浏览器可能遇到的网络安全威胁？

3.WINDOWS 防火墙能够抵御哪些网络安全威胁？

习题

1. 网络安全的定义和目标是什么？

2. 简述网络攻击和防御的常用技术。

3. 网络安全管理的几个要素是什么？

4. 简述 P2DR 模型。

5. 什么是网络安全标准？有哪些网络安全标准？

6.TCP/IP 模型存在哪些安全脆弱性？

7. 确保网络安全的有哪些主要技术？

8.WINDOWS Cookie 实现的功能是什么？

项目 7

网络管理

项目任务

1. Web 服务器 IIS 的安装与配置。

2. 文件邮件服务器 FTP 的安装与配置。

3. VPN 服务器的安装与配置。

知识要点

➢ 网络管理概述。

➢ 网络管理体系结构。

➢ 网络监控。

➢ 基于 Web 的网络管理系统。

➢ 网络操作系统。

7.1　网络管理概述

网络管理，是指网络管理员通过网络管理程序对网络中的资源进行集中化管理的操作，包括故障管理、配置管理、性能管理、安全管理、计费管理等。

7.1.1　常见的网络管理方式

（1）简单网络管理协议管理技术

简单网络管理协议（simple network management protocol，SNMP）首先是由 IETF 为了解决 Internet 上的路由器管理问题而提出的。

SNMP 是目前最常用的环境管理协议。SNMP 被设计成与协议无关，所以它可以在 IP、IPX、AppleTalk、OSI 及其他传输协议上使用。SNMP 是一系列协议组和规范，它们提供了一种从网络上的设备中收集网络管理信息的方法，也为设备向网络管理工作站报告问题和错误提供了一种方法。

几乎所有的网络设备生产厂家都实现了对 SNMP 的支持。SNMP 是一个从网络中的设备收集管理信息的公用通信协议。设备的管理者收集这些信息并记录在管理信息库（management information base，MIB）中。这些信息报告设备的特性、数据吞吐量、通信超载和错误等。MIB 有公共的格式，所以来自多个厂商的 SNMP 管理工具可以收集 MIB 信息，在管理控制台上呈现给系统管理员。

网络管理员通过将 SNMP 嵌入数据通信设备（如交换机或集线器中）可以从一个中心站管理这些设备，并以图形方式查看信息。可获取的很多管理应用程序通常可在大多数当前使用的操作系统下运行，如 Windows 7、Windows 2000 和不同版本的 UNIX 等。

（2）远程网络监控管理技术

远程网络监控（remote monitor of network，RMON）的目标是扩展 SNMP 的 MIB，使 SNMP 更为有效、更为积极主动地监控远程设备。

RMON 定义了远程网络监视的 MIB 和 SNMP 管理站与远程监视器之间的接口。一般来说，RMON 的目标是监视子网范围内的通信，从而减少管理站和被管理系统之间的通信负担。

RMON 的主要特点是在客户机上放置了一个探测器，探测器和 RMON 客户机软件结合在一起，在网络环境中实现 RMON 的功能。RMON 的监控功能是否有效，关键在于其探测器是否具有存储和统计历史数据的能力，若具备这种能力，则不需要不停地轮询就能生成一个有关网络运行状况的趋势图。当一个探测器发现一个网段处于不正常状态时，它会主动与网络管理控制台的 RMON 客户应用程序联系，将描述不正常状况的信息捕获并转发。

（3）基于 Web 的网络管理技术

随着计算机网络和通信规模的不断扩大，网络结构日益复杂和异构化，网络管理也迅速发展。将 WWW 应用于网络及设备、系统、应用程序而形成的基于 Web 的网络管理（web-based management，WBM）系统是目前网络管理系统的一种发展方向。WBM 允许网络管理员使用任何一种 Web 浏览器，可在网络任何一个结点上迅速地配置和控制网络设备。WBM 技术是网络管理方案的一次革命，它使网络用户管理网络的方式得以改进。

7.1.2 网络管理系统

网络管理技术是伴随着计算机、网络和通信技术的发展而发展的，它们相辅相成。从网络管理范畴来分，可分为对网"路"的管理，即对交换机、路由器等主干网络进行管理；对接入设备的管理，即对内部 PC、服务器、交换机等进行管理；对行为的管理，即对用户的使用进行管理；对资产的管理，即统计 IT 软件、硬件的信息等。通常对一个网络管理系统需要定义以下内容：

①系统的功能：即一个网络管理系统应具有哪些功能。

②网络资源的表示：网络管理很大一部分是对网络中资源的管理。网络中的资源就是指网络中的硬件、软件及其提供的服务等。而一个网络管理系统必须在系统中将

它们表示出来，才能对其进行管理。

③网络管理信息的表示：网络管理系统对网络的管理主要依靠系统中网络管理信息的传递来实现。网络管理信息应怎样表示、怎样传递、传送的协议是什么，这是一个网络管理系统必须考虑的问题。

④系统的结构：网络管理系统的结构。

网络管理系统一般通过网络管理软件（网管软件）来实现，根据网管软件的发展历史，我们可以将网管软件划分为3代。

第1代网管软件就是最常用的命令行形式结合一些简单的网络监测工具，它不仅要求使用者精通网络的原理及概念，还要求使用者了解不同厂商的不同网络设备的配置方法。

第2代网管软件有良好的图形化界面。用户无须过多了解设备的配置方法，就能图形化地对多台设备同时进行配置和监控，大大提高了工作效率，但仍然存在由于人为因素造成的设备功能使用不全面或不正确的问题，容易引发误操作。

第3代网管软件相对来说比较智能，是真正将网络和管理进行有机结合的软件系统，具有"自动配置"和"自动调整"功能。对网络管理员来说，只要把用户情况、设备情况及用户与网络资源之间的分配关系输入网管系统，系统就能自动建立图形化的人员与网络的配置关系，并自动鉴别用户身份，分配用户所需的资源（如电子邮件、Web、文档服务等）。

7.1.3 网络管理的功能

网络管理有如下功能：

（1）故障管理

故障管理（fault management）是网络管理中最基本的功能之一。当网络中某个组成失效时，网络管理器必须迅速查找到故障并及时排除，一般先将网络修复，再分析网络故障的原因。分析故障原因对于防止类似故障的发生相当重要。网络故障管理包括故障检测、隔离和纠正三方面，具有以下典型功能：

①故障监测：主动探测或被动接收网络中的各种事件信息，并识别出其中与网络和系统故障相关的内容，跟踪其中的关键部分，生成网络故障事件记录。

②故障报警：接收故障监测模块传来的报警信息，根据报警策略驱动不同的报警程序，以报警窗口/振铃（通知一线网络管理员）或电子邮件（通知决策管理员）发出网络严重故障警报。

③故障信息管理：依靠对事件记录的分析，定义网络故障并生成故障卡片，记录排除故障的步骤和与故障相关的值班员日志，构造排错行动记录，将事件—故障—日志构成逻辑上相互关联的整体，以反映故障产生、变化、消除的整个过程的各个方面。

④排错支持工具：向管理人员提供一系列的实时检测工具，对被管设备的状况进行测试并记录测试结果以供技术人员分析和排错；根据已有的排错经验和管理员对故障状态的描述给出对排错行动的提示。

⑤检索/分析故障信息：浏览并以关键字检索查询故障管理系统中所有的数据库记录，定期收集故障记录数据，在此基础上给出被管网络系统、被管线路设备的可靠性参数。

（2）计费管理

计费管理（accounting management）记录了网络资源的使用，目的是控制和监测网络操作的费用和代价。它对一些公共商业网络尤为重要。它可以估算出用户使用网络资源可能需要的费用和代价，以及已经使用的资源。网络管理员还可规定用户可使用的最大费用，从而控制用户过多地占用和使用网络资源，这也从另一方面提高了网络的效率。另外，当用户为了一个通信目的需要使用多个网络中的资源时，计费管理可计算总计费用。

（3）配置管理

配置管理（configuration management）同样相当重要。它初始化并配置网络，以使其提供网络服务。配置管理是一组对辨别、定义、控制和监视组成一个通信网络的对象所必要的相关功能，目的是实现某个特定功能或使网络性能达到最优。

①配置信息的自动获取：在一个大型网络中，需要管理的设备是比较多的，如果每个设备的配置信息都完全依靠管理员手工输入，则工作量是相当大的，而且存在出错的可能性。对于不熟悉网络结构的人员来说，这项工作甚至无法完成，因此，一个网络管理系统应该具有配置信息自动获取功能。即使在管理员不是很熟悉网络结构和配置状况的场合中，也能通过有关技术手段来完成对网络的配置和管理。在网络设备的配置信息中，根据获取手段大致可以分为 3 类：网络管理协议标准的 MIB 中定义的配置信息（包括 SNMP 和 CMIP）；不在网络管理协议标准中有定义，但是对设备运行比较重要的配置信息；用于管理的一些辅助信息。

②自动配置、自动备份及相关技术：配置信息自动获取功能相当于从网络设备中"读"信息，相应地，在网络管理应用中还有大量"写"信息的需求。同样可根据设置手段对网络配置信息进行分类：可以通过网络管理协议标准中定义的方法（如 SNMP 中的 set 服务）进行配置信息；可以通过自动登录到设备进行配置信息；需要修改的管理性配置信息。

③配置一致性检查：在一个大型网络中，网络设备众多，而由于管理的原因，这些设备很可能不是由同一个管理员进行配置的。实际上，即使是同一个管理员对设备进行的配置，也会由于各种原因导致配置出现问题。因此，对整个网络的配置情况进行一致性检查是必需的。在网络的配置中，对网络正常运行影响最大的是路由器端口配置和路由信息配置，因此，要进行一致性检查的也主要是这两类信息。

④用户操作记录功能：配置系统的安全性是整个网络管理系统安全的核心，因此，必须对用户进行的每一个配置操作进行记录。在配置管理中，需要对用户操作进行记录并保存。管理人员可以随时查看特定用户在特定时间内进行的特定配置。

（4）性能管理

性能管理（performance management）指评估系统资源的运行状况及通信效率等系统性能。其能力包括监视和分析被管网络及其所提供服务的性能机制。性能分析的结果可能会触发某个诊断测试过程或重新配置网络以维持网络的性能。性能管理收集分析有关被管网络当前状况的数据信息，并维持和分析性能日志。典型的功能如下：

①性能监控：由用户定义被管对象及其属性。被管对象类型包括线路和路由器，被管对象属性包括流量、延迟、丢包率、CPU 利用率、温度、内存余量。对于每个被

管对象，定时采集性能数据，自动生成性能报告。

②阈值控制：可对每一个被管对象的每一条属性设置阈值，对于特定被管对象的特定属性，可以针对不同的时间段和性能指标进行阈值设置。可通过设置阈值检查开关，控制阈值检查和告警，提供相应的阈值管理和溢出告警机制。

③可视化的性能报告：对数据进行扫描和处理，生成性能趋势曲线，以直观的图形反映性能分析的结果。

④实时性能监控：提供了一系列实时数据采集；分析和可视化工具，用以对流量、负载、丢包、温度、内存、延迟等网络设备和线路的性能指标进行实时检测，可任意设置数据采集间隔。

⑤网络对象性能查询：可通过列表或按关键字检索被管网络对象及其属性的性能记录。

（5）安全管理

安全性一直是网络的薄弱环节之一，而用户对网络安全的要求相当高，因此网络安全管理（security management）非常重要。网络中主要有以下安全问题：

①网络数据的私有性（保护网络数据不被侵入者非法获取）。

②授权（防止侵入者在网络中发送错误信息）。

③访问控制（控制对网络资源的访问）。

相应地，网络安全管理应包括对授权机制、访问控制、加密和加密关键字的管理，还要维护和检查安全日志。

在网络管理过程中，存储和传输的管理和控制信息对网络的运行和管理至关重要，一旦泄密、被篡改和伪造，将给网络造成灾难性的破坏。网络管理本身的安全由以下机制来保证：

①管理员身份认证，采用基于公开密钥的证书认证机制；为提高系统效率，对于信任域（如局域网）内的用户，可以使用简单口令认证。

②管理信息存储和传输的加密与完整性，Web浏览器和网络管理服务器之间采用安全套接字层传输协议，对管理信息加密传输并保证其完整性；内部存储的机密信息（如登录口令等）也是经过加密的。

③网络管理用户分组管理与访问控制，网络管理系统的用户（管理员）按任务的不同分成若干用户组，不同的用户组中有不同的权限范围，对用户的操作由访问控制检查，保证用户不能越权使用网络管理系统。

④系统日志分析，记录用户所有的操作，使系统的操作和对网络对象的修改有据可查，有助于故障的跟踪与恢复。

7.1.4 简单网络管理协议

简单网络管理协议（SNMP）是最早提出的网络管理协议之一。SNMP已成为网络管理领域中的工业标准，并被广泛支持和应用，大多数网络管理系统和平台都是基于SNMP的。

（1）SNMP概念

SNMP的体系结构是围绕着以下4个概念和目标进行设计的：保持管理代理

（agent）的软件成本尽可能低；最大限度地保持远程管理的功能，以便充分利用Internet的资源；体系结构必须有扩充的余地；保持SNMP的独立性，不依赖于具体的计算机、网关和网络传输协议。在最近的改进中，又加入了保证SNMP体系本身安全性的目标。

（2）SNMP管理控制框架与实现

①SNMP管理控制框架

SNMP定义了管理进程（manager）和管理代理之间的关系。在网络管理工作站（运行管理进程）上和各网络元素上利用SNMP相互通信对网络进行管理的软件都称为SNMP应用实体。若干个应用实体和SNMP组合起来形成一个共同体，不同的共同体之间用不同名称来区分，共同体的名称必须符合Internet的层次结构命名规则，由无保留意义的字符串组成。此外，一个SNMP应用实体可以加入多个共同体，如图7.1所示。

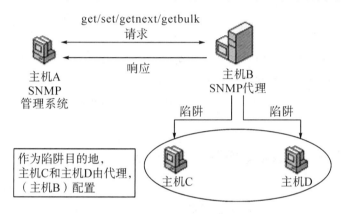

图7.1 SNMP管理控制框架

SNMP的应用实体对InternetMIB中的管理对象进行操作。一个SNMP应用实体可操作的管理对象子集称为SNMP MIB授权范围。SNMP应用实体对授权范围内管理对象的访问还有进一步的访问控制限制，如只读、可读写等。SNMP体系结构中要求对每个共同体都规定其授权范围及其对每个对象的访问方式，记录这些定义的文件称为"共同体定义文件"。

②访问权限检查

访问权限检查涉及以下因素：

·一个共同体内各成员可以对哪些对象进行读写等管理操作，这些可读写对象称为该共同体的"授权对象"（在授权范围内）。

·共同体成员对授权范围内的每个对象定义了访问模式：只读或可读写。

·规定授权范围内每个管理对象（类）可进行的操作（包括get、getnext、set和trap）。

·MIB对每个对象的访问方式限制（如MIB中可以规定哪些对象只能读而不能写等）。

管理代理通过上述预先定义的访问模式和权限来决定共同体中其他成员要求的管理对象访问（操作）是否被允许。共同体同样适用于转换代理（proxy agent），只是转换代理中包含的对象主要是其他设备的内容。

由于信息是以表格形式（一种数据结构）存放的，在 SNMP 的管理概念中，其把所有表格都视为子树，其中一张表格（及其名称）是相应子树的根结点，每个列是根结点下面的子结点，一列中的每一行则是该列结点下面的子结点，并且是子树的叶结点。因此，按照前面的子树遍历思路，对表格的遍历是先访问第一列的所有元素，再访问第二列的所有元素……直到遍历到最后一个元素为止。若试图得到最后一个元素的"下一个"元素，则返回差错标记。

7.2 网络管理体系结构

计算机网络管理系统就是管理网络的软件系统。计算机网络管理就是收集网络中各个组成部分的静态、动态的运行信息，并在这些信息的基础上进行分析和做出相应的处理，以保证网络安全、可靠、高效地运行，从而合理地分配网络资源、动态配置网络负载，优化网络性能、减少网络维护费用。

概括地说，一个典型的网络管理系统包括 4 个要素：网络管理者（network manager）、网管代理（managed agent）、网络管理协议（network management protocol，NMP）、管理信息库（MIB）。

7.2.1 网络管理的基本模型

网络管理一般采用管理者–管理代理的模型。通过管理进程与一个远程系统相互作用实现对远程资源的控制，如图 7.2 所示。

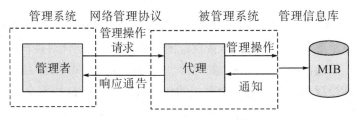

图 7.2 管理者–管理代理模型

（1）网络管理者

网络管理者驻留在管理工作站上，一般位于网络系统的主干或接近主干的位置，它负责发出管理操作的指令，并接收来自网络代理的信息；网络管理者要求网管代理定期收集重要的设备信息，网络管理者应该定期查询网管代理收集到的有关被管理设备的运行状态、配置及性能数据等；网络管理者和网络代理通过网络管理协议来实现，其协议是通过协议数据单元（protocol data unit，PDU）进行的。

管理站的基本构成：一组管理程序，一个用于网络管理员监控网络的接口，提供能将网络管理员的要求转变为对远程网络元素的实际监控功能和一个数据库。

（2）网管代理

网管代理是一个软件模块，驻留在被管理设备上。这里的设备可以是工作站、网络打印机，也可以是其他网络设备。它的功能是把来自网络管理者的命令或信息的请求转换成本设备特有的指令，完成网络管理者的指示或把所在设备的信息返回给网络管理者。网管代理也可以将自身系统中发生的事件主动通知给管理者。一个网络管理者可以和多个网络代理进行信息交换，也可以接收来自多个网络管理者的管理操作。一般的网管代理都是返回它本身的信息，但一种被称为委托代理的管理代理能提供关于其他系统或其他设备的信息。使用网管代理，网络管理者可以管理多种类型的设备。

（3）网络管理协议

网络管理协议是用于网络管理者和网管代理之间传递信息，并完成信息交换安全控制的通信规约；管理站和网管代理者之间通过网络管理协议通信，网络管理者进程通过网络管理协议来完成网络管理。目前最有影响的网络管理协议是 SNMP 和 CMIS/CMIP。

（4）MIB

MIB 是一个信息存储库，是对通过网络管理协议可以访问信息的精确定义，所有相关的被管理对象的网络信息都存储在 MIB 上。

被管理对象是网络资源的抽象表示，是指能被管理的所有实体（网络、设备、线路、软件等）。MIB 中的数据大体可以分为 3 类：感测数据、结构数据和控制数据。MIB 的描述采用结构化的管理信息定义，称为管理信息结构（structure of management information，SMI）。

7.2.2 网络管理模式

网络管理一般分为 3 种模式：集中式网络管理模式、分布式网络管理模式、分层式网络管理模式。

（1）集中式网络管理模式

该模式是所有的网络代理在管理站的监视和控制下，协同工作实现集成的管理模式。在集中式网络管理模式中，有一个称为委托网管代理的结点，通过委托网管代理来管理一个或者多个非标准设备，委托网管代理的作用是进行协议转换。

例如，IBM 的 Net View 就采用了集中式网络管理模式，它运行在一台主机上，执行（system network architecture，SNA）网络的所有管理活动。

该模式的优点：有专人集中管理，有利于从整体网络系统的全局对网络实施较为有效的管理。该模式的缺点：管理信息集中汇总到网络管理结点上，导致网络管理信息流比较拥挤，管理结点如果发生故障有可能影响全网正常工作，扩展难以实现，存在传输中的瓶颈。

集中式网络管理模式有一种变化的形式，即基于平台的形式，如图 7.3 所示。它将唯一的网络管理者分成管理平台和管理应用两部分。但总体而言，它仍是一种集中式的管理体系，应用程序一旦增多，管理平台就容易遇到瓶颈。

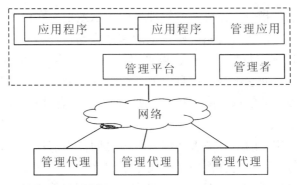

图 7.3 基于平台的集中式网络管理模式

（2）分布式网络管理模式

为了减少中心管理控制台、局域网连接、广域网连接及管理信息系统不断增长的负担，将信息和职能分布到网络各处，使得管理变得更加自动化，在最靠近问题源的地方能够做出基本的决策，分布式网络管理模式使用了多个对等平台（每个域是平等的），每个对等平台都有整个网络设备的完整数据库，使其可以执行多种任务并向中央系统报告结果。

它的优点在于任一地点都能获得所有的网络信息、警报和事件，任一地点都能访问所有的网络应用、网络管理任务、网络监控分布于整个网络；而缺点也较为明显，即数据库复制技术复杂，网络开销大。

（3）分层式网络管理模式

该模式在集中式管理中的管理者和代理间增加一层或者多层管理实体，也就是中层管理者，从而使管理体系层次化，如图 7.4 所示。分层式网络管理模式与分布式网络管理模式的最大区别是，各域的管理者之间不能相互直接通信，只能通过管理者的管理者间接通信。

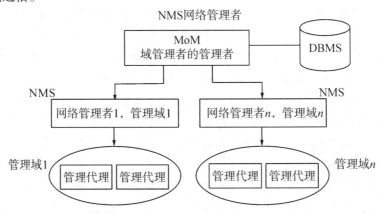

图 7.4 分层式网络管理模式

该模式的优点：缓解了集中式方案中的问题，节省了数据网络的带宽。该模式的缺点：由于不是集中管理，可能对数据采集造成了一些困难，也会耽误网络工程师较多的时间。目前流行的平台有 HP 的 Open View、IBM 的 Net View/AIX 等。

除了以上 3 种管理模式外，还有一些混合的网络管理模式，主要是以上 3 种管理模式的相互穿插和混合利用而形成的管理模式。

7.3 网络监控

对局域网内的计算机进行监视和控制，针对内部计算机的互联网活动（上网监控，即上网行为监视和控制、上网行为安全审计）以及非互联网活动相关的内部行为与资产等过程管理（内网监控，即内网行为监视、控制，软硬件资产管理，数据与信息安全）。

网络监控包含了上网监控和内网监控，有些还增加了数据安全的透明加密软件部署。

7.3.1 网络监控软件

一个完整的网络监控软件应包含上网监控和内网监控两部分，目前的网络监控软件，包含了以下功能：

（1）上网监控功能

上网监控功能包含如下基本功能：上网行为管理、网络行为审计、内容监视、上网行为控制。例如，上网监控、网页浏览监控、电子邮件监控、Web 电子邮件发送监视、聊天监控、BT 禁止、流量监视、上下行分离流量带宽限制、并发连接数限制、FTP 命令监视、Telnet 命令监视、网络行为审计、操作员审计、软网关功能、端口映射和 PPPoE 拨号支持、通过 Web 方式发送文件的监视、通过即时通信聊天工具发送文件的监视和控制等。

（2）内网监控功能

内网监控功能包含如下基本功能：内网行为管理、屏幕监视、软硬件资产管理、数据安全。例如，内网监控、屏幕监视和录像、软硬件资产管理、光驱和 USB 等硬件禁止、应用软件限制、打印监控、ARP 防火墙、消息发布、日志报警、远程文件自动备份功能、禁止修改本地连接属性、禁止聊天工具传输文件、通过网页发送文件监视、远程文件资源管理、支持远程关机注销、支持即时通信工具。其数据安全部分一般为单独的透明加密软件。

7.3.2 局域网的流量监控

当前，网速不能满足工作的需要，如果对宽带进行升级，就意味着需要投入更多的资金，且成效并不显著，想要营造一个良好的网络环境，则将 P2P、网络视频等软件进行有效控制是关键。

（1）局域网网络流量监控方法

网络流量监控的主要目的是对网络进行管理，其过程一般如下：实时、不间断地采集网络数据；统计、分析所得数据；确认网络的主要性能指标；对网络进行分析管理。网络流量监控的方法主要有两种：一种是使用网络监控设备，另一种是使用网络流量监控软件。当前，以下几种网络流量最为常见：

①P2P 流量：P2P 文件共享在网络带宽消耗方面非常严重，尤其是在夜间，有

95%的网络带宽被 P2P 占用。

②FTP 流量：FTP 流量服务的应用比较早，且重要程度只比 HTTP 和 SMTP 稍低。P2P 的出现，使 FTP 的重要性再次降低，但其重要性仍然不可忽视。

③SMTP 流量：电子邮件是企业之间交流的重要手段，是网络应用中不可或缺的一部分。据不完全统计，有75%以上的用户将收发电子邮件作为上网的主要目的。加之发送电子邮件是不收费的，所以电子邮件被一部分人当作广告工具，互联网中垃圾邮件越来越泛滥。

④HTTP 流量：互联网上应用最广泛的协议是 HTTP。加之视频共享网站的兴起，HTTP 占用的网络流量已经超过了 P2P。

将以上这些流量种类分析清楚之后，我们就可以针对其特点，采取有效措施，以收获事半功倍的效果。

（2）局域网流量控制与管理策略

在输出端口处建立一个队列是流量控制过程中常用的做法。通过控制路由，即控制 IP 地址的方式，来达到控制的目的。

①通过路由控制流量

流量控制是一部分路由器具有的常规功能。它们对局域网内的计算机进行带宽资源分配，对 P2P 下载进行管控，防止部分用户的过度占用，为大多数用户提供一个良好的上网环境。

②禁止 P2P 下载

P2P 下载是占用带宽流量的主要原因，可使用注册表禁止 P2P 下载软件的运行。

③进行时间段管理

目前，部分路由器具有一定的时间限制功能。所谓的时间限制就是对相关参数、功能进行监测，进而采取时间调度进程的方式，达到开与关的目的。

④限定局域网主机速度

对局域网主机的上传速度和下载速度进行限制，允许 P2P 下载，但对其速度有所限制，限制的最低标准是不影响他人对带宽的正常使用。

（3）局域网流量异常发现与处理

网络监控软件的合理运用可以很容易地找出局域网中流量不正常的计算机，是局域网畅通运转、安全运转、高效运转的有效保障。异常流量轻微时会降低局域网运行速度，严重时可能会使局域网瘫痪。所以有必要找出流量异常的主机。

①找出流量过大的计算机

当发现流量异常时，首先需要做的就是找出流量异常的主机。网络监控软件可以帮助我们做到这一点。网络监控软件使用起来比较简单，在局域网中任何一台主机上安装都可以实现对整个局域网的监控。监控的内容有流量记录、网页记录、聊天记录等，根据记录确定占用较多网络带宽的某个或者某几个计算机，从而达到找出"元凶"的目的。

②对异常主机发出警告

利用网络监控软件，可以很容易地找出流量异常的主机，然后可对该主机的使用者发出警告。这种警告不是现场的面对面的警告，而是通告监控软件发出警告消息。

为了方便警告消息的有效传达，应将对方计算机的信使服务功能开启。如果警告没有效果，那么就要采取进一步的措施，如"禁止上网"，将其网络断开。

就目前情况而言，网络监控软件为网络管理提供了极大的帮助，是企业局域网管理的重要手段。流量监控软件是监控网络流量最简单、最有效的手段。企业的网络管理者可以通过它将网络资源的占用情况透明化，并有针对性地进行管理。同时，企业的管理层还应该建立一套切合实际的上网制度，只有内外结合才能从根本上解决局域网流量控制与管理的问题。

7.3.3 网络监控软件工作原理

（1）有客户端的外网监控

其实现原理都基于 C/S 模式，通过部署在被监控计算机上的客户端来实现各种功能，在这种模式下，服务器的安装部署对网路环境没有特别的要求，网络内可任意找一个计算机作为服务器，不需要对原有网络架构、环境进行改动。它唯一的缺点就是需要安装客户端。

（2）没有客户端的外网监控

这种网络监控大概分为 4 种安装模式：旁路、旁听（共享式集线器、端口镜像）、网关、网桥。

①旁路模式

旁路模式基本采用 ARP 欺骗方式虚拟网关，让其他计算机将数据发送到监控计算机。它只适用于小型的网络，并且环境中不能有限制旁路模式；路由或防火墙的限制或被监视计算机安装了 ARP 火墙都会导致旁路失败；如网内同时多个旁路将会导致混乱而使网络中断。

此类软件较多，主要有聚生、P2P 终结者、网络执法官等局域网管理软件。

②旁听模式

其原理是旁路监听，通过交换机的镜像功能来实现监控。该模式需要采用交换机镜像。该模式的优点是部署方便灵活，只要在交换机上配置镜像端口即可，不需要改变现有的网络结构；旁路监控设备即使停止工作，也不会影响网络的正常运行。其缺点在于，旁听模式通过发送 RST 包只能断开 TCP 连接，而不能控制 UDP 通信，如果要禁止应用 UDP 方式通信的软件，则需要在路由器上做相关设置。

此类软件有超级嗅探狗网络监控软件、LaneCat 网猫内网监控软件等。

③网关模式

该模式把本机作为其他计算机的网关，常用 NAT 存储转发，性能会有一些损失，维护和安装比较麻烦，无法跨越 VLAN 和 VPN，假如网关出现故障，则全网瘫痪。此类软件有 ISA、AnyRouter 软网关等。

④网桥模式

该模式将双网卡做成透明桥，而桥是工作在第 2 层的，所以可以将桥简单地理解为一条网线，因此性能是最好的，几乎没有损失。支持网桥模式的软件比较少，主要有 AnyView（网警）、百络网警、网路岗局域网管理软件。

如果以产品适用范围来区分，网络监控软件通常分为如下三类：

（1）小型网络

这类产品一般以纯软件型和低端宽带路由器集成即时通信软件（如 QQ、MSN）等的过滤为主。纯软件型产品通常成本低、稳定性较差，适合对上网行为管理有需求，但预算有限用户。低端宽带路由器集成了部分常见应用或软件的过滤功能，同样以价格低廉为其优势。它们在提供基本组网应用的同时，兼顾了最基础的上网行为管理需求，较容易被价格敏感的用户接受。

（2）中型网络

这类产品一般以高性能上网行为管理设备和带自主研发 Kercap 引擎的软件产品为主，即在高性能网关路由器上，增加深度包检测功能。通过分析网络应用特征码，配合智能带宽管理、自动行为管控等综合策略，全面管理即时通信、在线视频、股票、游戏、P2P 下载、暴力及色情等非法网站的过滤，并配合 WAN 接口流量统计、LAN 用户流量统计、并发会话统计等功能，提供综合管理手段。通常价格较软件产品或低端路由器略高，但功能更全面，性能更稳定，能够为此等规模的企业用户所接受。

（3）大型网络

这类产品通常采用硬件与软件结合的方式，即同样的软件版本，安装在不同档次的工业计算机上，经过反复的测试后，根据所安装的工业计算机的处理性能不同，可以涵盖 200~500 个任务、500~1 000 个任务，甚至更大范围内的并发应用。由于有性能更为强大的工业计算机作为处理平台，这类产品能够提供的功能更加丰富，部分产品甚至可以缓存上网浏览或发送的内容，检索出可能涉及泄露公司机密、触犯法律或不适合上班时间处理的内容，进而采取相应的策略加以限制。

目前也有部分此类厂家推出了适合中小规模用户使用的产品，功能上没有太大的差异，只是选择更为低廉的工业计算机进行处理，从而降低了整体成本，扩大了适用范围，以满足中小规模用户的需求，价格也相应地下降。

7.4　基于 Web 的网络管理系统

随着应用 Intranet 的企业的不断增多，一些主要的网络厂商正试图以一种新的形式来应用 MIS，从而进一步管理公司网络。WBM 技术允许管理人员通过与万维网同样的功能来监测其网络，可以想象，这将使得 Intranet 成为更加有效的通信工具。WBM 允许网络管理员使用任何一种 Web 浏览器，在网络的任何结点上方便迅速地配置、控制及存取网络和它的各个部分。WBM 是网络管理方案的一次革命，它将使网络用户管理网络的方式得以改善。

（1）WBM 的产生

WBM 技术是 Intranet 网络不断普及的结果。Intranet 实际上就是专有的 Web，它主要应用于一个组织内部的信息共享，运行 TCP/IP 并且通过安全防火墙等措施与外部

Internet 隔离，主要由运行兼容 HTML 的有关应用层协议的 Web 服务器组建而成。Intranet 用户以友好、易用的 Web 浏览器从任意网络平台或位置与服务器通信，连接简单、价格低廉且无间断。

在网络管理市场中，一些主要厂商（包括 IBM 和 HP）正在加速提供应用 Web 技术的管理平台。

（2）WBM 管理模式

简单地说，基于 Web 的网络管理模式实际上就是将 Intranet 技术与现用的网络管理技术相结合，为网络管理员提供更具有分布性和实时性的服务，操作也更为方便，管理能力更强的一种网络管理方法。

作为一种新出现的网络管理模式，WBM 以其特有的灵活性和易操作性等优点获得了许多用户的青睐，被誉为"将改变用户网络管理方式的革命性网络管理解决方案"，如图 7.5 所示。

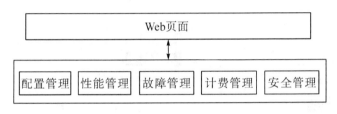

图 7.5 Web 管理模式

WBM 管理模式的主要优点如下：

①地理上和系统上的可移动性。在传统的网络管理方法中，管理员想要查看网络设备的信息，就必须在网管中心进行网络管理的有关操作。基于 Web 的网络管理允许网络管理员通过 Web 浏览器从内部网络的任何一台工作站上进行网络管理的有关操作。对于网络管理系统来说，在一个平台上实现的管理系统服务器，可以从任何一台装有 Web 浏览器的工作站上访问，工作站的硬件系统可以是专用的工作站，也可以是普通的 PC，操作系统的类型也不受限制。

②具有统一的网络管理程序界面。网络管理员不必像以往一样学习和运用不同厂商的网络管理系统程序的操作界面，而通过简单的 Web 浏览器进行操作，完成网络管理的各项任务。

③易于获得帮助信息。因为 Web 浏览器本身可以连接网络，所以只要 WBM 提供网络管理服务器供应商的联机技术支持中心的链接，用户就可以得到实时的帮助。

④网络管理平台具有独立性。WBM 的应用程序可以在任何环境下使用，包括不同的操作系统、体系结构和网络协议，无须进行系统移植。

⑤网管系统之间可以实现无缝连接。管理员可以通过浏览器在不同的管理系统之间切换，如在厂商 A 开发的网络性能管理系统和厂商 B 开发的网管故障管理系统之间切换，使得两个系统能够平滑地相互配合，组合成一个整体。

⑥较低的成本开销。WBM 的另一个优点是它降低了各个方面的成本。平台的独立性可以较大地减少开发成本，易于减少设备维护的成本，易于使用和提供帮助的特性可以使网络管理员的培训费用大大降低。

（3）实现 WBM 的方案

有两种基本方案可以实现 WBM：一种是基于代理的解决方案，另一种是嵌入式解决方案。

①基于代理的解决方案

基于代理的解决方案是在网络管理平台之上叠加一个 Web 服务器，在一个内部工作站上运行 Web 服务器（代理），使其成为浏览器用户的网络管理代理者，这个工作站与被管理设备之间通信，浏览器用户与 Web 服务器进行通信，网络管理平台通过 SNMP 或者 CMIP 与被管理设备通信，收集、过滤、处理各种管理信息，维护网络管理平台数据库，如图 7.6 所示。WBM 通过网络管理平台提供的 API 接口获取网络管理信息，维护 WBM 专用数据库。管理员通过浏览器向 Web 服务器发送 HTTP 请求来实现对网络的监视、调整和控制。Web 服务器通过 CGI 调用相应的 WBM 应用，WBM 应用把管理信息转换为 HTML 形式返回给 Web 服务器，由 Web 服务器响应浏览器的 HTTP 请求。

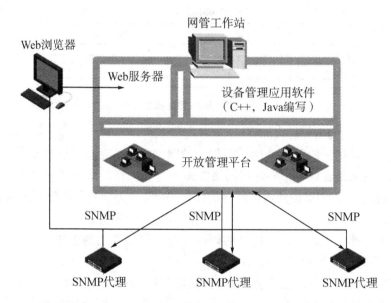

图 7.6　基于代理的解决方案

基于代理的解决方案保留了现存的网络管理系统的特性，使操作网络管理系统具有灵活性。代理者能与所有被管理设备通信，Web 用户也就可以通过代理者实现对所有被管理设备的访问。

②嵌入式解决方案

嵌入式解决方案将 Web 功能嵌入到被管理设备之中。Web 服务器事实上已经嵌入到终端网络设备中。每一个设备都有自己的 Web 地址，这样，网络管理员就可以通过 Web 浏览器与 HTTP 直接访问设备的地址来管理这些设备。从另一方面看，内嵌服务器的方法带来了单独设备的图形化管理。它提供了比命令行和基于菜单的 Telnet 接口更加简单易用的接口，能够在不牺牲功能的前提下简化操作，如图 7.7 所示。

图 7.7　基于 Web 管理的嵌入方案

嵌入式解决方案给各个被管理设备带来了图形化的管理，提供了简单的管理接口。网络管理系统完全采用 Web 技术，如通信协议 HTTP，管理信息库利用 HTML 来描述，网络拓扑算法采用了高效的 Web 搜索、查询点索引技术，网络管理层次或域的组织采用灵活的虚拟形式，不再受限于地理位置等因素。嵌入式 WBM 方案对于小型的办公室网络来说是理想的管理方式。小型办公室网络经常缺乏网络管理和设备控制人员，而内嵌 Web 服务器的管理方式可以把用户从复杂的管理中解脱出来。另外，基于 Web 的设备真正实现了即插即用，减少了安装时间和故障排除时间。

7.5　网络操作系统

7.5.1　网络操作系统概述

网络操作系统（network operating system，NOS）是能使网络中各个计算机方便而有效地共享网络资源，为用户提供所需的各种服务的操作系统软件。网络系统是由硬件和软件两部分组成的，如果用户的计算机已经从物理上连接到了一个局域网中，但是没有安装任何网络操作系统，那么该计算机是无法提供任务网络服务功能的。

（1）网络操作系统的功能和服务

作为网络操作系统，除了具备单机操作系统的功能外（如内存管理、CPU 管理、输入/输出管理、文件管理等），还提供以下基本功能：

① 提供通信交往能力。

② 向各类用户提供友好、方便和高效的用户界面。

③ 支持各种常见的多用户环境，支持用户的协同工作。

④ 能有效地实施各种安全保护错误，实现对各种资源存取权限的控制。

⑤ 提供关于网络资源控制和网络管理的各类程序和工具，如系统备份、性能检测、参数设置、安全审计与防范等。

⑥ 提供必要的网络互连支持，如提供路由和网关支持等功能。

网络服务是网络操作系统向网络工作站（或客户机）或其他网络用户提供的有效服务。虽然不同的网络操作系统具有不同的特点，但它们一般都提供以下基本网络服务功能：

①文件服务（file service）：最重要，也是最基本的网络服务。文件服务器以集中方式管理共享文件。网络工作站可以根据所规定的权限对文件进行读写及其他操作，文件服务器则为网络用户的文件安全与保密提供了必需的控制方法。

②打印服务（print service）：最基本的网络服务，可以通过设置专门的打印服务器完成，或者由工作站或文件服务器来完成。通过网络打印服务，局域网中可以安装一台或几台网络打印机，网络用户可以远程共享网络打印机。打印服务可以实现对用户打印请求的接收、打印格式的说明、打印机的配置、打印队列的管理等功能。网络打印服务在接收到用户打印请求后，本着先到先服务的原则，将需要打印的文件进行排队，管理用户打印任务。

③数据库服务（database service）：当前，网络数据库服务已经变得越来越重要，它优化了局域网系统的协同操作模式，从而有效地改善了局域网应用系统的性能。选择适当的网络数据库软件，依照 C/S 工作模式，开发出客户端与服务器端数据库应用程序，这样客户端就可以用 SQL 向数据库服务器发出查询请求，服务器进行处理后将结果传送到客户端。

④目录服务（directory service）：允许系统用户维护网络中各种对象的信息。对象可以是用户、打印机、共享的资源或服务器等。

⑤报文服务（message service）：可以通过存储转发或对等方式完成电子邮件服务，报文服务现已发展为文件、图像、数字视频与语音数据的传输服务。

⑥Internet/Intranet 服务：为了支持 Internet 和 Intranet 的应用，网络操作系统一般都支持 TCP/IP 协议族，提供各种 Internet 服务，支持 Java 应用开发工具，使得局域网服务器更容易成为 Web 服务器，并全面支持 Internet 和 Intranet 访问。

（2）网络操作系统的特性

①支持多文件系统：有些网络操作系统支持多文件系统，以实现对系统升级的平滑过度和良好的兼容性。

②高可靠性：网络操作系统是运行在网络核心设备（如服务器）上的指挥管理网络的软件，它必须具有高可靠性，保证系统可以 365 天 24 小时不间断工作，并提供完整的服务。为了保证系统、系统资源的安全性、可用性，网络操作系统往往集成了用户权限管理、资源管理等功能，定义了各种用户对某资源的存取权限，且使用用户标识来区别用户。

③容错性：网络操作系统应能提供多级系统容错能力，包括日志式的容错特征列表、可恢复文件系统、磁盘镜像、磁盘扇区备用及对不间断电源（uninterruptible power supply，UPS）的支持。

④开放性：网络操作系统必须支持标准化的通信协议（如 TCP/IP、NetBEUI 等）和应用协议（如 HTTP、SMTP、SNMP 等），支持与多种客户端操作系统平台的连接。

⑤可移植性：网络操作系统一般都支持广泛的硬件产品，还支持多处理机技术。这样就使得系统有了很好的伸缩性。

（3）网络操作系统的结构

①对等结构

早期的网络操作系统都是对等结构，在采用对等结构的网络中，所有的联网结点地位平等，安装在每个联网结点的操作系统软件都相同，联网计算机的资源在原则上也都是可以共享的，如图 7.8 所示。网络中的每台计算机都以前后台方式工作，前台为本地用户提供服务，后台为其他结点的网络用户提供服务，网络中的任意两个结点之间都可以直接实现通信。对等结构的网络操作系统可以提供共享硬盘、共享打印机、电子邮件、共享屏幕与共享 CPU 服务。

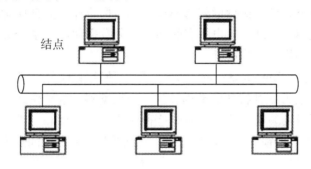

图 7.8　对等结构的网络操作系统

　　对等结构网络操作系统的优点是结构相对简单，网络中的任意结点间都可以通信；缺点是每台联网的计算机既要完成工作站的功能，又要完成服务器的功能，负荷较重，因而信息处理能力会明显降低。

　　②非对等结构

　　针对对等网络操作系统的缺点，人们进一步设计了非对等网络操作系统，即将网络中的结点分为工作站和服务器两类。服务器通常采用高配置和高性能的计算机，以集中方式管理网络中的共享资源，并为工作站提供各种服务。工作站一般是配置比较低的计算机，主要为本地用户访问本地和网络资源提供服务，如图 7.9 所示。

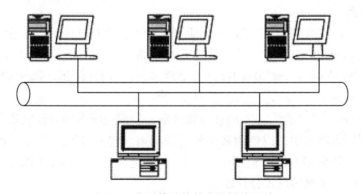

图 7.9　非对等结构的网络操作系统

　　非对等网络操作系统的系统软件分为主从两部分：一部分运行在服务器上，另一部分运行在工作站上。因为网络服务器集中管理网络资源与服务，所以网络服务器是局域网的逻辑中心。网络服务器上运行网络操作系统的功能与性能，直接决定了网络服务功能的强弱，以及系统的性能与安全性，它是网络操作系统的核心部分。

　　③客户机/服务器（Client/Server，C/S）模式

　　Server 是提供服务的逻辑进程。它可以是一个进程，也可以是由多个分布进程所组成的。向 Server 请求服务的进程称为该服务的 Client。Client 和 Server 可以在同一机器

上，也可以在不同的机器上。一个 Server 可以同时又是另一个 Server 的 Client，并向后者请求服务。通常其中一台或几台较大的计算机集中进行共享数据库的管理和存取，而将其他的应用处理工作分散到网络中的其他计算机上去完成，构成分布式的处理系统，服务器控制管理数据的能力已由文件管理方式上升为数据库管理方式，因此，客户机/服务器结构的服务器也称为数据库服务器，注重于数据定义、存取安全备份及还原，并发控制及事务管理，执行诸如选择检索和索引排序等数据库管理功能，它有足够的能力做到把通过其处理后用户所需的那一部分数据而不是整个文件通过网络传送到客户机，减轻了网络的传输负荷。

浏览器/服务器（Browser/Server，B/S）是一种特殊形式的客户机/服务器模式，在这种模式中客户端为一种特殊的专用软件——浏览器。这种模式由于对客户端的要求很少，不需要另外安装附加软件，因此这种模式在通用性和易维护性上具有突出的优点。在浏览器/服务器模式中，用户往往在浏览器和服务器之间加入中间件，构成浏览器—中间件—服务器结构。

7.5.2　Windows Server 2012 网络操作系统

Windows Server 2012 是由 Microsoft 开发的网络操作系统，可以看作是 Windows 8 的服务器版本，并且是 Windows Server 2008 R2 的继任者。借助 Windows Server 2012，用户可在企业中开发、提供和管理丰富的用户体验及应用程序，提供高度安全的网络基础架构，提高和增加技术效率与价值。Windows Server 2012 是建立在 Windows Server 先前版本的成功与优势上，针对基本操作系统进行改善，以提供更具价值的新功能及更进一步的改进。

（1）Windows Server 2012 操作系统主要的性能和特点

①用户界面

Windows Server 2012 操作系统简化了服务器管理，重新设计了服务器管理器，采用了 Metro 界面（核心模式除外）。在这个 Windows 系统中，PowerShell 已经有超过 2 300 条命令开关（Windows Server 2008 R2 才有 200 多个）。而且，部分命令可以自动完成。

②任务管理器

Windows Server 2012 拥有全新的任务管理器，隐藏选项卡的时候默认只显示应用程序。在"进程"选项卡中，以色调来区分资源利用。它列出了应用程序名称、状态以及 CPU、内存、硬盘和网络的使用情况。在"性能"选项卡中，CPU、内存、硬盘、以太网和 Wi-Fi 以菜单的形式分开显示。

③安装选项

Windows Server 2012 可以随意在服务器核心（只有命令提示符）和图形界面之间切换。

④IP 地址管理

Windows Server 2012 有一个 IP 地址管理，其作用在发现、监控、审计和管理在企业网络上使用的 IP 地址空间。

⑤Active Directory

相对于 Windows Server 2008 R2 来说，Windows Server 2012 的 Active Directory 已经

有了一系列的变化。Active Directory 安装向导已经出现在服务器管理器中，并且增加了 Active Directory 的回收站。在同一个域中，密码策略可以更好的区分。Windows Server 2012 中的 Active Directory 已经出现了虚拟化技术。虚拟化的服务器可以安全的进行克隆。简化 Windows Server 2012 的域级别，它完全可以在服务器管理器中进行。

⑥IIS7.0

Windows Server 2012 已经包含了 IIS7.0，可以限制特定网站的 CPU 占用。

（2）Windows Server 2012 操作系统的版本

Windows Server 2012 有四个版本：Foundation，Essentials，Standard 和 Datacenter。主要的区别如下：

①Windows Server 2012 Essentials 面向中小企业，用户限定在 25 位以内，该版本简化了界面，预先配置云服务连接，不支持虚拟化。

②Windows Server 2012 标准版提供完整的 Windows Server 功能，限制使用两台虚拟主机。

③Windows Server 2012 数据中心版提供完整的 Windows Server 功能，不限制虚拟主机数量。

④Windows Server 2012 Foundation 版本仅提供给 OEM 厂商，限定用户 15 位，提供通用服务器功能，不支持虚拟化。

7.5.3　UNIX 网络操作系统简介

UNIX 网络操作系统历史悠久，它以简洁、优美的风格，稳定、高效的性能赢得了科研人员和用户的广泛支持，是普遍使用的操作系统之一。

（1）UNIX 的结构与特性

UNIX 之所以能获得巨大成功，主要因为它本身优越的特性，这表现在如下方面。

①可靠性高：实践证明，UNIX 是能够达到主机可靠性要求的几个操作系统之一，运行 UNIX 的主机和服务器可以 365 天 24 小时不间断运行。

②极强的伸缩性：UNIX 系统是世界上唯一能在不同的计算机硬件平台下运行的操作系统，包括笔记本、PC、小型机、巨型机。由于 UNIX 系统采用了对称多处理器、大量信息并行处理机和群集等技术，使得商业化应用的 UNIX 系统支持的 CPU 个数可高达 32。这使得 UNIX 的扩充能力有了进一步的提高。而这种强大的可伸缩性是企业级操作系统必不可少的特征，这一点使 UNIX 领先于其他操作系统。

③开放性好：这是 UNIX 系统的典型特色之一和最重要的本质特征，也是 UNIX 系统受到人们青睐的原因之一。开放系统的概念已被 IT 业界普遍接受，成了发展趋势，甚至连 Microsoft 都不得不开放部分系统。开放系统最本质的特征是其所有技术都是公开并免费的，不受任何具体厂商垄断或者控制。

④网络功能强：网络功能的强弱是服务器操作系统的最重要的评价指标之一。UNIX 的网络功能非常强，作为 Internet 连接的基础—— TCP/IP 就是在 UNIX 上开发出来的，并成为 UNIX 系统的一个不可分割的重要部分。现在流行的 UNIX 系统都支持 TCP/IP。不仅如此，UNIX 支持所有最通用的网络通信协议，如 NFS、DCE、IPX/SPX、SLIP、PPP 等，使得 UNIX 系统能够方便地与主机、各种广域网（WAN）和局

域网（LAN）通信。

（2）UNIX 的主流版本

UNIX 操作系统是一个强大的多用户、多任务操作系统，支持多种处理器架构，按照操作系统的分类，属于分时操作系统。最早由 KenThompson、Dennis Ritchie 和 Douglas McIlroy 于 1969 年在 AT&T 的贝尔实验室开发。目前它的商标权由国际开放标准组织所拥有，只有符合单一 UNIX 规范的 UNIX 系统才能使用 UNIX 这个名称，否则只能称为类 UNIX（UNIX-like）。现在 Unix 系统已经被类 Unix 系统传承下去，并发展成了世界上最流行使用最广泛的操作系统系列，比较著名的有以下几个：

①AIX

AIX（Advanced Interactive eXecutive）是 IBM 开发的一套 UNIX 操作系统。它符合 Open group 的 UNIX 98 行业标准（The Open Group UNIX 98 Base Brand），通过全面集成对 32-位和 64-位应用的并行运行支持，为这些应用提供了全面的可扩展性。它可以在所有的 IBM ～ p 系列和 IBM RS/6000 工作站、服务器和大型并行超级计算机上运行。AIX 的一些流行特性例如 chuser、mkuser、rmuser 命令以及相似的东西允许如同管理文件一样来进行用户管理。AIX 级别的逻辑卷管理正逐渐被添加进各种自由的 UNIX 风格操作系统中。

②Solaris

Solaris 是 SUN 公司研制的类 Unix 操作系统。直至 2013 年，Solaris 的最新版为 Solaris 11。

Solaris 运行在两个平台：Intel x86 及 SPARC/UltraSPARC。后者是升阳工作站使用的处理器。因此，Solaris 在 SPARC 上拥有强大的处理能力和硬件支援，同时 Intel x86 上的性能也正在得到改善。对这两个平台，Solaris 屏蔽了底层平台差异，为用户提供了尽可能一样的使用体验。

③HP-UX

HP-UX 取自 Hewlett Packard UniX，是惠普公司（HP，Hewlett-Packard）以 SystemV 为基础所研发成的类 UNIX 操作系统。HP-UX 可以在 HP 的 PA-RISC 处理器、Intel 的 Itanium 处理器的电脑上运行，另外过去也能用于后期的阿波罗电脑（Apollo/Domain）系统上。较早版本的 HP-UX 也能用于 HP 9000 系列 200 型、300 型、400 型的电脑系统（使用 Motorola 的 68000 处理器）上，和 HP-9000 系列 500 型电脑（使用 HP 专属的 FOCUS 处理器架构）。

7.5.4　Linux 网络操作系统简介

目前，Linux 操作系统已经逐渐被国内用户所熟悉，尤其是它强大的网络功能，受到了人们的喜爱。Linux 的出现打破了商业操作系统的技术垄断，成为信息共享和开放技术的楷模。

Linux 是全面的多任务和真正的 32 位操作系统，性能高，安全性强。Linux 是 UNIX 的变种，因此也就具有了 UNIX 系统的一系列优良特性。此外，Linux 还具有以下特点：

（1）与 UNIX 兼容：现在 Linux 已经具有 UNIX 全部特征，几乎所有 UNIX 的主要功能，都有相应的 Linux 工具和实用程序。因此 Linux 实际上就是一个完整的 UNIX 类操作系统。Linux 系统上使用的命令多数都与 UNIX 命令在名称、格式、功能上相同。

（2）自由使用、源码开放：任何人只要遵循通用性公开许可证（GPL）条款，就可以自由使用 Linux 源程序，激发了世界范围内热衷于计算机事业人们的创造力。通过 Internet，这一系统被迅速传播和使用。

（3）便于定制和再开发：在遵从 GPL 版权协议的条件下，各部门、企业，单位或个人可以根据自己的实际需要和使用环境对 Linux 系统进行裁剪、扩充、修改，或者再开发。

项目实践

按 3~4 人分组完成下列实验，并提交实验报告。

1. Web 服务器 IIS 的安装与配置

（1）从 Windows NT 开始，微软在其服务器操作系统上提供了一系列 Internet 服务组件，称为 Internet 信息服务器（Internet Information Server，IIS）。IIS 为企业提供了在 Internet 或 Intranet 上发布信息的能力，通过部署 IIS，企业可以方便地提供最常见的 Internet 服务，如 Web 服务、FTP 服务、邮件服务和 NNTP 服务等。

在 Windows Server 2012 操作系统中，微软提供了 IIS 的 7.0 版本。

Windows Server 2012 内置的 IIS 7.0 默认情况下并没有安装，要使用 Windows 2012 架构 Web 服务器，首先需要参照下述步骤安装 IIS7.0 组件。

①选择打开"服务器管理器"。

②打开服务器管理器：选择打开"仪表盘-快速启动"，单击"2 添加角色和功能"。

③选择安装类型：点击左边"安装类型"，然后单击"基于角色或基于功能的安装"，再单击"下一步。

④选择目标服务器：先单击"从服务器池中选择服务器"，再单击"本服务器的计算机名"，如图 7.10 所示。

图 7.10　选择目标服务器

⑤选择服务器角色：角色列表内找到"Web 服务器（IIS）"，单击勾选它，在弹出的对话框"添加角色和功能向导"中，直接单击"添加功能"，如图 7.11 所示。

图 7.11 选择服务器角色

⑥选择功能：单击左边"功能"，中间勾选"Net Framewore 3.5"，如图 7.12
所示。

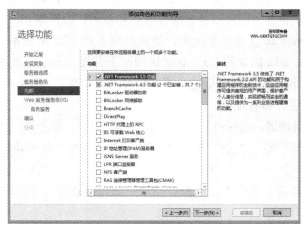

图 7.12 选择功能

⑦选择角色服务：单击左边"角色服务器"，在中间角色服务列表选择需要安装的
项目，如图 7.13 所示。

图 7.13 选择角色服务

⑧确认安装所选内容：安装前确认下所勾选的安装组件，然后单击"安装"。

⑨提示安装成功，单击"关闭"，结束安装。

完成上述操作后，点击右上角"工具"选项卡，打开"Internet 信息服务（IIS）管理器"，打开 IIS 管理窗口，如图 7.14 所示。

图 7.14　IIS7.0 管理器界面

（2）IIS 7.0 默认站点

安装 IIS 时，在"网站"节点中，已创建了一个名为"Default Web Site"的默认站点。

在"Default Web Site"节点上右击，在"管理网站"菜单项中选择"浏览"，可在 IE 浏览器中打开 IIS 7.0 默认站点初始页面。注意，该站点在地址栏中的地址为 http：//localhost/。

在右侧的操作面板中，可选择"基本设置"选项，查看默认站点的基本信息，可以看到，IIS 7.0 中 Web 站点默认的主目录是 C：\ Inetpub \ wwwroot 文件夹。

在操作面板中，选择"绑定"选项，可查看默认站点的 IP 地址绑定等信息。由于该站点默认没有绑定 IP 地址，因此，只能通过地址"http：//localhost"访问站点。如果希望通过 IP 地址访问该站点，可在"网站绑定"对话框中，选择当前网站绑定的信息项，单击"编辑"按钮。为站点绑定 IP 地址，或单击"添加"按钮，为站点增加新的绑定信息。

通过网站绑定信息可获知，识别一个站点的方法可取决于三个要素，即 IP 地址、端口号和主机名，三者中只要有一个不同，即可标识不同的站点。

2. FTP 服务器的安装与配置

（1）FTP 服务器的安装

①选择打开"服务器管理器"。

②选择打开"仪表盘-快速启动"，单击"2 添加角色和功能"。

③选择安装类型：点击左边"安装类型"，然后单击"基于角色或基于功能的安装"，再单击"下一步"。

④选择目标服务器：先单击"从服务器池中选择服务器"，再单击"本服务器的计算机名"，如图 7.15 所示。

图7.15 选择目标服务器

⑤选择服务器角色："Web 服务器（IIS）-FTP 服务器"，勾选"FTP 服务器"，直接点下一步完成安装，如图7.16所示。

图7.16 选择服务器角色

（2）FTP 服务器的配置

①选择服务器证书：在服务器管理器工具选项卡中选择"IIS 管理器"，之后选择"服务器证书"，如图7.17所示。

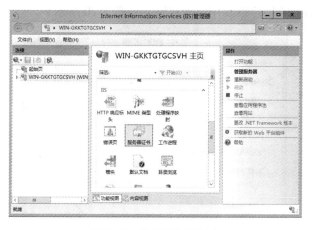

图 7.17 选择服务器证书

②创建自签名证书：选择右边创建自签名证书，指定一个证书名称。

③配置 FTP 身份验证：启用 FTP 基本身份验证，点右键启用"基本身份验证"和"匿名身份验证"。

④配置 FTP 授权规则，并添加允许规则，如图 7.18 和图 7.19 所示。

图 7.18 FTP 授权

图 7.19 添加授权

项目 7 网络管理

⑤配置允许访问的用户以及用户的权限，如图 7.20 所示。

图 7.20 添加授权规则

⑥添加 FTP 站点：在左边选择"网站"选项，右边选择"添加 FTP 网站"，站点名称可任意指定，选择 FTP 的内容目录，然后点击"下一步"。

⑦绑定和 SSL 设置：指定 IP 地址以及端口，勾选自动启动 FTP 站点；在 SSL 选项中选择允许 SSL，导入刚才创建的证书，如图 7.21 所示。

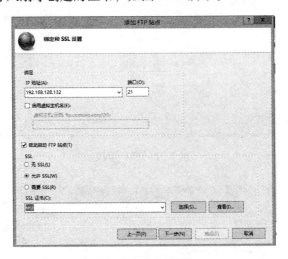

图 7.21 SSL 设置

⑧选择需要授权响应的用户，以及用户权限，然后点击"完成"，如图 7.22 和 7.23 所示。

图 7.22　选择授权用户

图 7.23　完成 FTP 的配置

⑨FTP 登录测试，用 IE 打开当前 FTP 地址。

3. Windows Server 2012 下 VPN 服务器的安装与配置

（1）安装 VPN 服务相关功能

①选择打开"服务器管理器"。

②选择打开"仪表盘-快速启动"，单击"2 添加角色和功能"。

③选择安装类型：点击左边"安装类型"，然后单击"基于角色或基于功能的安装"，再单击"下一步"。

④选择目标服务器：先单击"从服务器池中选择服务器"，再单击"本服务器的计算机名"。

⑤添加角色和功能：在左边"服务器角色"里选择"远程访问"，点击"下一步"，在"角色服务"里面选中"DireAccess 和 VPN（RAS）"和"路由"，在弹出的对话框中点击"添加功能"，然后点击"下一步"完成安装，如图 7.24 所示。

图 7.24　添加角色和功能

⑥确认安装。

（2）配置 VPN 服务器

①路由和远程访问：在"服务器管理器"中点击菜单栏中的"工具"，选择"路由和远程访问"，在本地上右键选择"配置并启用路由和远程访问"，如图 7.25 所示。

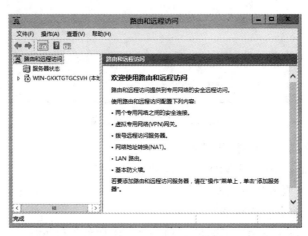

图 7.25　路由和远程访问

②在"路由和远程访问"上点右键选择"配置并启用路由和远程访问"，点击"下一步"，然后选择"自定义配置"，点击"下一步"。

③选择"VPN 访问"和"NAT"点击"下一步"，如图 7.26 所示。

图 7.26　VPN 访问和 NAT

④配置成功点击"完成",出现提示"启动服务"点击"启动服务"。

(3)配置 NAT

①新增接口:在"路由和远程访问"—"IPv4"—"NAT"上点击右键选择"新增接口",在接口里选择外网接口,一般是本地连接,点击"确定"弹出属性。

②启用 NAT:选择"公用接口连接到 Internet"—"在此接口上启用 NAT",点击确定。

③右键点击"(本地)"选择"属性",配置 VPN 客户端地址池,在弹出的窗口中选择"IPv4"—"静态地址池"点击"添加",如图 7.27 所示。

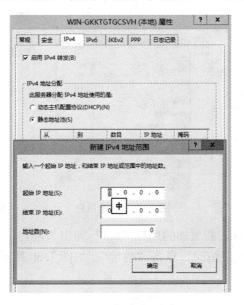

图 7.27　新建 IP 地址

④在"起始 IP 地址"和"结束 IP 地址"里输入相应的 IP 地址,点击"确定",现在给用户分配的 IP 地址段已经配置好了,如图 7.28 所示。

项目 7　网络管理

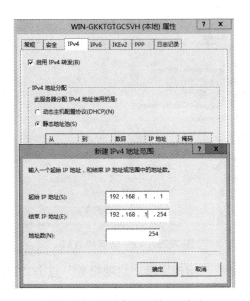

图 7.28　给用户分配的 IP 地址

（3）配置 VPN 账号

①在"服务器管理器"中点击菜单栏中的"工具"选择"计算机管理"。

②创建用户：在"用户"上点击右键选择"新用户"，输入"用户名"和"密码"，再选择"用户不能更换密码"和"密码永不过期"，点击"创建"，然后再点击"关闭"，如图 7.29 所示。

图 7.29　创建用户

③设置用户权限：双击新增加的用户"test"弹出"属性"窗口，选择"拨入"—"网络访问权限"—"允许访问"点击"确定"，如图 7.30 所示。

图 7.30　设置用户权限

④在客户端创建 VPN 连接就可以使用了。

分组讨论

分 3~4 人一组讨论下列问题，并提交讨论报告：

1. 主要有哪几种网络管理模式？分别说一下它们的优缺点？

2. 目前 Windows 系列的网络操作系统最新版本是什么？除了 Windows 系列的网络操作系统以外，还有哪些网络操作系统？

习题

1. 简述网络管理的概念以及网络管理的功能。

2. 常见的网络管理方式有哪些？

3. 网络管理的关键是什么？常见的网络管理包含哪几个方面？

4. 一个典型的网络管理系统包括哪 4 个要素？

5. 用简易图表示网络管理的 3 种模式。

6. 完整的网络监控软件包括哪两大基本功能？

7. 什么是基于 Web 的网络管理模式？具有哪些优点？

8. 实现 WBM 的两种基本方案是什么？

项目 8

网络系统规划与实施

项目任务

1. 大学校园网系统规划方案设计。
2. 大型网吧网络系统规划。
3. 中高端居民小区网络建设方案规划。
4. 大型企业网络规划方案。

知识要点

➤ 网络系统集成概述。
➤ 用户需求调查与分析。
➤ 网络规划与设计。
➤ 结构化综合布线系统。

8.1 网络系统集成概述

随着计算机网络技术的发展，网络用户对网络系统的依赖程度越来越高，对网络系统的性能、功能、稳定性的要求也越来越高。因此，网络系统集成成为计算机网络技术应用发展中不可缺少的一种新兴服务方式，人们也对网络系统集成的服务内容、技术、工艺等提出了更高的要求。

8.1.1 系统集成

公司进行系统集成的时候应根据用户需求和资金规模，优选各种技术和产品，将各个分离的子系统连接成为一个完整的、可靠的、经济的、有效的整体，使其彼此协调工作，发挥整体效益，达到整体优化的目的。系统集成可分为软件集成、硬件集成和网络系统集成。

（1）软件集成

软件不仅指操作系统平台，还包括各种应用软件。系统集成是为某一特定的应用环境提供解决问题的框架软件的接口，因此，软件集成要解决的首要问题是异构软件的接口，例如，Microsoft公司将Windows操作系统与Web浏览器集成在一起，方便用户访问互联网，系统功能得到了增强。目前，许多软件开发商都在自己的产品中进行集成，以便为用户提供更好的服务。

（2）硬件集成

硬件集成是指使用硬件设备把各个分离的子系统连接起来，以达到系统设计的性能技术指标。例如，使用交换机连接局域网中的用户计算机、打印机等，使用路由器连接各个子网或其他网络。

（3）网络系统集成

网络系统集成开始仅限于计算机局域网，随着计算机网络技术的发展和应用范围的日益扩大，又出现了智能大厦网络系统集成、智能小区系统集成。

计算机网络系统是一个有机整体，是一个大型的综合计算机网络系统，系统集成包括计算机硬件、软件、操作系统、数据库、网络通信技术等的集成，以及不同厂家产品选型和搭配的集成。系统集成的目的是使整体性能最优，即所有部件结合在一起后不但能正常工作，而且成本低、效率高、性能均衡、可扩充性和可维护性好。

8.1.2 网络系统集成内容

网络系统集成包含网络系统设计和网络组建两部分，先进行网络系统设计，再根据网络系统设计的方案进行网络组建。网络系统集成的内容如下：

（1）需求分析

网络建设的目的是满足用户的需求，围绕用户的需求进行建设，因此，了解用户建设网络的需求，或用户对原有网络升级改造的需求，是系统集成的首要工作。需求分析主要包括用户网络服务应用类型、物理拓扑结构、网络传输速率要求、流量特征分析等。

（2）技术方案设计

根据用户需求及需求分析，设计公司应立即为用户设计一套或者两套技术方案，展示给用户网络建设的大体内容和结果。因此，需要确定网络主干和分支采用的网络技术、网络传输介质、网络物理拓扑和逻辑拓扑结构，以及网络资源配置和外网接入方案。

（3）产品选型

产品选型应结合技术方案和用户要求，进行设备选型，包括网络设备、服务器、软件系统选型。当用户网络建设包括基础设施建设即综合布线时，其还包含综合布线的一系列设备、材料的选型。

（4）网络工程经费预算

根据技术方案、产品选型、网络系统集成服务、技术培训和维护等内容，公司给出用户的经费预算。

（5）网络系统集成方案实施

根据前期的网络系统集成项目开展的结果，公司与用户签订项目合同后，应立即启动网络系统集成的实施详细方案设计，包括如下内容：

第一，综合布线实施材料清单、实施内容、实施方法、实施分工、测试内容和验收内容。

第二，逻辑网络方案的详细设计，即拓扑图，IP 和 VLAN 的规划，路由设计，外网接入设计，各楼宇的交换和路由等网络设备的 IP 地址、VLAN、路由、标识和记录等。

第三，网络设备、服务器、软件系统的安装和调试方案设计，以及实施分工清单。

（6）网络系统调试和测试

公司应按综合布线的线缆、模块等安装布线标准和合同的要求编写调试和测试方案及测试报告。

网络设备、服务器、软件系统的安装工艺、配置和调试，以及测试的方案和测试报告。

（7）网络系统集成验收

公司应将整个过程的实施方案、文档、调试和测试报告进行整理，并移交给用户，然后按照合同要求成立验收小组，协助用户完成验收内容，请专家评审网络。

（8）网络技术后期维护服务

当网络系统集成完成后，公司应按照合同协议执行免费 1~3 年的服务，对部分服务提供有偿服务。

（9）培训服务

当网络试运行成功，并完成网络工程验收工作后，公司应向用户提供运行服务的技术内容和管理内容的培训。

8.1.3　网络系统集成体系框架

在当前的园区网、校园网、企业网的网络建设中，涉及的集成内容多，对布线质量、承载的传输速率要求高，对交换机设备、路由设备的功能和配置要求高，网络安全和管理要求更高。在工程项目实施过程中，与项目管理相关的各项内容不单纯是技术问题，因此网络系统集成目前已经是一门综合学科，涉及系统论、控制论、管理学、计算机网络技术和软件工程等，如建设一个大型的政务网络时，必须深入到用户的业务流程、管理模式中，才能深刻了解用户网络建设的真正需求。网络系统集成体系框架如图 8.1 所示，在此体系中包含 5 方面内容。

（1）网络通信线路基础设施支撑平台

该平台是用户网络最基本、最基础的建设，是网络数据传输的必经平台，主要包含如图 8.1 所示内容。

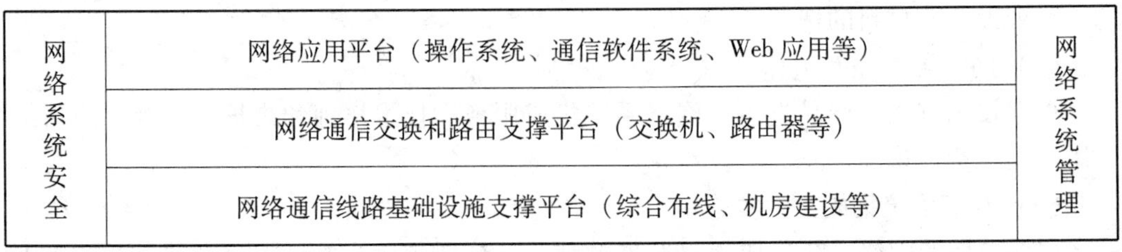

网络系统安全	网络应用平台（操作系统、通信软件系统、Web 应用等）	网络系统管理
	网络通信交换和路由支撑平台（交换机、路由器等）	
	网络通信线路基础设施支撑平台（综合布线、机房建设等）	

图 8.1　网络系统集成体系框架

综合布线和机房建设。综合布线涉及用户的工作间、工作间到楼宇电信间的水平布线，电信间到中心机房的干线布线等内容。

（2）网络通信交换和路由支撑平台

该平台是通信数据交换和路由处理的必经结点，是用户网络数据交换和路由的处理平台，主要包括网络接口卡、交换器、路由器、无线设备等通信设备。

（3）网络应用平台

该平台直接面向用户，包括服务器、网络应用服务器、操作系统、应用软件系统、软件开发平台等。

（4）网络系统安全

该平台可以贯穿整个通信系统，从物理上来保证设施、设备安全；从逻辑上保证传输的数据、软件系统的安全，可以包括加密系统、防火墙、入侵检测系统、防病毒系统、数字签名、身份认证系统。

（5）网络系统管理

该平台是对网络通信、网络服务、应用系统的管理，为了使网络系统可靠、高效地运行，采用网络管理软件系统来实施管理，完成系统配置管理、性能管理、资产资源的管理、人员管理等。

8.1.4 网络系统集成原则

对拟建立的计算机网络系统，公司应根据建设目标，由整体到局部，自上而下进行规划和设计，以"实用、够用、好用"为指导思想，并遵从以下原则。

（1）开放性标准化原则

网络规划设计时采用开放技术、开放结构、开放系统组件和开放用户接口，能兼容各种不同的拓扑结构，具有良好的网络互连性和互操作性，有良好的升级能力，以适应今后大容量带宽的需求，利于网络的维护、扩展升级与外界信息的沟通。

（2）实用性原则

网络系统的设计要实用有效，设计结果应满足用户需求。网络建设时尽可能地利用现有资源，充分发挥现有设备的效益，保证能够满足用户的需求和网络服务的质量。建设目标定位应合理，一般是未来3~5年内的需求。

（3）先进性原则

网络建设要具有超前意识，确保设计思想先进、网络结构先进、网络硬件设备先进，以及先进的开发工具，采用市场使用率高、标准化合技术成熟的软硬件产品及网络技术，可为网络带来较高的性能。

（4）安全性和可靠性原则

安全性的技术指标按 MTBF（平均无故障时间）和 MTBR（平均无故障率）衡定，重要信息系统采用容错设计，支持故障检测和恢复，安全措施有效可信，能够在软硬件多个层次上实现安全控制，避免非法用户的访问和攻击。需要为网络部署防火墙、入侵防御系统、VPN 系统和网络防毒系统，并考虑设备的防盗、防潮、防雷等物理安全，以保证网络的整体安全性。

网络系统的可靠性指系统能不间断地为用户提供服务，即使某些部分发生损坏和失效，也能保证网络系统信息的完整性、正确性和可恢复性。它主要从设备本身和网络拓扑两方面考虑，如部署服务器集群、数据存储异地容灾、设计链路冗余网络拓扑等。

（5）可扩展性原则

人们对网络系统集成的需求会不断增加和变化，网络系统的建设是逐步进行的，网络将在规模和性能两个方面进行一定程度的扩展。公司主要从设备性能、可升级的能力、IP 地址和路由协议规划等方面考虑，在实际设计时，IP 地址规划要考虑将来网络扩容的地址需求，网络协议尽量选择各厂商通用的行业标准协议，保证各个厂商设备之间的兼容性。

（6）可管理性原则

提供灵活的网络管理平台，利用一个平台实现对系统中各种类型设备的统一管理；提供网管，对设备进行拓扑管理、配置备份、软件升级、实时监控网络中的流量及异常情况，方便网络管理员对网络的管理维护。

（7）最佳性价比

网络设计目标的关键在于成本与性能的权衡，不同使用者对性能的要求不同，如金融网络、政府网络等在安全性方面要求较高，不能部署价格低廉而安全性设计有欠缺的产品；而中下型企业网络和校园网等网络则更注重于网络的带宽和可用性，需要在考虑基本安全需求的基础上，选择性价比最佳的产品。

8.1.5　网络系统集成步骤

网络生命周期为描述网络工程项目开发提供了模型依据，在开发一个网络项目时，是采用网络流传周期，是采用网络循环周期，还是由一个特定机构决定，网络开发过程描述了开发一个网络时必须完成的基本任务。

网络工程的开发是一项复杂的系统工程，要构建一个计算机网络，应该做哪些工作呢？一般情况下，其需要完成以下工程任务：用户调查与需求分析、网络系统设计、网络工程组织与实施、网络系统测试和验收、网络安全管理与系统维护等，如图 8.2 所示。

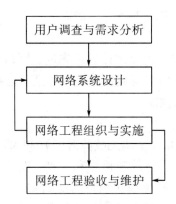

图 8.2　网络系统集成步骤

（1）用户调查与需求分析

公司在进行网络需求分析时，首先要进行用户需求调查。用户需求调查通常可分为一般状况调查、性能需求调查、功能需求调查、应用需求调查和安全需求调查等几个方面。调查之后，公司再根据调查收集到的信息进行用户需求分析，得出成本、效益评估报告，并以正式文件向项目负责人和用户提交需求分析报告。因此，公司只有进行深入细致的用户调查与需求分析后，才能使网络工程建设者了解网络的业务需求、网络的规模、网络的结构、网络管理需要、网络安全需求、网络增长预测等，这样有助于设计者更好地理解网络应该具有哪些功能和性能，最终设计出符合用户需求的网络。

（2）网络系统设计

用户调查与需求分析之后的工作是进行网络系统设计，这部分工作是根据网络的各种需求和条件限制，对网络的结构方案给出明确的描述和说明。网络系统设计包括逻辑网络设计和物理网络设计。

物理网络设计包括拓扑结构设计、子网划分和 IP 地址分配、局域网设计、VLAN设计、广域网设计、网络冗余设计、网络管理与安全设计。

物理网络设计的主要有结构化布线系统、网络机房系统和供电系统的设计。

（3）网络工程组织与实施

可行性实施方案：组织项目人员设计各个环节的详细施工方案，包括综合布线的各项内容、网络 IP 地址和 VLAN 详细规划、网络设备安装与调试。

系统施工分工：根据实施方案，安排相关技术人员和管理人员到各自工作岗位。

系统测试：包括综合布线测试、通信设备和服务器性能和功能测试，并做好相关测试表和测试数据记录。

工程排除处理：根据系统测试结果，安排相关人员解决存在的问题。

系统集成总结：整理工程实施的整个过程中的文档资料，作为后期用户培训和项目验收的内容。

（4）网络工程验收和维护阶段

系统验收：将方案、实施文档、报告、验收测试文档等递交给评审专家、用户代表、集成商评审。

项目验收通过后，组织相关技术人员对用户的网络系统进行管理和维护，同时培训用户，直到用户能够独立管理和维护为止，将网络系统移交给用户管理和维护。

项目终结：将所有文档整理好汇总存档，同时跟踪用户，调研和调查用户的运行情况，为以后的集成项目总结经验。

8.2 用户调查与需求分析

8.2.1 用户调查

用户调查是网络需求分析阶段的首要工作，全面地了解用户建设网络的要求，或用户对原有网络升级改造的要求，是整个网络工程项目中的难点，因此，进行用户调查的网络工程人员要具有丰富的用户调查经验，全面掌握相应网络工程项目的细节，具有深入的数据分析能力、成本分析能力。

（1）用户调查的方式

①实地考察：这种方式是工程设计人员获得第一手资料采用的最直接的方法，也是必需的步骤。

②用户访谈：这种方法要求工程设计人员与招标单位的负责人通过面谈、电话交谈、电子邮件等方式获得需求信息。

③问卷调查：这种方法是工程设计人员事先提供一个规定格式的调查表格，向用户网络管理员或项目负责人，必要时可向具体应用部门的负责人、最终用户进行问卷调查，获取对网络应用的要求。

（2）用户调查的内容

①业务与组织机构调查

业务与组织机构调查指与用户方的主管人员、应用部门人员进行交流，主要获取下列信息：人员、时间节点（如开工和完工时间等）、投资规模、性能要求、业务增长率、业务活动、安全性要求、互联网连接方式、远程访问需求、电子商务需求等。

②用户调查

公司通过用户调查了解用户关注的内容，如信息传输是否有效、可靠，网络扩展性是否良好，网络建设的成本问题，网络故障能否接受等。

用户调查结束后，列出用户需求表。

③应用调查

应用调查就是调查清楚用户方建设网络的真正目的，现在和将来需要使用什么应用系统，如企业邮局、办公自动化、财务系统、视频会议、电子商务等。只有了解了用户的应用类型、数据量大小、数据源的重要程度、网络应用的安全及可靠性等，才能设计出适合用户实际需求的网络工程方案。

④计算机平台调查

计算机平台需求所涉及的范围有可靠性、有效性、安全性、响应速度、CPU、内存、硬盘容量、操作系统等，对于计算机平台而言，需要考虑未来2~3年的应用需求。

⑤综合布线调查

综合布线调查的目的是了解用户方建筑群的地理位置与几何中心、建筑群内的布线环境与几何中心，以便于确定网络的物理拓扑结构、综合布线系统预算。

8.2.2 需求分析

用户调查后根据收集到的信息进行用户需求分析，得出成本、效益报告，并以正式文件向项目负责人和用户提交需求分析报告。

（1）网络业务需求分析

业务需求分析的目标是明确企业的业务类型、应用系统软件种类及网络功能指标的要求。网络业务需求是企业建网中的首要环节，是进行网络规划与设计的基本依据。通过业务需求分析要为以下内容提供决策依据：

① 需实现或改进的企业网络功能有哪些。

② 需要集成的企业应用有哪些。

③ 是否需要电子邮件服务。

④ 带宽要求。

⑤ 是否需要视频服务。

⑥ 需要什么样的数据共享模式。

⑦ 计划投入的资金规模。

【例】下面是某公司网络业务需求分析信息：

（1）某代理国外机电产品的公司有一栋4层办公楼，分别设置研发一部和研发二部，每个部门30人（预计未来5年将增加到60人）。另外，公司设有人事部、营销部、企划部、财务部、总经理办公室等，总体员工人数在300人左右。

（2）公司在其他城市派驻7个办事处，负责产品销售、技术支持和产品调研，需要实时地给公司反馈新信息。

（3）为了适应办公信息化需要，节约办公经费，公司决定实施网络自动化办公，选择 Intranet 网络平台，在原有软件、硬件基础上开发网络自动化办公系统，并在将来实现电子商务（B2B）、客户关系管理（CRM）等。

（4）公司已有一套基于 C/S 模式的财务管理系统，为了保护已有投资，公司希望尽可能地保留原有设备和软件。

（2）网络管理需求分析

网络的管理是企业网络建设不可或缺的方面，网络是否按照设计目标提供稳定的服务主要依靠有效的网络管理。高效的管理策略能提高网络运营效率，因此在建网时需要考虑。网络管理的需求分析需要解决下列问题：

① 是否需要对网络进行远程管理。

② 选择哪个供应商的网管软件。

③ 选择哪个供应商的网络设备，其管理性能如何。

④ 是否需要跟踪、分析、处理网络运行信息。

⑤ 网络安全性需求分析。

例如，企业网络内部网络使用 VLAN 分段，隔离广播域，防止网络窃听和非授权用户跨网段访问；使用防火墙分割内部网和外部网，不允许外部用户访问内部 Web 服务器、财务数据库和办公自动化服务器等，内部网用户必须经过代理服务器转发数据包；远程接入户使用 VPN 方式访问总部网络，并且设定现在的远程用户可以访问的主机范围。

（3）网络扩展性分析

网络的扩展性是指新的部门能够简单方便地接入现有网络，新的应用系统也能够无缝地接入。在网络规划时，不但分析网络当前的技术指标，还需要估计网络未来增长，以满足新的需求，保证网络的稳定性，保护企业的投资。

网络扩展性有以下指标：

① 已有的网络设备和计算机资源有哪些。

② 企业需求的新的增长点有哪些。

③ 哪些设备需要更新和扩展。

④ 操作系统平台的升级性能。

（4）需求分析报告

在前期用户调查和需求分析的基础上形成一份报告，该需求分析报告要说明系统必须完成的功能和达到的性能要求。分析报告一般包含如下部分：

① 组织机构和现有网络的状况。

② 数据安全性要求。

③ 网络提供的应用和服务。

④ 各结点的地理分布及位置。

⑤ 网络扩展性、管理、操作性等要求。

⑥ 可行性分析及研究结论。

⑦ 投资与效益分析，风险预测。

8.3　网络规划与设计

公司在全面、详细地了解用户需求，并进行了用户现状分析和成本/效益评估后，在需求分析得到论证的前提下，公司就可以正式开始网络工程的规划与设计了。网络规划是网络建设过程中非常重要的环节，也是一个系统性的工程。网络规划以需求为基础，需要同时考虑技术和工程的可行性。网络设计将网络规划进一步深化，其中涉及网络具体实现问题，包括网络拓扑、地址规划、路由协议等。

8.3.1　网络规划

网络规划就是为即将建设的网络系统提供一套完整的设想与方案，网络规划对建立一个功能完善、安全可靠、性能优越的网络系统至关重要。

网络规划需要考虑以下几方面问题：

①网络协议。网络协议是网络规划的基础，每种协议都有自己的优缺点，如以太网协议比较简单，组网灵活，但是以太网在端对端的性能保证、Qos 等方面有很大的不足，所以以太网通常用于局域网。

②网络拓扑结构。星状拓扑、环状拓扑和总线型拓扑结构各有优缺点，在实际网络规划中，需要根据需求确定拓扑结构，如多种拓扑结构的组合。

③应用软件，包括操作系统，网络系统需要提供的各种服务，如 FTP、Web、电子邮件等，这就需要操作系统和应用程序的支持。从操作系统角度看，有 Windows、UNIX、Linux 等操作系统，可以从复杂度、成本和稳定性等方面加以考虑。

④网络的安全性。安全性是网络建设过程中不能忽视的重大问题。安全性包括物理安全性、设备安全性、信息安全性等多个方面。

⑤网络速率。网络速率的提高往往是以成本的提高和技术复杂度的提高为代价的，因此选择网络速率时，需综合考虑系统成本和实现的复杂度等要素。

⑥建设费用。用户希望以最低的代价获得最高的收益。

8.3.2 总体方案设计

公司根据网络规划完成网络工程总体设计方案。此方案作为网络工程的基本框架开展下一步详细设计。

（1）网络模式设计

公司在网络模式设计时，要根据需求分析全面地考虑网络的各种类型。目前，企业计算机网络工程包括两个方面：一方面指大型的工业、商业、金融、交通等企业领域中各类公司和企业的计算机网络工程；另一方面指各种科研、教育、政府部门等专有的计算机网络工程。常用的网络模式有以下几种：

①群组模式

这是一种在办公环境中用局域网技术组织计算机网络的模式，该模式的特点是用少量计算机组成一个局域网，提供属于办公室专用的网络平台。

②部门模式

这是属于一个部门范围内的局域网组网模式，在部门模式中存在多个相对独立的、分别属于不同专业群组的局域网，各局域网又以交换机和路由器互连，构建主干网，有自己的服务器和信息源，形成部门组的网络平台。

③企业模式

一个大中型企业的网络由多个部门模式的网络通过路由器互连而成。这些部门网络通过公网、专网或使用电信运营商提供的设备作为信息传输平台进行互连以达到各个站点共享网络资源和相互通信的目的。

（2）网络体系结构设计

网络体系结构设计是网络工程方案设计中最重要的内容之一，主要考虑以下两方面内容。

①传输方式和传输速率：是基带传输还是宽带传输，通信类型、通道数、数据传输速率。

②网络体系结构和拓扑结构：网络划分成几个子网，每个子网和网段连接哪些地方和哪些设备，网络客户端、服务器和互连设备的布置等。

按照分层结构规划拓扑网络时应遵循两条基本原则：网络中拓扑结构改变影响的区域应最小，路由器等核心设备传输信息尽量少。

当网络规模较大时，网络结构采用树状分层拓扑结构，其包括3层：核心层、汇聚层和接入层，如图8.3所示。

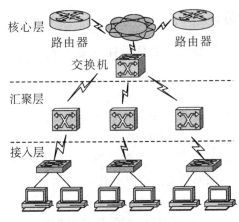

图 8.3　网络系统分层结构

核心层是主干网络部分，主要任务是数据包交换，有基于交换的核心层和基于路由的核心层，核心网络结点通常采用双环结构。

汇聚层是信息流量的汇聚点，是本地资源的集合，介于核心层和接入层之间，当信息点不多时，汇聚层可以省略。汇聚层的设计需要考虑支持网络的高接口密度、高性能、高可靠性等特性，应该与 QqS 机制、智能应用技术及安全性设计结合在一起。

接入层是用户进入网络的接入点，将网络接入互联网，执行网络访问控制。接入点与核心结点之间应具有连接可靠和容错功能。

分层拓扑结构设计的优点是流量从接入层流向核心层时，被聚集在高速链路上；流量从核心层流向接入层时，被分散到低速链路上。因此，接入层路由器可以采用较小的设备，它们交换数据包需要较少的时间，具备较强的执行网络策略的处理能力。

分层拓扑结构设计的缺点是在物理层内某个设备或某个失效的链路会使网络遭受严重的损坏，即单点故障。克服单点故障的方法是采用冗余手段，但这会导致网络复杂性的增大。

分层网络规划的特点如表 8.1 所示。

表 8.1　分层网络规划的特点

层次	目标	策略概述
核心层	交换速度	充分的可达性
		禁止内部网的默认地址
		禁止应用策略
		访问控制，禁止策略路由，减少处理器和内存的过载
汇聚层	隔离拓扑结构的变化	路由聚合
		屏蔽拓扑结构变化的隔离，隐藏核心层和接入层的细节
	控制路由表的大小	使核心层内部连接最小
	通信量的收敛	降低交换的复杂程度

表8.1(续)

层次	目标	策略概述
接入层	将数据接入网络	确保接入层路由器接收的连接数不会超出其汇聚层所允许的连接数
	访问控制	防止直通数据
		数据分组级别过滤
		包含标记数据的服务属性,关闭通道的其他边缘服务

分级结构设计的指导原则:选择最能满足需求的分级模型;不要把网络的各层完全网状化;不要把终端工作站安装在主干网上;通过把80%的通信量控制在本地工作组内部,使整个工作组 LAN 运行良好。

(3)网络的基本设备和类型

网络的基本设备主要包括工作站、网络适配器、各种服务器、集线器、交换机、路由器、共享设备、前端通信处理机、加密设备、测试设备、稳压器和不间断电源等。

根据采用的网络技术和网络应用的不同,各组成部件的要求也不同。在建设网络时需要充分考虑到公司或企业的经济实力,选择"经济、够用、适用"等性价比高的网络设备。

8.3.3 网络工程详细设计

网络工程详细设计是指在网络工程总体方案确定后,对网络结构、IP 地址规划与分配、网络冗余、网络工程布线、网络安全与管理等进行的具体设计。

(1)网络结构设计

设计本地网(子网)的拓扑结构要考虑3个问题:交换机的选址、客户机的分配和终端的布局。本地网一般采用星状拓扑结构,因为这种结构构建简单、连接容易,使用双绞线、网络接口卡和交换机即可架构一个局域网。这种结构的网络管理较简单,建设费用和管理费用较低,方便增加和减少计算机,易于扩充和管理,容易发现和排除故障。

(2)网络设备选择

根据网络产品的性能,将网络产品可以分为企业级、部门级、工作组级和 PC 局域网4个档次。

①核心交换机的选择

核心交换机采用模块化结构,以适应复杂的网络环境和网络应用,它具有强大的网络管理功能,可以实现 VLAN 间的通信、优先级队列服务和网络安全控制。同时,核心交换机的硬件冗余和软件的可伸缩性,也保证了网络的可靠运行。

②服务器的选择

服务器是网络系统的关键设备,一般有3种类型:PC 服务器、专用服务器和主机服务器。

PC 服务器:由高档 PC 担任,在局域网中使用得较多。

专用服务器:根据网络的数据传输、输入/输出信息交换和可靠性等要求设计的服

·203·

务器，有些采用多 CPU、多总线结构，关键部分采用容错技术，是目前网络中应用较多的设备。

主机服务器：在大中型网络中应用，具有高速率、大容量等优势，由超级小型机、中型机或大型机担任的服务器。

按服务器在网络中的作用，服务器分为文件服务器、数据库服务器、打印服务器和通信服务器等。

选择服务器时，应考虑几项主要参数：高性能 CPU、大容量存储器、高速率传输总线、高效的 SCSI 接口和系统容错功能等。

③网络互连设备的选择

网络互连设备从一般的中继器、集线器到高档路由器、LAN 交换机、FDDI 集线器和 ATM 交换机等，选择的余地很大。在选择这些设备时，既要注意采用先进的技术，又要考虑实际情况，避免由于系统设备的不配套而使其中先进设备的优势难以发挥。选择路由器和交换机时的主要指标：设备的端口类型和端口数量、支持的传输协议、连接 LAN 的传输速率、设备的时延、背板带宽等。

（3）网络软件的选择

①操作系统的选择

网络操作系统是网络信息系统的核心基础，常见的网络操作系统有 UNIX、Linux、Windows 2000、OS/2 等。

UNIX 是传统大、中、小型计算机使用的操作系统。UNIX 的可靠性高，稳定性好，功能强大，具有分时多用户、多进程、多任务的特点；网络通信功能强，安全级别高，遵守所有工业标准和开放系统标准。

Linux 是类似 UNIX 的免费网络操作系统，提供图形工作界面，内嵌 Internet 各种服务，支持多媒体，生产应用软件的大公司都支持 Linux 系统，并推出应用产品。

Windows 2000 是一个与硬件平台无关的服务器操作系统，支持多 CPU，网络互连方便，支持多种网络传输协议，可构成多平台异种操作系统互连广域网。

②应用软件的选择

应用软件主要包括数据库系统和信息服务相关软件。常用的数据库系统有 Oracle、SQL Server 和 Sybase 等，SQL Server 仅能在 Windows 上运行，而 Oracle 和 Sybase 不仅能在 Windows 上运行，还能在 UNIX 上运行。

常见的 Web、电子邮件、FTP 等信息服务软件，网络操作系统已经包含。用户使用的信息软件，如信息发布系统、办公自动化、各类 MS 及辅助决策软件，要根据用户需求购买或开发。

（4）网络协议的选择

局域网最常用的网络协议是 NetBEUI 和 TCP/IP。

NetBEUI 是为 IBM 开发的非路由协议，NetBEUI 不需要附加的网络地址和网络层头尾，就可以快速有效地应用于只有单个网络或整个环境都桥接起来的小工作组环境。

TCP/IP 允许用户与 Internet 完全连接，Internet 的普遍性使得 TCP/IP 被广泛应用，用户经常在没有意识到的情况下，就在计算机上安装了 TCP/IP。

随着 Internet 的普及，TCP/IP 的优势越来越明显，也越来越为大家所熟悉。由于

TCP/IP 采用地址来组织网络，因此利用 TCP/IP 可以很清晰地进行网络的布局、计算机的标识等，对更好地规划、管理和诊断网络都有很多好处。

（5）地址分配与子网设计

IP 地址空间分配需要与网络拓扑结构相适应，即要有效地利用地址空间，又要体现出网络的可扩展性和灵活性，还要考虑网络地址的可管理性。具体分配 IP 地址时需要遵循以下原则。

①体系化编址

体系化就是结构化、组织化，以企业的具体需求和组织结构为原则对整个网络地址进行有条理的规划。规划一般从大局、整体着手，然后按层次化结构由大到小划分。在网络工程实施前配置一张 IP 地址分配表，指出网络中各子网的相应网络 ID，指出各子网中的主要层次主要设备的网络 IP 地址，指出一般设备所在的网段，如表 8.2 所示。

表 8.2 IP 地址编址

子网	网络 ID	服务器地址	路由表地址	客户机网段
子网 1	192.168.1.0	192.168.1.1~192.168.1.5	192.168.1.10	192.168.1.11~192.168.1.254
子网 2	192.168.2.0	192.168.2.1~192.168.2.5	192.168.2.10	192.168.2.11~192.168.2.254
子网 3	192.168.3.0	192.168.3.1~192.168.3.5	192.168.3.10	192.168.3.11~192.168.3.254

体系化编址的原则是使相邻或者具有相同服务性质的主机或办公群落在连续的 IP 网段中，这样在各个区块边界 2 路由上便于进行有效的路由汇总，使整个网络的结构清晰，路由信息明确，也能减少路由器的路由表，使每个区域的地址与其他区域的地址相对独立，便于灵活管理。

使用分级地址设计来实现 IP 地址分配时，可以实现网络的可缩放性和稳定性要求。使用该模型的网络可以容纳数千个结点且具有非常高的稳定性。

目前 IPv4 网络正在向 IPv6 网络过渡，将来很长一段时间内 IPv4 会和 IPv6 共存，所以现在构建网络时要考虑其对 IPv6 的兼容性，选择支持 IPv6 的设备和系统，以降低升级过渡时的成本。

②静态和动态分配地址的选择

静态分配 IP 地址是为每个用户指派一个固定的 IP 地址，这需要管理员手工配置，适用于小型网络的 IP 设置。IP 地址不能重复，当主机位置发生变化时，需要释放 IP 地址，并重新分配新区域的 IP 地址和网络参数。这需要一张详细记录 IP 地址资源使用情况的表格，并且根据变动实时更新，否则容易造成 IP 地址冲突。

动态分配地址由 DHCP 服务器分配，DHCP 服务器为新接入的主机设定正确的 IP 地址、子网掩码、默认网关、DNS 等参数，在管理的工作量上比静态地址要少得多，网络规模越大越明显。但是如果网络中 DHCP 服务器出现故障，则整个网络会瘫痪，因此在很多网络中不是只有一台 DHCP 服务器，需要有一台备份 DHCP 服务器，可分担地址分配的工作量。

通过上述对比可以得知，大型企业和远程访问的网络适合动态地址分配，而小型企业网络和对外提供服务的主机适合静态地址分配。

（6）网络冗余设计

这是指重复配置某些网络设备或部件，当系统出现故障时，冗余的设备介入工作，承担已损网络设备的功能，为系统提供服务，减少宕机事件的发生。

（7）网络安全设计

网络安全既有技术方面的要求，又有管理方面的要求，两者相互补充，缺一不可。技术方面主要侧重于防范外部非法用户的攻击，管理方面侧重于内部人为因素的管理。如何有效地保护重要的信息数据、提高计算机网络系统的安全性已成为所有计算机网络应用必须考虑和必须解决的一个重要问题。

8.4 结构化综合布线系统

结构化综合布线系统是一项复杂的技术工程，应根据具体条件和具体要求进行设计、实施，一个网络工程的布线系统设计一般由以下八个步骤构成：

①绘制建筑物平面图：确定建筑群间距离。

②用户需求分析：确定每个楼宇信息点的数量及位置，确定通信使用的传输介质。

③布线系统结构设计：采用结构化布线。

④布线路由设计：确定线缆路由方式（管道法或托架法）。

⑤绘制布线施工图：当采用管道法，确定布线路由时，需要确定埋管时槽沟的宽度、深度，施工的特殊要求等。

⑥编制布线用料清单：确定线缆、管线、线槽、弯头、信息插座的型号数量等。

⑦工程实施：确定工程组织、工程施工、工程管理、文档管理、工程进度安排。

⑧工程维护：确定工程保修、工程扩展、设备更新。

（1）布线系统设计

在局域网中，以建筑物为单元的结构化布线系统，采用模块化结构的设计原则，规定了每个模块所涉及的区域和连接对象。EIA/TIA 568 标准将布线的建筑空间划分为 6 个作业区域，分别定义为设备间子系统、管理子系统、建筑群子系统、垂直干线子系统、水平布线子系统和工作区子系统，该标准还规定了各个子系统的技术要求。

这些子系统的功能相互独立，更改或变动其中任何一个子系统，不会影响其他子系统，这就为结构化布线系统的技术实施提供了较大的处理空间。

该标准规定结构化布线的拓扑结构必须为星状结构，限定双绞线水平电缆敷设长度的最大距离为 90 m，配线架和交换机之间跳接线的长度必须控制在 6 m 之内，而工作区中信息插座与终端设备的跳接线长度一般不超过 3 m。终端设备到系统连接设备端口之间的双绞线总长度必须控制在 100 m 以内。

（2）施工要求及技术

一般采用结构化布线，构成 3 级物理星状结构，点到点连接，任何一条线路故障均不影响其他线路的正常运行。第 1 级采用多模室外光纤到楼宇，第 2 级采用各个建筑物的楼宇交换机通过光缆与楼层交换机相连，第 3 级采用超 5 类 4 对双绞线从楼层交换机到桌面。布线施工结束后，用线缆测试仪（如 FLUKE DSP4000）对全系统的线缆性能进行测试。楼宇内布线如图8.4所示。

①设备间子系统

设备间子系统的作用是把公共系统的各种设备互连起来。依据传输介质类型的不同，通过配备光学或电气的配线架，实现建筑物内部和外部通信线路的转接。

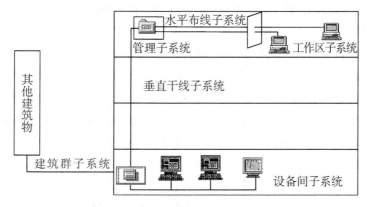

图8.4　楼宇内布线

设备间子系统位置的选择，兼顾垂直干线子系统和水平布线子系统的技术要求，以及建筑物内环境的电磁干扰等影响因素，应遵守下列条款：

· 为减少线缆浪费，尽量靠近弱电井或建筑物及综合布线系统干线的中间位置。

· 尽量靠近货运电梯，以便装运笨重设备。

· 尽量避免设在建筑物的高层或地下室及用水设备的下层。

· 尽量远离强振动源、强噪声源、易燃物、易爆物的场所。

· 尽量避开强电磁场的干扰源，远离有害气体源及存放易腐蚀物的场所。

②建筑群子系统

建筑群子系统的功能是实现建筑群中楼宇之间的连接。在建筑物之间，通过传输介质实现楼群通信设备之间的互连。建筑群子系统的有线连接方法有地下管道方式、地下开沟直埋方式和杆路架空方式，还可采用微波等无线通信手段。某学院校园网连接方法采用地下管道方式，连接线路有光缆和双绞线，以适应不同宽带要求的用户。同时预留了一个备用管道，并放一根线，供以后扩充使用。

外线一定要接入独立的配线架，铜缆要进行电气保护，以保护接入设备不受过电流、过电压的损坏，而光缆不必进行电气保护。

③管理子系统

管理子系统由建筑物各层的配线设备，如双绞线跳线架、光纤跳线架、机柜等组成。通过简单地改变配线架上跳线的顺序，即可改变布线系统的连接关系，灵活调整接入方式，满足更改、增减、转换和延伸扩展接入线路等多种管理要求，充分体现了结构化综合布线系统的开放性、灵活性和扩展性的技术优势。

为了给日后的维护提供数据依据，配线间的管理文档包括下列内容：

· 线间平面图，包括配线间位置与尺寸，电缆井、管道、桥架的位置，线缆进出走向路由图，配线柜位置与功能，网络通信设备的位置，配线间内各设备的互连方式。

· 线缆、模块及配线架的数量清单、位置、标签、对应连接点一览表。

·机柜配线图、楼层配线图、配线转接对应表。

·信息点分布图。

·配线修改记录表。

④垂直干线子系统

垂直干线子系统负责把来自核心楼宇交换机的信息传递到各楼层，同时汇聚各楼层信息到控制中心。

垂直干线子系统一般采用星状拓扑结构，以主配线架为中心结点，各楼层配线架为星结点，每条链路从中心结点到星结点都与其他链路相对独立。

⑤水平布线子系统

水平布线子系统是建筑物内楼层的分支系统，对应于垂直干线子系统。它的线路呈水平状分布在各个楼层的平面区域，提供各楼层建筑单元（用户工作区）与垂直主干线子系统的连接，即包括楼层配线架至工作区信息插座间的所有布线，实现了信息延伸到每个房间的每个角落的功能。

水平布线子系统通常采用星状结构，沿楼层地板、墙脚或吊顶走线。在整个布线系统中，水平布线子系统的布线工作量最大。

水平布线子系统总是在一个楼层上，并与工作区的信息插座连接。在结构化布线系统中，水平布线子系统的传输介质大多采用超 5 类的 8 芯 4 对非屏蔽双绞线，其传输速率可达到 100 Mb/s，基本满足应用系统的数据传输要求。光纤布线的造价比较高，但其带宽也高。此外，对处在最远位置的少数工作站或装置，其距离可能超过 100 m，则此时为这些装置安装光纤信道的成本可能更低，因为不必单独建立配线间，也不必安装有源硬件。

水平布线子系统有地板下 PVC 或金属暗管、屋顶金属桥架布线方式，而墙面有 PVC 线槽（管）或墙内预埋 PVC 或金属暗管布线方式，信息插座可固定在墙面或地面。

⑥工作区子系统

工作区子系统可支持电话机、数据终端、计算机、电视机、监视器及传感器等终端设备，或者将其简单地归结为插座、适配器、桌面跳线等的总称。工作区子系统中不同的终端设备要选择不同的适配器，使综合布线系统的输出与用户的终端设备保持完整的电器兼容。

（3）线路测试

①连通测试

在 UTP5 类线的连通性测试中，对于开路、短路、接错线（反接、错对）问题，我们可用一般万用表的电阻档测试。

②认证测试

线缆的认证测试是测试线缆的安装、电气特性、传输性能、设计、选材及施工质量情况。例如，测试 UTP5 类线缆的两端是否按照有关规定连接，线缆的走向如何等。

③故障原因分析

网络线缆故障分为两类：一类是连接故障，另一类是电气特性故障。连接故障多是由于施工工艺或对网络线缆的意外损伤造成的，如接线错误、短路、开路等；而电气特性故障则是线缆在信号传输过程中没有达到设计要求。影响电气特性的因素，除材料本身的质量外，还包括施工过程中线缆的过度弯曲、线缆捆绑太紧、过力拉伸和过度靠近干扰源等。

（4）网络运行测试

网络系统建成以后，往往需要有 1~3 个月的试运行期，进行系统总体性能的综合测试。通过系统综合测试，一是要充分暴露系统是否存在潜在的缺陷或薄弱环节，以便及时修复；二是检验系统的性能是否达到设计要求。在此期间，可以根据实际的运行状态，针对系统的初始化配置方案，做进一步优化和改进，以提高系统的运行效率。

一般在项目验收小组进行验收之前，项目承建单位应先进行自测，在自测没问题的前提下，才交由项目验收小组进行验收。

（5）网络工程验收

用户在验收时，应进行相应的抽检，以验证工程质量。项目验收的另一项工作就是工程文档的验收。工程文档既是项目建设的依据，又是施工建设的历史记录，其内容包括承建单位建设项目的全套规范文字、图表等文档资料，设计标准规范、技术方案、施工数量、设备及材料使用、剩余清单、网络拓扑结构图、测试报告、工程结算报告、审计报告及验收机构的验收报告等。

项目实践

1. 大学校园网系统规划方案

（1）需求分析

该大学有两个校区，学校校园网的总体建设目标是，利用先进实用的计算机技术和网络通信技术，建成覆盖全校、高速、高性能的计算机网络，实现网络在教学、管理、科研、通信等方面的资源共享。

（2）网络总体结构设计

根据上述需求决定网络的结构。目前各校园网络主要采用交换机连接，但是本校园网规模大，并且存在两个校区，且相距甚远，因此可采用双中心的多级星状结构，如图 8.5 所示

①网络结构

本校园网的核心采用 4 个万兆三层交换机，它们构成了高可靠性的冗余核心层系统，是整个校园网的骨干。图中每个校区采用 2 个万兆以太网交换机作为网络核心，提供高可靠的冗余设计。4 个交换机通过光纤连接，构成校园网的骨干。每个校区的汇聚层交换机同时连接到 2 个万兆交换机，以备某个交换机出现故障的时候，另一个交换机继续工作，保证教学科研活动的正常进行。所有重要的服务器都连接到骨干网上，以提供足够的访问带宽。校园网通过路由器连接教育网和公用网，用户可以访问校园网以外的资源。为了支持远程用户接入和校内用户访问外网，在路由器前端提供了一个远程接入 VPN 服务器和外网认证服务器。

②网络布线

校园网采用双绞线和光缆的综合布线技术，综合布线系统设计具体内容如下：

· 工作区子系统设计：主要是双绞线布线，按照 EIA/TIA 568-B 标准，布置用户

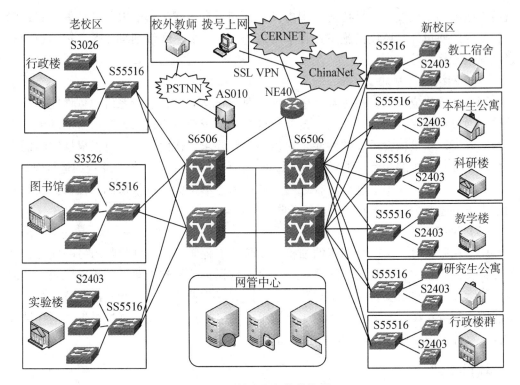

图 8.5　校园网拓扑结构图

的最终工作区。

·水平布线子系统设计：水平布线子系统通常采用超 5 类双绞线连接，需要考虑走线距离，并预留工作区连接长度。

·垂直干线子系统设计：实现中心配线架与楼层配线架、控制中心与管理子系统之间的连接，采用星状结构。通过弱电竖井统一布线，采用双绞线或者多模光纤连接。

·设备间子系统：其主要设备有数字程控交换机、计算机网络设备、服务器和控制主机等。这些设备一般通过一个机柜放在一起。

·管理子系统设计：其主要设备是配线架，实现垂直干线子系统和水平布线子系统的连接。

·建筑群子系统设计：根据地形条件，一般采用光纤，设计时需要预留一定的备用管孔。

（3）网络安全设计

对于校园网来说要做好如下 3 方面的网络安全措施：

①网络层安全防护：在网络与外界连接处实施网络访问控制，对来访者的身份进行验证，支持面向连接和非连接的通信，控制用户访问的网络资源和允许访问的日期、时间。

②系统安全防护：系统安全防护是指操作系统和应用系统的安全防护。主要包括漏洞扫描技术、操作系统用户认证、访问控制管理、病毒防范、Web 服务器的专门防护等。

③应用级安全保护

·制定健全的管理体制：根据学校自身实际情况制定安全操作流程、不安全事故的奖罚制度及安全管理人员的考查、增强用户的安全防范意识等。

·构建安全管理平台，组建安全管理子网，安装集中、统一的安全管理软件。

2. 大型网吧网络方案

（1）项目目标

大型网吧网络系统建设的主要目标是建设主干网带宽，千兆、百兆交换到桌面；同时在大型网吧的范围内建立一个以网络技术、计算机技术与现代信息技术为支撑的娱乐、管理平台，将现行以游戏网为主的活动发展到多功能娱乐平台上来，借此大幅度提高网吧竞争和盈利能力，建设成高档网吧，为吸引高端消费群打下强有力的基础。按照这一目标，大型网吧网络系统的主要目标和任务如下：

①在大型网吧管辖范围内，采用标准网络协议，结合应用需求，建立大型网吧内联网，并通过宽带网与 Internet 相连。

②在大型网吧内联网上建立支持娱乐活动的服务器群（包括 Web、FTP、DNS、流媒体服务器，16 频道有线电视转播服务器组、各种游戏网服务器等），具有信息共享、传递迅速、使用方便、效率高等特点的处理系统。

（2）网络拓扑结构

①方案要求

·从组网结构上来说，大型网吧要实现分区管理，该网吧主要分为两个大区：普通区和 VIP 区。

·从设备选购上来说，组建大型网吧网络的成本不是最重要的问题，提供质量更高、服务更好的网络才是最重要的，但是由于网吧一次性资金投入大，设备折旧快，因此也要注重实效，坚持实用、经济的原则。设备的可扩张性和易维护性，对于大型网吧来说也是相当重要的。

②最佳接入方式

·宽带接入选择双光纤接入或多条 ADSL 接入应该可以满足客户的使用需求；但是对于规模更大、定位更高的大型网吧来说，采用多种接入方式组合的形式可以获得更理想的效果，这样不但可以起到很好的线路备援作用，而且可以合理地调用不同网络运营商提供的服务，更有利于网吧实现分区服务，让消费者体验到不同服务区的不同享受。

·选择运营商。目前中国运营商主要是电信与网通，从网络资源来说，电信和网通都有很高的带宽，但是两者互连是一个短时间内难以解决的问题，因此同时选择连接两个网络是较好的选择。

③组网方案

该网络的基本网络路径采用的是现在大型网吧常用的方案，即双光纤接入：Internet —光纤收发器—多 WAN 接口宽带路由器—千兆交换机—服务器；千兆交换机—VIP 区；千兆交换机—普通区。

因为这是千兆的网络，所以各设备之间实现网络互连应采用超 5 类或以上的非屏蔽双绞线。大型网吧的网络拓扑结构如图 8.6 所示。

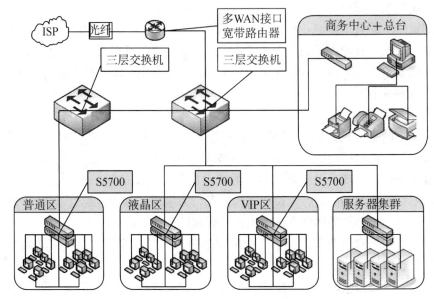

图 8.6 网吧网络拓扑结构图

（3）软硬件设计

①广域网方案

将部分服务器接入 Internet 中，再加入一台上网代理服务器，以控制网吧用户上网的权限和流量。

②主干交换机的选择

主干网络数据量大，交换机采用华为 S9306。它属于华为 Quidway S9300 系列高端核心路由交换机，能实现高清视频流承载、大容量无线网络、弹性云计算、硬件 IPv6、一体化安全等业务应用，同时具备强大的扩展性和可靠性。

③汇聚交换机的选择

汇聚层交换机选择华为 S5700-24TP-SI。它具备大容量、高密度千兆接口，可提供万兆上行传输速率，充分满足客户对高密度千兆和万兆设备的需求。

④宽带路由器的选择

宽带路由器采用 H3C MSR 50-60。H3C MSR 50 系列产品可以为大型网吧提供高性能一体化网络方案，也可以作为大中型企业的核心网络设备，完成数据、语音、视频等多种流量的广域网交互。

⑤服务器的选择

这里选用长城至翔 S320 服务器。它是一款性能卓越的服务器，易于部署为邮件服务器、Proxy 服务器、Web 服务器、数据库服务器及其他应用服务器等，适用于对服务器系统可用性、可靠性均有高要求的场合。

⑥UPS 不间断电源

在停电和电压不稳定的情况下，UPS 不间断电源能为服务器和交换机等设备提供高质量的电力供应，保证网吧服务不中断。

⑦操作系统的选择

服务器操作系统采用 Windows Server 2003，其他客户机使用 Windows 7 操作系统。

⑧网管软件的选择

网管软件使用 LaneCat 网猫网管软件。

（4）系统验收

系统验收分为网络测试和系统测试，网络测试从硬件的局部到整体进行测试验收，内容包括：加电测试、部件冗余测试，系统测试包括网吧软件与硬件兼容测试、运行参数达标测试等。测试过程用表格记录，留存备案。

3. 中高端居民小区网络建设方案

（1）项目目标

随着生活节奏的加速，生活质量的提高，人们需要更快的信息传输平台，所以一个高效、安全的网络是人们生活中不可或缺的，数字化小区、网上小区已被人们熟悉，住宅小区正在走向全面的信息化。

小区网络系统在总体上需满足以下几个原则：

①结构化

小区内部局域网采用结构化的设计模式。当某部分功能要求有所变化时，我们只需要针对相应的功能结构进行重新设计和改造升级，对网络的其他组成结构和网络的主干没有任何影响。

②安全性

为了保证用户使用安全，避免互相干扰，网络系统应支持多 VLAN 的划分，并能在 VLAN 之间进行第三层交换时进行有效的安全控制，核心层部署硬件防火墙，保护整个小区的网络安全，分布层部署软件防火墙，保护各个服务器上的数据安全。

③高可管理性

为方便施工以及验收，乃至以后的维护，网络系统应注意保证整个系统的可管理性。

④高性能

在小区内部局域网中，其不仅要求网络主干是高带宽的，作为一个网络的基础，接入层设备也应该达到高速（1Gbps）。

⑤可扩展性和可升级性

⑥标准协议支持

网络系统应支持标准协议 IP，是一个开放型的网络，支持各种协议的互联。

⑦符合国际标准

（2）网络的结构化设计

层次在网络设计中的作用类似于生活中的层次。采用正确的层次，就能使网络有可预测性，具有帮助定义区域的功能。小区网络的主要层次包括：接入层（交换）、汇聚层（路由）、核心层（骨干）。

（3）网络的拓扑结构

由于小区分为别墅区与普通住宅，小区网络内物理设施的建设不规律，这会导致内部节点以及网络布线等不规律，采用的信息传播方式也有不同，所以我们采用混合拓扑结构，以弥补其他拓扑的不足之处。该居民小区网络拓扑图如 8.7 所示。

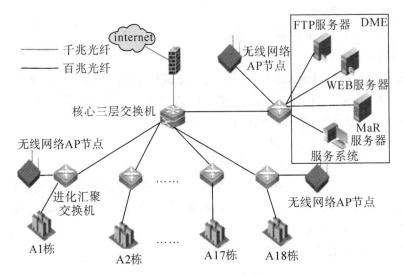

图 8.7　居民小区网络拓扑图

（4）软硬件设计

结合小区网络系统覆盖面积大，计算机节点分散，数据交换频繁和实时性要求高等特点，在小区网络设计中选择千兆以太网技术，考虑到三层交换技术的各种优势，在网络设计中将选用三层交换技术，采用 VPN 的接入方式支持小区内部网络通信。

因为考虑到小区网络结构较复杂，并且在网络协议的选择方面要考虑到稳定和简便，所以本次设计选取 RIP-2 作为路由协议。

选择设备要尽量考虑到小区网络规划的目的及未来的可扩展能力，从安全性、可靠性等多方面来考虑。成熟实用的产品以及开放先进的技术是我们选择网络设备首先也是必须考虑的问题。

在此设计中，我们选择锐捷 2 RG-S8610 基于十万兆网络平台的 RG-S8610 网络核心路由交换机。

汇聚层节点必须提供全线速交换数据，确保顺利接入节点和核心节点的数据交换，同时，当网络流量大时，保证关键业务的服务质量。本小区网络汇聚层选用的 RG-S5750-E 系列交换机是锐捷网络推出的融合了高性能、多业务、高安全的新一代三层交换机。

对于小区网络接入节点的交换机，我们必须考虑到安全接入控制、QOS 服务质量保证、组播支持等技术。所以选择锐捷网络推出的锐捷网络睿翼 RG-S2928G-S-P 系列交换机。

防火墙在网络安全的实现当中一直扮演着重要的角色。本次小区选择锐捷网络 RG-WALL 1600 系列下一代防火墙，让用户的网络更加安全、高效、稳定、可靠。

（5）项目验收

成立项目验收小组进行项目验收。项目验收小组由施工单位和甲方人员共同组成。验收内容应包括实地勘察、检查竣工资料和抽查测试数据等。

4. 大型企业网络规划方案

（1）项目目标

当今社会已步入信息社会，信息化已成为当今世界潮流。对于大型企业而言，信息化在企业经营中发挥着举足轻重的作用，企业的运作融入计算机网络，企业的沟通、应用、财务、决策、会议等数据流都在企业网络上传输，构建一个"安全可靠、性能卓越、管理方便"的高品质大型企业网络已经成为企业信息化建设成功的关键。

高品质的大型企业网络应达到：将计算机网络系统集成为一体化的综合信息网络；符合用户当前和长远的通信要求；系统遵循国际国内标准；系统采用国际标准（EIA/TIA568A标准）建议的分层星形拓扑结构；系统要立足开放原则，既支持集中式网络又支持分布式网络系统，如CLIENT/SERVER；系统的信息出口采用标准的RJ45插座；系统支持各种不同类型、不同厂商的计算机和网络产品；系统应符合综合业务数字网络ISDN的要求，以便于与国际、国内其他网络互联；系统支持楼宇控制、保安监控系统等。

（2）网络拓扑结构

在企业计算机网络系统设计中，我们采用分层设计方法，将网络拓扑结构划分为3个层次，即核心层、汇聚层和接入层。

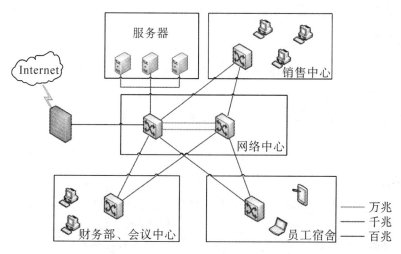

图8.8　企业网络拓扑结构图

（3）企业网络方案设计

骨干核心网络设计：方案采用VRRP（虚拟路由器冗余协议）。各个业务VLAN可以指向这个虚拟的IP地址作为网关，因此我们应用VRRP技术为核心交换机提供一个可靠的网关地址，以实现在核心层核心交换机之间进行设备的硬件冗余，一主两备，共用一个虚拟的IP地址和MAC地址，通过内部的协议传输机制可以自动进行工作角色的切换。双引擎、双电源的设计为网络高效处理大量集中的数据提供了可靠的保障。

核心层网络设计：大型企业生产办公网络的核心层网络主要完成园区内各汇聚层设备之间的数据交换和与骨干核心层网络之间的路由转发。核心层是网络互联的最高层次，应具有如下能力：核心设备之间应该具有最高速的链路；比较粗的QoS控制粒度；最高的路由前缀；为网络其他模块提供互联。在联合公司自动化系统中，核心层为各区域配线间汇聚层交换机以及服务器汇聚交换机之间提供互联。

汇聚层网络设计：汇聚层网络主要完成企业各园区内办公楼宇和相关单位的内接入交换机的汇聚及数据交换和VLAN终结，汇聚层是核心层和接入层的连接模块，主要功能如下：细到粗 QoS 粒度的转换；提供到核心的路由合并；提供到访问层的路由过滤。联合公司自动化系统的汇聚层，主要是为各个配线间以及服务器群的中心网络设备提供接入层设备的集中和核心层链路的接入。

接入层网络设计：接入层是面向最终用户的设备，采用多层网络的设计方法，接入层为终端用户提供 10/100M 交换端口，并提供到网络汇聚层的上联链路。各个楼层的终端设备或局域网络全部通过接入层进入网络系统，网络汇聚层聚集配线间内所有的接入交换机，提供千兆链路连接到核心层网络中，并采用第二和第三层交换技术来划分网段（工作组），方案设计将第三层交换设计在汇聚层上，以提升虚拟网络之间的互通能力。

广域网互联设计：采用模块化和可扩充的网络体系结构来解决局域网络设计的方面的挑战。

IP 地址规划原则：IP 地址构成了整个 Internet 的基础，IP 地址资源是整个 Internet 的基本核心资源，对企业园区网 IP 地址编址设计和分配利用时，遵循的原则：自治、有序、可持续性、可聚合、闲置 IP 地址回收利用、为了省去管理人员经常帮用户配置 IP 地址，使用 DHCP 服务器，动态获取 IP。

分组讨论

把全班同学分成 3~4 人的学习小组，讨论下列问题并提交讨论报告。

1. 描述网络工程的实施步骤？以一个案例加以说明。

2. 网络调试和验收过程中应当注意哪些问题？

习题

一、单选题

1. （　　）是从整体出发，合理规划、设计、实施和运用计算机网络的工程技术。

    A. 网络工程   B. 软件工程

    C. 网络系统集成   D. 综合布线技术

2. 网络工程是否立项的重要过程是（　　）。

    A. 需求分析   B. 市场调研

    C. 用户调查   D. 项目成本

3. 网络设备选型要突出（　　）。

    A. 便宜   B. 实用、好用、够用的原则

    C. 一步到位   D. 体积小

4. 需求分析中需要编写的文档主要是（　　）。

    A. 网络工程解决方案设计书   B. 需求调查分析报告

    C. 可行性研究报告   D. 用户调查报告

5. 一个网络项目的确立是建立在各种需求之上的，这种需求来自（　　）及自身发展的需求。

    A. 市场需求   B. 网络工程师的需求

    C. 开发人员需求   D. 用户工作需求

6. 当前网络常采用典型的核心层+汇聚层+接入层的 3 层结构，核心层和汇聚层采用（　　）。

    A. 二层交换机　　　　　　　　　　B. 路由器

    C. 网桥　　　　　　　　　　　　　D. 三层交换机

7. 一个集团要实现任何区域、任何时间均能上网，可行的办法是（　　）。

    A. 有线网　　　　　　　　　　　　B. 无线网

    C. 有线网与无线网的结合　　　　　D. 有线网或无线网

8. 任何一个网络系统集成都可以从（　　）和商业风险分析两个角度进行风险分析。

    A. 技术风险分析　　　　　　　　　B. 主观因素分析

    C. 客观因素分析　　　　　　　　　D. 网络系统分析

9. 网络建设项目的总成本为网络系统集成成本、网络运行管理和（　　）之和。

    A. 技术　　　　　　　　　　　　　B. 环境

    C. 维护成本　　　　　　　　　　　D. 人员熟练程度

10. 网络操作系统除了应具备通常操作系统的功能外，还应具有（　　）功能。

    A. 文件管理　　　　　　　　　　　B. 网络通信、网络服务

    C. 处理机管理　　　　　　　　　　D. 设备管理、存储器管理

二、多选题

1. 网络系统集成的为（　　）。

    A. 网络工程设计阶段　　　　　　　B. 网络工程实施阶段

    C. 网络工程验收和维护阶段　　　　D. 网络工程排错阶段

2. 网络工程验收包括（　　）几个方面。

    A. 系统工程总结　　　　　　　　　B. 系统验收

    C. 系统维护与服务　　　　　　　　D. 项目终结

3. 网络系统集成主要朝着（　　）的方向发展。

    A. 互联　　　　　　　　　　　　　B. 高速

    C. 大规模　　　　　　　　　　　　D. 小规模

4. 网络系统集成包括 3 个方面：（　　）。

    A. 网络软硬件产品集成　　　　　　B. 网络技术集成

    C. 网络应用集成　　　　　　　　　D. 网络工程

5. 网络系统集成的层面主要包含（　　）。

    A. 网络软硬件产品的集成　　　　　B. 网络技术的集成

    C. 网络应用的集成　　　　　　　　D. 网络管理的集成

三、简答题

1. 什么是网络工程？系统集成、网络系统集成与网络工程之间的关系是什么？

2. 用户需求调查的方式主要有哪几种？简述用户需求调查的内容。

3. 通常投标人应当具备哪些条件？

4. 组网工程技术文件格式一般应包含哪几部分？

5. 网络建设的一般原则是什么？

6. 配线间的管理文档有哪些？

项目 9

计算机网络新技术

项目任务

1. 多端口路由器互联。
2. 设置 IP SAN 网络存储。
3. 初识云计算。
4. 安装云计算服务器。

知识要点

➢第 3 层交换。
➢网络存储。
➢物联网。
➢云计算。

计算机网络是迄今为止对人类社会影响最为深刻、最为广泛的技术。它在对人类做出重要贡献的同时，自身也在飞速发展。这种发展的动力主要来自 3 个方面："瓶颈"驱动、市场竞争和细化的技术分工。

计算机网络的新技术很多，本章仅介绍几种已经成熟的技术，以引起读者对新技术的关注和兴趣。

9.1 第 3 层交换

9.1.1 第 3 层交换的提出

随着 Internet 的迅速发展，路由器开始成为关键性的网络设备，它有如下功能：
①网络分段：把一个网络分成一些子网。
②异种网络互连：在不同的网络之间实现互连。

③路径选择：为数据包选择合适的路径。

④隔离广播风暴：在 LAN 之间阻止广播流量，减少整个网络的广播流量，以避免形成广播风暴。

⑤信息过滤、防火墙功能及网络管理：动态地监视每个用户的业务流，并利用动态滤波技术实现防火墙功能；给不同的协议设置不同的优先权，合理地调整网络的性能。

路由器处在 OSI 参考模型中的第 3 层，其工作过程如下：每接收到一个数据包（包括广播信息），首先要将第 2 层数据包拆包，查看第 3 层的地址信息；然后根据路由表确定路由，并检查安全访问表，确定可以转发后，再打包成第 2 层的数据包，进行转发。若查不到转发路由或安全访问表不允许通过，则应立即将该包丢弃，同时向源站点返回一个消息。

这样的拆包—打包—转发的复杂处理过程，要一个包一个包地进行，即使是由同一源地址发往同一目的地址的数据包也不例外。显然，它不可能有太高的吞吐量。随着网络流量的加大，路由器将成为网络瓶颈。第 3 层交换就是针对这一问题提出的解决方案，其目的是要实现网络模型第 3 层上数据包的高速转发。第 3 层交换技术的出现，解决了局域网中网段划分之后，子网必须依赖路由器进行管理的局面，解决了传统路由器执行过程复杂、速度低所造成的网络瓶颈问题。

在今天的网络建设中，新出现的三层交换机已成为我们的首选。它以其高效的性能、优良的性能价格比得到用户的认可和赞许。目前，三层交换机在企业网/校园网建设、智能社区接入等等许多场合中得到了大量的应用，市场的需求和技术的更新推动这种应用向纵深发展。

9.1.2　第 3 层交换的基本原理和实现途径

（1）第 3 层交换的基本原理

所谓第 3 层交换是 2 层交换技术+三层转发技术，就是用一个带有第 3 层路由功能的第 2 层交换机代替路由器。第 3 层交换设备的基本原理实际上是一种利用第 3 层协议中的信息来加强第 2 层交换功能的机制。其目标是尽量在第 2 层上进行交换，以绕过路由，改善网络性能。

假设两个使用 IP 的站点 A、B 通过第 3 层交换机进行通信，发送站点 A 在开始发送时把自己的 IP 地址与 B 站的 IP 地址进行比较，判断站点 B 是否与自己在同一子网内。若目的站点 B 与发送站点 A 在同一子网内，则进行二层交换。若两个站点不在同一子网内，如发送站点 A 要与目的站点 B 通信，则发送站点 A 要向"默认网关"发出 ARP 请求，而"默认网关"的 IP 地址其实是三层交换机的三层交换模块。当发送站点 A 对"默认网关"的 IP 地址广播一个 ARP 请求时，如果三层交换模块在以前的通信过程中已经知道站点 B 的 MAC 地址，则向发送站点 A 回复 B 的 MAC 地址；否则，三层交换模块根据路由信息向站点 B 广播一个 ARP 请求，站点 B 得到此 ARP 请求后向三层交换模块回复其 MAC 地址，三层交换模块保存此地址并回复给发送站点 A，同时将站点 B 的 MAC 地址发送到二层交换引擎的 MAC 地址表中。此后，A 向 B 发送的数据包便全部交给二层交换处理，信息得以高速交换。由于仅在路由过程中需要三层处理，绝大部分数据都通过二层交换转发，因此三层交换机的速度很快，接近二层交换机的速度，同时比相同作用路由器的价格低很多。

（2）第 3 层交换的实现途径

第 3 层交换机的实现技术可以根据其处理数据的不同而分为纯硬件和纯软件两大类。

①纯硬件的第 3 层交换技术

纯硬件的第 3 层技术的基本原理如图 9.1 所示。它采用 ASIC 芯片，通过硬件方式进行路由表的查找和刷新。

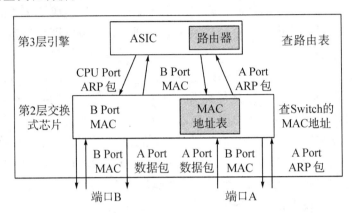

图 9.1　基于硬件的第 3 层交换机的实现

当数据由接口的芯片接收进来以后，交换机首先在第 2 层交换芯片中查找相应的目的 MAC 地址，如果查到，则进行二层转发，否则将数据送至第 3 层引擎。在第 3 层引擎中，ASIC 芯片查找相应的路由表信息，与数据的目的 IP 地址相比较，然后发送 ARP 数据包到目的主机，得到该主机的 MAC 地址，将 MAC 地址发到第 2 层芯片，由第 2 层芯片转发该数据包。

这种技术相对来说比较复杂，成本高，但是速度快、性能好、带负载能力强。

②基于软件的第 3 层交换技术

基于软件的第 3 层交换机的基本原理如图 9.2 所示，它采用软件的方式查找路由表。

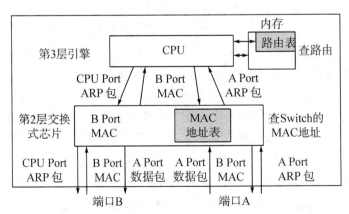

图 9.2　基于软件的第 3 层交换机实现

当数据由接口芯片接收进来以后，交换机首先在第 2 层交换芯片中查找相应的目的 MAC 地址，如果查到，就进行二层转发，否则将数据送至 CPU。CPU 查找相应的路由表信息，与数据的目的 IP 地址相比较，然后发送 ARP 数据包到目的主机得到该主机的 MAC 地址，将 MAC 地址发到第 2 层芯片，由第 2 层芯片转发该数据。因为低价 CPU 处理速度较慢，因此这种三层交换处理速度较慢。

这种实现方式技术较简单，但速度较慢，不适合用在主干网上。

（3）第 3 层交换解决方案

在第 3 层交换机产品开发时，不同的厂商有不同的解决方案。目前，已经提出的第 3 层交换技术如下：Ipsilon 提出的在 ATM 网中传送 IP 数据报的 IP 交换（IP switch）、Cisco 提出的标签交换（tag switch）、IBM 提出的基于集中路由的 IP 交换技术（aggregate route based IP switching，ARIS）和 IETF 制定的多协议标记交换（multi- protocol label switching，MPLS）。

①IP 交换

IP 交换技术的核心是 IP 交换机。如图 9.3 所示，IP 交换机由 ATM 交换机硬件和 lP 交换控制器组成。一个计算机网络可以由多个这样的 IP 交换机通过 ATM 骨干网组成。ATM 交换机硬件和 IP 交换控制器之间通过一个 ATM 接口相连，使用通用交换管理协议（general switch management protocol，GSMP）控制 ATM 交换机的建立和拆除。IP 交换机之间使用 IP 流量管理协议（IP flow management protocol，IFMP）在两个 IP 交换机之间传输数据。

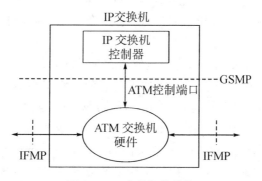

图 9.3 IP 交换机的结构

IP 交换的基础是流。流是从 ATM 交换机输入端口输入的一系列有先后顺序的 IP 数据报，它由 IP 交换控制器的路由软件处理。IP 交换控制器的主要任务是对输入的数据流进行分类，即根据包头中的源 IP 地址、目的 IP 地址和端口号等信息来区分 IP 数据报。目前，定义了如下两大类数据流：

·持续时间长、业务量大的用户数据流，如 FTP 数据、Telnet 数据、HTTP 数据、多介质音频与视频数据等。

·持续时间短、业务量小、呈突发分布的用户数据流，如域名服务的请求和应答、SMTP 数据、SNMP 数据等。

IP 交换机通过对数据流分类来判断是否有必要对一种数据流以交换方式进行数据转发：对持续时间长、业务量大的用户数据流，可以直接以 ATM 高速交换方式进行数据转发；对于持续时间短、业务量小、呈突发分布的用户数据流，可采用传统路由器的逐站方式进行转发。此外，对超过一定门限值的数据流也会请求进行交换转发。显然，IP 交换机的优势在于提高了持续时间长、业务量大的用户数据流的处理效率。

②标签交换

标签是被附加在数据包中的一种短而长度固定的数字，数字本身与地址（如 IP 地址）无直接联系，且只有本地意义。它可以在各种不同的物理介质上使用。如图 9.4 所示，不同的介质上使的标签是不同的。在 ATM 中应用时，标签长度为 16 位；在 PPP 和 LAN 中应用时，标签长度为 9 位。

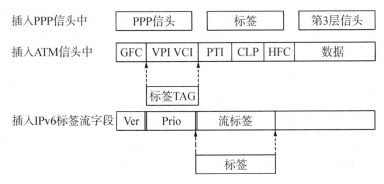

图 9.4　不同介质上的标签

标签被加在第 2 层或第 3 层的数据包的头结构中。标签交换的宗旨是最大限度地利用路由技术和 ATM 交换技术的优点，是一种用路由器实现 IP 交换的技术。在标签交换中，用标签匹配替换了目的 IP 地址匹配，这样做缩短了匹配长度，并使数据库中条目的分布由无序变为有序，有利于硬件处理。

如图 9.5 所示，一个具有 3 层标签交换功能的网络主要由边界路由器、三层交换机和标签分布协议组成。边界路由器是增加了标签分配和识别功能的传统路由器，负责将路由 IP 数据报（如未打标签的 IP 分组）转换成标签交换 IP 数据报进行传递。标签交换机是以标签来标识和转发数据的交换机（在 ATM 交换机中，VCI/VPI 的值也可以看作一种标签），它根据捆绑好的标签以交换的方式进行数据转发。标签分布协议提供了标签交换机与标签边界路由器进行标签交换的方式，与标准的网络层路由协议相结合，在标签交换网络的各设备间分发标签信息。与标准的 ATM 不同，标签分布协议没有呼叫建立过程。在标签交换机中，还设立了一个标签传递信息库，用于存放标签传递的相关信息，每个入口标签对应一个信息项，每个项内包括出口标签、出口端口号、出口链路层等信息字段。

标签交换的过程如下：

·标签分布协议和路由协议建立路由和标签映射表。

·标签边界路由器接收 IP 数据报，实现第 3 层增值业务，并把标签加入每个 IP 数据报中。

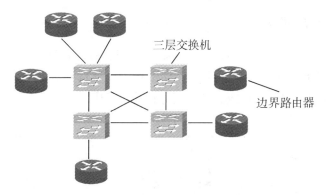

图 9.5 3 层标签交换网络的构成

·标签交换机根据标签对 IP 数据报进行交换。

·在输出端的标签边界路由器中去掉 IP 数据报中的标签，并发送 IP 数据报。

（4）第三层交换的优点

①提高了网络效率：第三层交换机通过允许网络管理员在第二层 VLAN 进行路由业务，确保将第二层广播控制在一个 VLAN 内，降低了业务量负载。

②可持续发展：由于 OSI 层模型的分层特点，第三层交换机能够创建更加易于扩展和维护的更大规模的网络。

③更加广泛的拓扑选择：基于路由器的网络支持任何拓扑，并能更轻易超过类似第二层交换网络的更大规模和复杂程度。

④工作组和服务器安全：第三层设备能根据第三层网络地址创建接入策略，这允许网络管理员控制和阻塞某些 VLAN 到 VLAN 通信，阻塞某些 IP 地址，甚至能防止某些子网访问特定的信息。

⑤更加优异的性能：通过使用先进的 ASIC 技术，第三层交换机可提供远远高于基于软件的传统路由器的性能。比如，每秒 4 000 万个数据包对每秒 30 万个数据包。第三层交换机为千兆网络这样的带宽密集型基础架构提供了所需的路由性能。因此，第三层交换机可以部署在网络中许多具有更高战略意义的位置。

9.2 网络存储

信息网络应用的核心是实现资源的全面共享。随着信息网络应用的急增，网络中的数据量会暴增，即"数据爆炸"。

"数据爆炸"要求网络有更低成本、更缜密的管理和维护的数据存储架构。如何有效地存储、管理和共享数据，已成为网络资源共享能否顺利进行的关键。网络存储（Network Storage）是数据存储的一种方式，目前有 3 种网络存储共享技术，分别是：

基于服务器连接存储（server attached storage，SAS）、网络附加存储（network attached storage，NAS）、存储局域网（storage area network，SAN）。

9.2.1 SAS 存储结构

SAS 也称直接存储系统（direct access storage，DAS），是目前大部分园区网采用的存储方式。如图 9.6 所示，在这种网络存储结构中，数据被存储在各服务器的磁盘簇（just a bunch of disks，JBOD）或磁盘阵列等存储设备中。

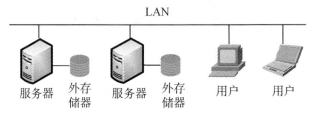

图 9.6　SAS 存储结构

SAS 是最早在网络中采用的存储系统，存取速度快，建立方便。但是，它有如下明显问题。

（1）单点错误问题

当网络中某个设备出现故障时，整个网络都会因此无法正常工作。克服单点错误的措施是使多个服务器共享一个存储系统，形成如图 9.7 所示的直接连接共享式存储系统。

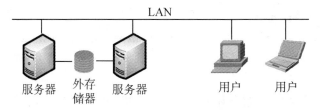

图 9.7　直接连接共享式存储结构

（2）扩展困难

尽管通过添加设备可以将存储容量提高到上千字节，但是由于各种计算机外部设备（如存储设备、打印机、扫描仪等）都连接在通用服务器上，而标准计算机可连接存储设备的接口有限，因此添加设备往往需要较高的费用。同时，由于添加设备后会出现所有服务器都试图访问存储设备的情形，这势必导致网络拥塞，使可靠性、安全性和稳定性变差。因此，这种资源网络存储比较适用于小型企业，不适用于数据吞吐量较大、并发用户数量较多的园区网的资源共享。

9.2.2 NAS 存储结构

NAS 是以实现存储功能时不消耗大量网络带宽为目的开发的一种完全脱离服务器即可直接上网的存储设备。如图 9.8 所示，它通过在网络中安装一种只负责实现文件输入/输出操作的设施，把任务优化的存储设备直接连接在网上，使数据的存储与数据的处理相分离；文件服务器只用于数据的存储，主服务器只用于数据的处理。

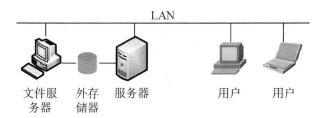

图 9.8　NAS 存储结构

NAS 存储系统的设计和实现具有如下优点：

①实现简单。

②数据的存储与处理相分离，不仅消除了网络中的带宽瓶颈，还使得即使网络服务器发生崩溃，用户仍能照常访问 NAS 中的资源；即使 NAS 发生了故障，网络中与主服务器相关的其他操作也不会受到影响，甚至在替换或更新存储设备时不必关闭整个网络。

③部件拥有一个在整个网络中唯一的地址。用户可以通过网络共享 NAS 设备中的数据，从而获得更高的共享效率和更低的存储成本。

④NAS 不依赖于通用的操作系统，而采用了瘦服务器（thin server）技术，只保留了通用操作系统中用于数据共享的文件和网络连接协议，使 CPU、内存和输入/输出总线完全用于信息资源的存储、管理和共享，与服务器相比，数据的吞吐量提高了 5 ~ 10 倍，达到 75Mb/s ~ 80Mb/s。

NAS 是一种成本较低，易于安装、易于管理、易于扩展，使用性能和可靠性均较高的资源存储和共享解决方案。但是，由于带宽的限制，网络速度比较慢。

9.2.3　SAN 存储结构

（1）问题的提出

SAS 和 NAS 在访问存储设备时，必须经过 LAN。而在 LAN 中，不仅要接多台服务器和大量客户机端的设备，还要连接存储设备，协调 C/S 数据。随着系统规模的增大，LAN 的负荷也在不断增加。随着备份数据及数据复制需求的"爆炸性"增长，服务器间经由 LAN 相互频繁地进行访问，数据部分也要经过 LAN 不断地进行复制和共享，而连接服务器与存储器设备的 SCSI 接口由于有限的距离、有限的连接、有限的潜在带宽等不足，容易因超载造成技术瓶颈。

（2）SAN 的结构

SAN 是用来连接服务器和存储装置（大容量磁盘阵列和备份磁带库等）的专用网络。这些连接基于固有光纤通道和 SCSI——通过 SCSI 到光纤通道转换器和网关，一个或多个光纤通道交换机在主服务器与存储设备之间提供连接，形成一种特殊的高速网络。如果把 LAN 当作第一网络，则 SAN 就是第二网络。它置于 LAN 之下，但又不涉及 LAN 的具体操作。图 9.9 所示为 SAN 存储结构。

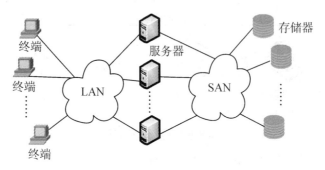

图 9.9　SAN 存储结构

由图 9.9 可以看出，在 SAN 中，所有服务器不再是通过 LAN，而是通过 SAN 直接访问任意存储装置的，从而摆脱了 LAN 由于超载形成的技术瓶颈。

（3）SAN 的特点

①SAN 使用光纤通道调节技术来优化服务器和存储器之间的数据块传输，通过支持包含在存储器和服务器之间进行高容量数据块传递的软件，减少了发送时对数据块的分割，减少了对通信结点的预处理，实现了数据块的高密度传递，节省了带宽，使得光纤通道协议可以理想地应用于存储空间比较紧张的情况下。

②在 SAN 中，高性能的光纤交换机和光纤网络确保了设备连接的可靠和高效，提高了容错度。开放的、具有行业标准的光纤通道技术，使得 SAN 既具有 SCSI 接口高速的优势，又具有以太网网络构筑的灵活性，不仅允许更多的连接，还使服务器与存储器之间的距离可以延伸得很长，进行远距离（最长可达 150 km）的高性能光纤通道传输。

③集中化的存储备份，提高了利用一定的操作性能、数据的完整性和可靠性来确保关键的企业数据安全的可能。

④可伸缩的虚拟存储，将存储与主机的联系断开，可以动态地集中存储、分配存储量。可伸缩性简化了网络服务的使用和可扩展性，且提高了硬件投资的初期回报。

⑤高可用性和应用软件故障恢复环境，可以确保以较少的开销，使应用软件的可用性得到极大提高。

表 9.1 所示为 SAN 与 NAS 的比较简表。实际上，技术的发展是互补的。一种得以存在的技术往往是在吸取其他技术优点的基础上来生存和发展的。SAN 是目前人们公认的最具有发展潜力的存储技术方案，而未来 SAN 的发展趋势将是开放、智能与集成。NAS 是目前增长最快的一种存储技术，然而就二者的发展趋势而言，在应用层面上 SAN 和 NAS 将实现充分的融，NAS 软件逐渐使用 SAN 解决与存储扩展和数据备份/恢复相关的操作方法等。可以说，NAS 和 SAN 技术已经成为当今数据备份的主流技术，关键在于如何在此基础上开发完善全方位、多层次的数据备份系统，在分布式网络环境下，通过专业的数据存储管理软件，结合相应的硬件和存储设备，来对全网络的数据备份进行集中管理，从而实现自动化的备份、文件归档、数据分级存储以及灾难恢复等功能。

表 9.1　SAN 与 NAS 的比较

存储技术	SAN	NAS
协议	光纤通道协议	TCP/IP
应用	数据库处理 数据备份 故障恢复 存储合并	文件共享 数据远距离传输 以只读方式访问数据库
优点	高可用性 可靠数据传输 减少主干网数据通信量 配置灵活 性能优越 伸缩性强 方便集中管理 产品供应商多	无距离限制 使用和维护简便 共享文件扩充方便

9.3　物联网

物联网（the internet of things，IOT）是新一代信息技术的重要组成部分，它在互联网的基础上，将其用户端延伸和扩展到物品与物品之间，进行信息交换和通信的。

9.3.1　物联网定义

物联网有两层意思：物联网的核心和基础仍然是互联网，是在互联网基础上进行延伸和扩展的网络；其用户端延伸和扩展到了任意物品与物品之间，进行信息交换和通信。因此，物联网的定义是通过射频识别、红外感应器、全球定位系统、激光扫描器等信息传感设备，按约定的协议，把任何物品与互联网连接起来，进行信息交换和通信，以实现对物品的智能化识别、定位、跟踪、监控和管理。

近年来，物联网技术受到了全世界人民的广泛关注，是继计算机、互联网和移动通信之后的又一次信息产业的革命性发展。物联网产业具有产业链长、涉及多个产业群的特点，其应用范围几乎覆盖了各行各业。不同的阶段、不同的角度、不同的对象，对于物联网的定义是不同的。直至现在，物联网的定义仍然存在着争议。目前，美国、欧盟等国家和地区都在深入研究和探索物联网。我国也正在大力发展物联网产业，已经把物联网产业列为国家重点发展的五大战略性新兴产业。

和传统的互联网相比，物联网有其鲜明的特征。

首先，它是各种感知技术的广泛应用。物联网上部署了海量的多种类型的传感器，每个传感器都是一个信息源，不同类别的传感器所捕获的信息内容和信息格式不同。传感器获得的数据具有实时性，按一定的频率周期性地采集环境信息，不断更新数据。

其次，它是一种建立在互联网上的泛在网络。物联网技术的重要基础和核心仍旧是互联网，通过各种有线和无线网络与互联网融合，将物体的信息实时准确地传递出去。物联网上的传感器定时采集的信息需要通过网络传输，由于其数量极其庞大，形成了海量信息，在传输过程中，为了保障数据的正确性和及时性，必须适应各种异构网络和协议。

最后，物联网不仅仅提供了传感器的连接，其本身也具有智能处理的能力，能够对物体实施智能控制。物联网将传感器和智能处理相结合，利用云计算、模式识别等智能技术，扩充其应用领域。从传感器获得的海量信息中分析、加工和处理有意义的数据，以适应不同用户的不同需求，发现新的应用领域和应用模式。

9.3.2　物联网的技术框架

物联网是传统网络的延伸和扩展，将网络用户端延伸和扩展到物与物之间，是一种新型的信息传输和交换形式。物联网的体系结构分为 3 层，分别是感知层、网络层和应用层，如图 9.10 所示。

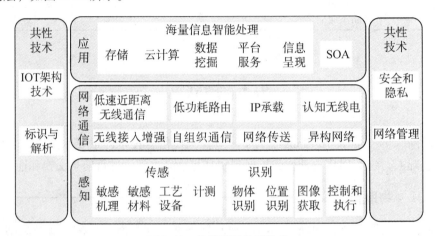

图 9.10　物联网的体系结构

（1）感知层

感知层即信息采集层，由各种传感器及传感器网关构成，包括二氧化碳浓度传感器、温度传感器、相对湿度传感器、二维码标签、RFID 标签和读写器、摄像头、GPS 等感知终端。感知层的作用相当于人的眼、耳、鼻、喉和皮肤等神经末梢，它是物联网获得识别物体，采集信息的来源，其主要功能是识别物体、采集信息。

（2）网络层

网络层由各种私有网络、互联网、有线和无线通信网、网络管理系统和云计算平台等组成，相当于人的神经中枢和大脑，负责传递和处理感知层获取的信息。网络层的作用是接收感知层传输的数据，并将数据发送到其他网络，控制命令发送给感知层。网络层的具体功能包括获取物品信息，获取感知层发送的物品数据，识别其中的 EPC 码，并在本地网关中注册，以便在 Internet、3G 或广电网等网络中传输。它还可把外部网络发送的数据转换成感知层可识别的数据格式，发送控制命令指将外部网络中的数据，经转换格式后发送给感知层。

（3）应用层

应用层是物联网和用户（包括人、组织和其他系统）的接口，它与行业需求结合，实现物联网的智能应用。如目前绿色农业、工业监控、公共安全、城市管理、远程医疗、智能家居、智能交通和环境监测等各个行业均有物联网应用的尝试。

9.3.3　物联网关键技术

（1）RFID

RFID 是 20 世纪 90 年代开始兴起的一种无接触自动识别技术，又称"电子标签"，是物联网核心技术之一，执行物联网的"眼"和"嘴"的功能，它的存在才使物品"开口说话"成为可能。

RFID 是一种非接触式的自动识别技术，它通过射频信号自动识别目标对象并获取相关数据，识别工作无须人工干预，可工作于各种恶劣环境。RFID 技术可识别高速运动物体并可同时识别多个标签，操作快捷方便。RFID 技术与互联网、通信等技术相结合，可实现全球范围内物品的跟踪与信息共享。

RFID 工作原理如下（图 9.11 所示为 RFID 系统的工作原理）：

①无线电载波信号经过射频读写器的发射天线向外发射。

②当 RFID 标签进入发射天线的作用区域时，RFID 标签就会被激活，经过天线将自身信息的数据发射出去。

③RFID 标签发出的载波信号被接收天线接收，并经过天线的调节器传输给读写器。对接收到的信号，射频读写器进行解调解码后再传送到后台的计算机控制器。

④该标签的合法性由计算机控制器根据逻辑运算进行判断，针对不同的设定做出相应的处理和控制。

⑤按照计算机发出的指令信号，控制执行机构的运作。

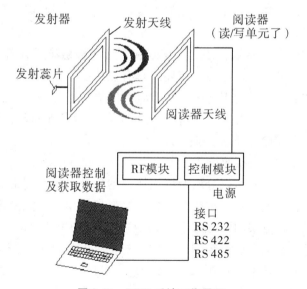

图 9.11　RFID 系统工作原理

⑥计算机通信网络通过将各个监控点连接起来，形成总控信息平台，根据不同的项目要求可以设计各不相同的软件来完成需要达到的功能。

利用 RFID 技术构造的物联网结构如图 9.12 所示。

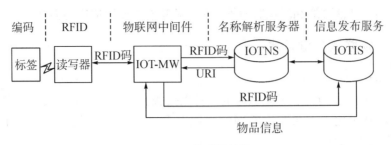

图 9.12　物联网结构

（2）无线传感网络技术

无线传感网是集分布式信息采集、传输和处理技术于一体的网络信息系统，以其低成本、微型化、低功耗和灵活的组网方式、铺设方式，以及适合移动目标等特点受到了广泛重视。物联网正是通过遍布在各个角落和物体上的形形色色的传感器以及由它们组成的无线传感网络，来感知整个物质世界的。目前，面向物联网的传感网，主要涉及以下几项技术。

①测试及网络化测控技术

综合传感器技术、嵌入式计算机技术、分布式信息处理技术等，协作地实时监测、感知和采集各种环境或监测对象的信息，并对其进行处理、传输。只有依靠先进的分布式测试技术与测量算法，才能满足日益提高的测试和测量需求。

②智能化传感网结点技术

传感网结点是一个微型化的嵌入式系统。在感知物质世界及其变化的过程中，需要检测的对象很多，如温度、压力、相对湿度、应变等，因此需要微型化、低功耗的传感网结点来构成无线传感网的基础层支持平台。这需要采用 MEMS 加工技术，设计符合物联网要求的微型传感器，使之可识别和配接多种敏感元器件，并适用于主动、被动各种检测方法。另外，传感网结点还应具有强的抗干扰能力，以适应恶劣工作环境的需求。这里重要的是，利用传感网结点具有的局域信号处理功能，在传感网结点附近完成一定的信号处理，使原来由中央处理器实现的串行处理、集中决策的系统，成为一种并行的分布式信息处理系统。

③传感网组织结构及底层协议

网络体系结构是网络的协议分层及网络协议的集合，是对网络及其部件应完成功能的定义和描述。传感网体系结构由分层的网络通信协议、传感网管理及应用支撑技术 3 部分组成。其中，分层的网络通信协议结构类似于 TCP/IP 体系结构，传感网管理技术主要是对传感器结点自身的管理以及用户对传感网的管理，分层协议和网络管理技术是传感网应用支撑技术的基础。

④对传感网自身的检测与自组织

传感网是整个物联网的底层和信息来源，网络自身的完整性、完好性和效率等性能至关重要，因此，需要对传感网的运行状态及信号传输通畅性进行监测，才能实现对网络的有效控制。在实际应用中，传感网中存在大量传感器结点，密度较高，当某一传感网结点发生故障时，网络拓扑结构有可能发生变化，因此，设计传感网时应考虑传感网的自组织能力、自动配置能力及可扩展能力。

⑤传感网安全性

传感网除了具有一般无线网络所面临的信息泄露、信息篡改、重放攻击、拒绝服务等多种威胁之外，还面临传感网结点容易被攻击者、物理操纵，获取存储在传感网结点中的信息，从而控制部分网络的安全威胁。这显然需要通过其他网络安全技术来提高传感网的安全性能。例如，在通信前进行结点与结点的身份认证，设计新的密钥协商算法，对传输信息加密，解决窃听问题，保证网络中的传感信息只有可信实体才可以访问，采用一些跳频和扩频技术来减轻网络堵塞等问题。

此外，物联网的核心技术还包括，嵌入式系统技术。该技术是综合了计算机软硬件、传感器技术、集成电路技术、电子应用技术为一体的复杂技术。经过几十年的演变，以嵌入式系统为特征的智能终端产品随处可见；小到人们身边的 MP3，大到航天航空的卫星系统。嵌入式系统正在改变着人们的生活，推动着工业生产以及国防工业的发展。如果把物联网用人体做一个简单比喻，传感器相当于人的眼睛、鼻子、皮肤等感官，网络就是神经系统用来传递信息，嵌入式系统则是人的大脑，在接收到信息后要进行分类处理。这个例子很形象地描述了传感器、嵌入式系统在物联网中的位置与作用。

9.3.4　应用领域

物联网的行业特性主要体现在其应用领域，目前绿色农业、工业监控、公共安全、城市管理、远程医疗、智能家居、智能交通和环境监测等各个行业均有物联网应用的尝试，某些行业已经积累了一些成功的案例。

（1）智能家居

智能家居产品融合自动化控制系统、计算机网络系统和网络通信技术于一体，将各种家庭设备（如音频视频设备、照明系统、窗帘控制、空调控制、安防系统、数字影院系统、网络家电等）通过智能家庭网络联网实现自动化，通过宽带、固话和4G 或5G 网络，可以实现对家庭设备的远程操控。与普通家居相比，智能家居不仅提供了舒适宜人且高品位的家庭生活空间，实现了更智能的家庭安防系统；还将家居环境由原来的被动静止结构转变为具有主动智慧的工具，提供全方位的信息交互功能。

（2）智能医疗

智能医疗系统借助简易实用的家庭医疗传感设备，对家中病人或老人的生理指标进行自测，并将生成的生理指标数据通过固定网络、4G 或5G 网络传送到护理人或有关医疗单位。根据客户的需求，还可提供相关增值业务，如紧急呼叫救助服务、专家咨询服务、终生健康档案管理服务等。

（3）智能环保

智能环保产品通过对实施地表水水质的自动监测，可以实现水质的实时连续监测和远程监控，及时掌握主要流域重点断面水体的水质状况，预警、预报重大或流域性水质污染事故，解决跨行政区域的水污染事故纠纷，监督总量控制制度落实情况。例如，太湖环境监控项目通过安装在环太湖地区的各个监控的环保和监控传感器，将太湖的水文、水质等环境状态提供给环保部门，实时监控太湖流域水质情况，并通过互联网将监测点的数据报送至相关管理部门。

（4）智能交通

智能交通系统包括公交行业无线视频监控平台、智能公交站台、电子票务、车管专家和公交手机一卡通 5 种业务。公交行业无线视频监控平台利用车载设备的无线视频监控和 GPS 定位功能，对公交运行状态进行实时监控。智能公交站台通过媒体发布中心与电子站牌的数据交互，实现公交调度信息数据的发布和多媒体数据的发布，还可以利用电子站牌实现广告发布等功能。

电子门票是二维码在手机凭证业务方面的典型应用，从技术实现的角度而言，手机凭证业务就是以手机为平台、以手机身后的移动网络为媒介，通过特定的技术实现完成凭证功能的过程。

车管专家利用 GPS、无线通信技术（CDMA）、地理信息系统技术（GIS）、3G 通信等高新技术，将车辆的位置与速度，车内外的图像、视频等各类媒体信息及其他车辆参数等进行实时管理，有效满足用户对车辆管理的各类需求。

公交手机一卡通将手机终端作为城市公交一卡通的介质，除完成公交刷卡功能外，还可以实现小额支付、充值等功能。

测速 E 通过将车辆测速系统、高清电子警察系统的车辆信息实时接入车辆管控平台，同时结合交警业务需求，基于地理信息系统通过无线通信模块实现报警信息的智能、无线发布，从而快速处置违法、违规车辆。

（5）智能农业

智能农业产品通过实时采集室内温度、相对湿度信号及光照、土壤温度，叶面湿露点温度等环境参数，自动开启或者关闭指定设备。可以根据用户需求，随时进行处理，为设施农业综合生态信息自动监测、对环境进行自动控制和智能化管理提供科学依据。通过模块采集温度传感器等信号，经由无线信号收发模块传输数据，实现对大棚温度、相对湿度的远程控制。智能农业产品还包括智能粮库系统，该系统通过将粮库内温度、相对湿度变化的感知与计算机或手机的连接进行实时观察，记录现场情况，以保证粮库内的温度、相对湿度的平衡。

（6）智能物流

智能物流打造了集信息展现、电子商务、物流配载、仓储管理、金融质押、园区安保、海关保税等功能为一体的物流园区综合信息服务平台。信息服务平台以功能集成、效能综合为主要开发理念，以电子商务、网上交易为主要交易形式，建设了高标准、高品位的综合信息服务平台，并为金融质押、园区安保、海关保税等功能预留了接口，可以为园区客户及管理员提供一站式综合信息服务，如图 9.13 所示。

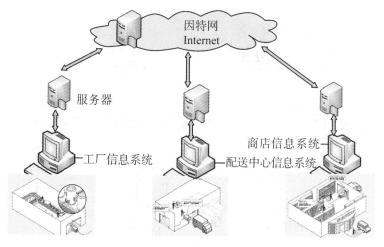

图 9.13　智能物流应用

9.4　云计算

"云"是一些可以自我维护和管理的虚拟计算资源，通常是一些大型服务器集群，包括计算服务器、存储服务器、宽带资源等。云计算将所有的计算资源集中起来，并由软件实现自动管理，无须人为参与，它是通过互联网实现的。

9.4.1　云计算定义

（1）狭义云计算

狭义云计算通过网络以按需、易扩展的方式获得所需的资源（硬件、平台、软件）。提供资源的网络被称为"云"。"云"中的资源在使用者看来是可以无限扩展的，并且可以随时获取、按需使用、随时扩展、按使用付费。

（2）广义云计算

广义云计算指通过网络以按需、易扩展的方式获得所需的服务。这种服务可以是IT 和软件、互联网相关的，也可以是其他服务。

云计算是并行计算（parallel computing）、分布式计算（distributed computing）和网格计算（grid computing）的发展，或者说它是这些计算机科学概念的商业实现。其结构如图 9.14 所示。

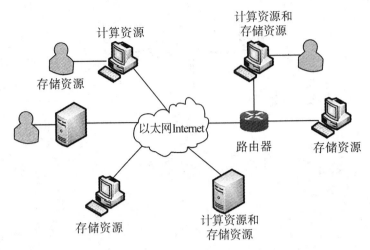

图 9.14　云计算结构图

9.4.2　云计算的特点

云计算平台与传统应用模式相比，具有如下特点。

（1）虚拟化技术

现有的云计算平台的最大的特点是利用软件来实现硬件资源的虚拟化管理、调度及应用。用户通过虚拟平台使用网络资源、计算资源、数据库资源、硬件资源、存储资源等，与在自己的本地计算机上使用的感觉是一样的，相当于操作自己的计算机，而在云计算中利用虚拟化技术可大大降低维护成本并提高资源的利用率。

（2）灵活定制

在云计算时代，用户可以根据自己的需要或喜好定制相应的服务、应用及资源，云计算平台可以按照用户的需求来部署相应的资源、计算能力、服务及应用。用户不必关心资源在哪里、如何部署，只需要把自己的需求告诉云即可，云将返回给用户定制的结果。用户也可以对定制的服务进行管理，如退订或删除一些服务等。

（3）动态可扩展性

在云计算体系中，用户可以将服务器实时加入现有服务器群中，提高"云"处理能力，如果某计算结点出现故障，则通过相应策略抛弃该结点，并将其任务交给别的结点，而在结点故障排除后可实时加入现有集群。

（4）高可靠性和安全性

用户数据存储在服务器端，而应用程序在服务器端运行，计算由服务器端来处理。所有的服务分布在不同的服务器上，如果有结点出现问题，则终止它，并再启动一个程序或结点，即自动处理失败结点，保证了应用和计算的正常进行，而用户端不必备份，可在任意点恢复。

云计算服务器端有了最可靠、最安全的数据存储中心，有全世界最专业的团队管理信息，有全世界最先进的数据中心保存数据，严格的权限管理策略可以帮助用户放心地与指定的人共享数据。数据被复制到多个服务器结点上，存储在云中的数据即使意外删除或硬件崩溃都不会受到影响。

（5）高性价比

云计算对用户端的硬件设备要求最低，使用起来也最方便，软件不用购买和升级，只需定制即可，服务器端也可以用价格低廉的 PC 组成云，计算能力却可超过大型主机，用户在软硬件维护和升级上的投入大大减少了。

（6）数据、软件在云端（服务器端）

在云计算模式下，用户的所有数据直接存储在云端，在需要的时候直接从云端下载使用。用户使用的软件由服务商统一部署在云端，软件维护由服务商来完成，当个人计算机出现故障或崩溃时，也不会影响该用户对其软件的试用，用户只需要换一个 PC 即可继续自己的工作，包括文档实时编辑和协作开发等。

（7）超强大的计算和存储能力

用户可以在任何时间、任意地点，采用任何设备登录到云计算系统后并进行计算服务，云计算云端由成千上万台甚至更多服务器组成，具有无限空间、无限速度。

云计算虽然为我们提供了存储服务，但是我们还应该意识到其存在的潜在危险。目前云计算服务垄断在私人机构（企业）手中，仅能够提供商业信用。对于政府机构、商业机构（特别像银行这样持有敏感数据的商业机构）对于选择云计算服务应保持足够的警惕。一旦商业用户大规模使用私人机构提供的云计算服务，无论其技术优势有多强，都不可避免地让这些私人机构以"数据（信息）"的重要性挟制整个社会。对于信息社会而言，"信息"是至关重要的。

云计算中的数据对于数据所有者以外的其他用户云计算用户是保密的，但是对于提供云计算的商业机构而言确实毫无秘密可言。所有这些潜在的危险，是商业机构和政府机构选择云计算服务、特别是国外机构提供的云计算服务时，不得不考虑的一个重要的前提。

9.4.3 云计算的服务层次

在云计算中，根据其服务集合所提供的服务类型，整个云计算服务集合被划分成 4 个层次：应用层、平台层、基础设施层和虚拟化层。这 4 个层次的每一层都对应着一个子服务集合，云计算服务层次如图 9.15 所示。

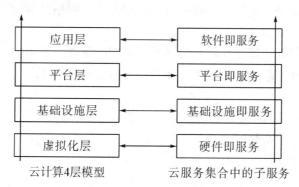

云计算4层模型　　　　云服务集合中的子服务

图 9.15　云计算的服务层次

云计算的服务层次是根据服务类型即服务集合来划分的，与大家熟悉的计算机网络体系结构中层次的划分不同。在计算机网络中每个层次都实现一定的功能，层与层之间有一定的关联。而云计算体系结构中的层次是可以分割的，即某一层次可以单独完成一项用户的请求而不需要其他层次为其提供必要的服务和支持。

云计算服务分类如下：

（1）软件服务

软件服务（SaaS）可能是最普遍的云服务开发类型。有了 SaaS，一个独立的应用通过供应商的服务器交付给成千上万的使用者。客户不必为拥有软件而支付费用，确切地说，他们支付使用费。用户通过 Web 可以访问 API。

供应商所服务的每一个组织都称为一个租户，这种类型的安排称为多租户架构。供应商的服务器被虚拟地划分成多个部分，从而使每个组织都可以利用定制的应用实例进行工作。

对客户而言，SaaS 无须前期的服务器或软件许可投资。对应用开发者而言，只需要为多个客户端维护一个应用。

许多不同类型的公司都在利用 SaaS 模型开发应用。

（2）平台服务

平台服务（PaaS）是 SaaS 的一个变种，整个开发环境作为一个服务而提供。开发者利用供应商开发环境中的"结构单元"来创建自己的客户应用。这在某种程度上像利用 Legos 构造应用，尽管最终应用在一定程度上受到了可用代码块的限制，但利用这些预定义的代码块，应用的构建变得更容易。

（3）Web 服务

Web 服务就是在网络中，通常是 Internet 中运行的应用，即 Web 服务就是能够通过 Internet 访问的 API。用户所请求的服务运行在远端系统上，后者充当服务的宿主。

这种类型的 Web 服务使得用户能够利用 Internet 中共享的功能，而不是提供自己的完整的应用程序。这种做法的最终结果是实现一个定制的、基于 Web 的应用程序，该程序的大部分由第三方提供，因而减轻了传统应用程序在开发和带宽方面的需求。

例如，谷歌地图 API 用户所创造的"整合应用"。利用这些定制的应用程序，供应给地图的数据由开发者提供，而创造地图本身的引擎则由谷歌提供。开发者无需编写代码或提供地图应用，只要连接到谷歌的 Web API 即可。

Web 服务的优点是更快的、更低成本的应用开发，更精简的应用和较少的存储和带宽需求。

实际上，Web 服务使得开发者每次开发新应用时不必重复开发相同的功能。利用来自 Web 服务提供商的代码，可使其开发自己的应用时更容易。

（4）按需计算

按需（on-demand）计算将计算机资源（处理能力，存储等）打包成类似公共设施的可计量的服务。在这种模式中，客户只需为其所需的处理能力和存储支付费用。

具有很大的需求高峰并伴有低得多的正常使用期的公司特别受益于按需计算。当然，该公司需要为高峰使用支付更多费用，但当高峰结束，正常使用模式恢复时，支付费用会少得多。

按需计算服务的客户端基本上将这些服务作为异地虚拟服务器来使用。无需投资自己的物理基础设施，公司与云服务提供商之间执行现用现付的方案。

按需计算本身并不是一个新概念，但它因云计算而获得新的概念。以前按需计算由一台服务器通过某种分时方式而提供，而现在它的服务基于大型的计算机网格，作为一个独立的云运行。

在云计算服务体系结构中各层次与相关云产品对应。

①应用层对应 SaaS 软件即服务，如 Google APPS、SoftWare+Services。

②平台层对应 PaaS 平台即服务，如 IBM IT Factory、Google APP Engine、Force．com。

③基础设施层对应 IaaS 基础设施即服务，如 Amazo Ec2、IBM Blue Cloud、Sun Grid。

④虚拟化层对应硬件即服务，结合 PaaS 提供硬件服务，包括服务器集群及硬件检测等服务。

9.4.4 云计算的关键技术

云计算是一种新型的超级计算方式，以数据为中心，是一种数据密集型的超级计算。在数据存储、数据管理、编程模式等方面具有独特的技术。

（1）数据存储技术

以 GFS 为例：GFS 是一个管理大型分布式数据密集型计算的可扩展的分布式文件系统。它使用廉价的商用硬件搭建系统并向大量用户提供容错的高性能服务。GFS 和普通的分布式文件系统的区别如表 9.2 所示。

表 9.2　GFS 和分布式文件系统的比较

	GFS	传统分布式文件系统
组件失败管理	不作为 exception 处理	作为 exception 处理
文件大小	少量大文件	大量小文件
数据写方式	在文件末尾附加数据	修改现存数据
数据流和控制流	数据流和控制流分开	数据流和控制流结合

GFS 系统由一个 Master 和大量块服务器构成的。Master 存放文件系统的所有的元数据，包括名称空间、存取控制、文件分块信息、文件块的位置信息等。GFS 中的文件划分为 64MB 的块进行存储。在 GFS 文件系统中，采用冗余存储的方式来保证数据的可靠性。每份数据在系统中保存 3 个以上的备份。为了保证数据的一致性，数据的所有修改需要在所有的备份上进行，并用版本号的方式来确保所有备份处于一致的状态。客户端不通过 Master 读取数据，避免了大量读操作。客户端从 Master 获取目标数据块的位置信息后，直接和块服务器交互进行读操作。

系统在进行文件存储时先通过客户端连接管理结点，读取 root．dat 文件数据，检验该用户是否存在，并获取用户数据块文件所在结点的 IP 地址。通过读取 node．dat 文件从管理结点读取子结点的 IP 地址列表，根据以上信息完成对数据的分割，启动多线程函数，同时连接各子结点将数据分别保存在各个结点上，更新 username 表以备访问时重新找到文件的分布情况。uesername 文件将被存储于某一结点上，管理结点会根据现有 username 文件的分布情况向用户分配一个结点的 IP 地址来存放 username 文件，如图 9.16 所示。

（2）编程模型技术

当前各 IT 厂商提出的"云"计划的编程工具均基于 Map-Reduce 编程模型。Map-Reduce 是一种处理和产生大规模数据集的编程模型，程序员在 Map 函数中指定对各分块数据的处理过程，在 Reduce 函数中指定如何对分块数据处理的中间结果进行归约。

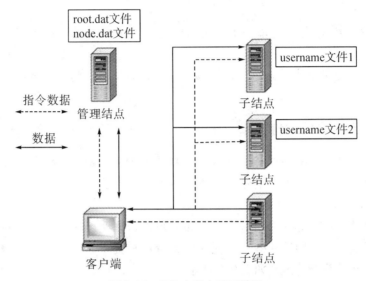

图 9.16　GFS 文件存储系统图

通过上面的研究可以知道，云计算将会对经济、生活带来巨大的影响，其不仅对大、中、小企业，对全球的经济格局也会造成不可预测的变革。各大公司都在投入大量资金研究云计算，打造自己的云计算平台以使自己在未来立足，如 IBM 的蓝云计划。Microsoft 也在开发新一代的平台蓝天系统，其系统就是为了云计算这一技术开发的。未来的系统很有可能都是云计算系统。因为没有控制硬件这一要求，所以云计算系统将会大大的缩小。云计算终端系统竞争将会呈现"群雄逐鹿"之势，云计算系统的推出，将会带来全球计算机网络技术的大变革。

项目实践

分成 3~4 人一组，完成下列实验，提交实验报告。

1. 多端口路由器互连

（1）任务目标

①掌握交换机 VLAN 配置过程。

②掌握路由器接口配置过程。

③验证 VLAN 间 IP 分组传输过程。

（2）任务原理

①连接在某个 VLAN 上的终端可以与连接在该 VLAN 上的其他终端和路由器物理接口直接通信。

②连接在不同 VLAN 上的终端之间通信需要经过路由器转发。具体结构详见图 9.17、图 9.18。

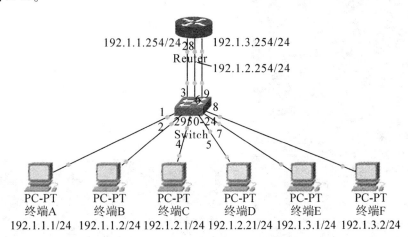

图 9.17　VLAN 间 IP 分组传输过程

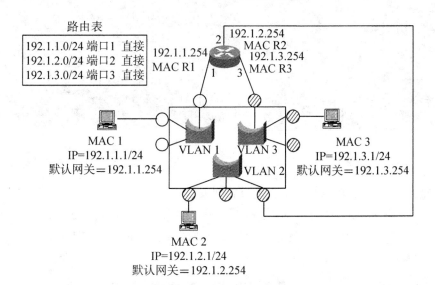

图 9.18　终端之间的通信

（3）任务步骤

①在交换机中创建 VLAN2、VLAN3 和 VLAN4。

②将交换机端口 1、2、3 作为非标记端口（Access）分配给 VLAN2，4、5、6 配给 VLAN3，7、8、9 配给 VLAN3，见图 9.19。

③为路由器连接各 VLAN 的物理接口配置 IP 地址和子网掩码。确定接口连接的 VLAN，见图 9.20。

```
interface FastEthernet0/1
switchport access vlan 2
switchport mode access
interface FastEthernet0/2
switchport access vlan 2
interface FastEthernet0/3
switchport access vlan 2
interface FastEthernet0/4
switchport access vlan 3
interface FastEthernet0/5
switchport access vlan 3
interface FastEthernet0/6
switchport access vlan 3
interface FastEthernet0/7
switchport access vlan 4
interface FastEthernet0/8
switchport access vlan 4
interface FastEthernet0/9
```

```
interface FastEthernet0/0
ip address 192. 1. 1. 254 255. 255. 255. 0
no shutdown
interface FastEthernet0/1
ip address 192. 1. 2. 254 255. 255. 255. 0
no shutdown
interface FastEthernet1/0
ip address 192. 1. 3. 254 255. 255. 255. 0
no shutdown
```

图 9.19　配置 VLAN　　　　　　　图 9.20　配置 IP 地址和子网掩码

④为各终端配置 IP 地址、子网掩码和网关。

⑤通过 PING 操作验证属于不同 VLAN 终端之间的 IP 分组传输过程。

⑥进入模拟操作模式，单选 ICMP 报文类型，通过简单报文工具启动 A-F 间 PING 操作，查看 IP 分组，如图 9.21 所示。

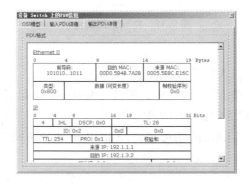

图 9.21　IP 分组结果

2. IP SAN 网络存储

在 SAN 网络中，所有的数据传输在高速、高带宽的网络中进行，SAN 存储实现的是直接对物理硬件的块级存储访问，提高了存储的性能和升级能力。iSCSI（互联网小型计算机系统接口）是一种在 TCP/IP 上进行数据块传输的标准。它是由 Cisco 和 IBM 两家发起的，并且得到了各大存储厂商的大力支持。iSCSI 可以实现在 IP 网络上运行 SCSI 协议，使其能够在诸如高速千兆以太网上进行快速的数据存取备份操作。

（1）任务目标

·了解 IP SAN 意义。

·掌握 ISCSI 的图形化配置。

·通过实验，掌握 ISCSI 配置的实现方法。

（2）完成任务所需设备和软件

虚拟机：Windows server 2012、Starwind、Microsoft iSCSI Initiator 等软件。

（3）任务步骤

iSCSI 是一种新兴的存储协议，全称是 Internet SCSI，和传统的 SCSI 设备不同，iSCSI 存储设备使用 IP 网络来进行数据的传输。这样的好处就是网络中的任何一台主机都可以使用 iSCSI 存储设备作为自己的存储设备。

①启动虚拟机，并设置虚拟机的 IP 地址，以虚拟机为目标主机进行试验。

②设置存储控制器，添加 target。

打开 Starwind 软件，看到如下图 9.22 所示界面。

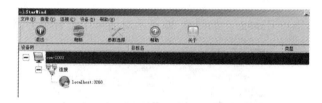

图 9.22　启动 Starwind 软件

③右键 localhost：3260，点击 connect 按钮，如下图所示，其中 username 为：test，Password 为：test）如图 9.23 所示。

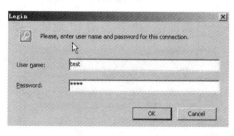

图 9.23　登陆界面

④连接完成出现界面如图 9.24 所示。

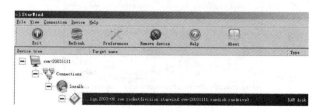

图 9.24　完成连接界面

⑤配置已经完成，现在进入客户端 Initiator（发起方）的配置。

双击 Microsoft iSCSI initiator 进行配置首先修改 Initiator name，在 General 标签下点 Change，如图 9.25 所示。

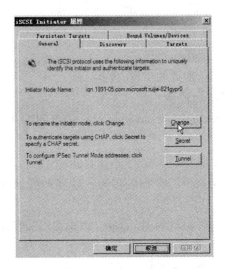

图 9.25　客户端 Initiator（发起方）的配置

在 General 标签下点 Change，如图 9.26 所示对话框中设置服务器端名称。

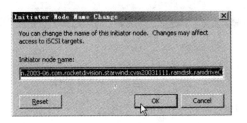

图 9.26　设置服务器端口名称

再点击 Discovery 标签，可添加存储控制器的 IP 地址，如图 9.27 所示。

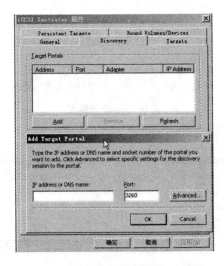

图 9.27　添加存储控制器的 IP 地址

如果此发起方和服务器上所设置的 Host 一致，则会在 Target 标签显示现有的目标，如图 9.28 所示。

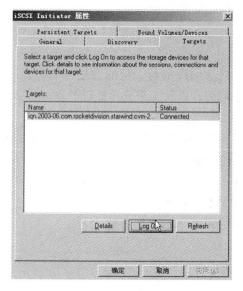

图 9.28　完成连接

（4）验证测试

在客户端 iSCSI initiator 的 Target 标签中选择要加载的分区，点击"Log On"登录；如果需要开机自动加载分区，则把上面的选项选中，再点"OK"，如图 9.29 所示。

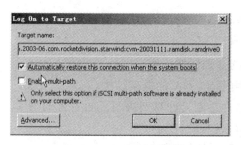

图 9.29　开机自动加载分区

此时发起方程序会系统中为 Host 所分配的 Wintarget Disk 作为本地磁盘一样进行连接，你现在需要在计算机管理中为此磁盘进行初始化和创建分区，完成后即可像本地磁盘一样进行读写，如图 9.30 所示。

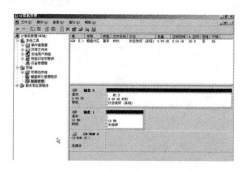

图 9.30　网络磁盘的建立连接

3. 初识云计算

（1）任务目标

·能熟练使用百度、Google 等搜索系统。

·了解云计算的基本概念、分类、特点及开源云计算平台的各种软硬件平台等。

（2）任务内容

本任务主要是是一个概念的理解与识记的过程，掌握云计算作为服务计算应有的特点，了解云计算的发展趋势，以及未来云计算对产业链的影响，具体内容为：

·通过浏览器搜索相关概念。

·理解云计算的基本概念、分类、特点、关键技术、架构等。

（3）完成任务所需设备和软件

·安装 Windows Server 2012 系统的计算机 1 台。

·Windows Server 2012 安装光盘。

4. 安装与配置 Virtual Center Server 服务器

（1）任务目标

·了解云计算基础架构。

·了解云计算各层次组件功能。

·能利用云计算核心架构竞争力的衡量维度，从节源、开流的角度衡量分析框架的优劣。

·能熟练使用 Visio 绘图软件绘制云计算架构图。

（2）任务内容

本任务要求使用 Visio 绘图软件绘制云计算架构图，具体内容为：

·熟悉 Visio 绘图软件。

·了解云计算平台的基础框架体系。

·从服务的角度了解基于 SOA 的框架结构。

·使用 Visio 绘图软件绘制云计算架构图，如图 9.31 所示。

（3）完成任务所需设备和软件

·已安装 Windows 系统的计算机 1 台。

·Microsoft Visio 2010 绘图软件安装包。

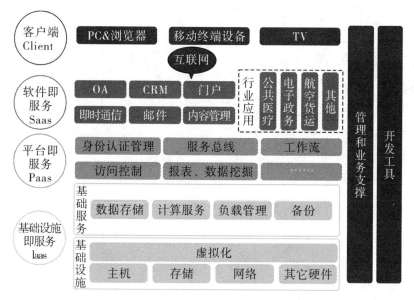

图9.31　云计算架构图

分组讨论

分成3~4人一组，讨论下列问题，提交讨论报告。

SAN网络存储是一种高速网络或子网络，SAN存储系统提供在计算机与存储系统之间的数据传输。在iSCSI Target中为iSCSI Initiator的接入配置认证，如何提高系统安全性？

习题

1. 画出不同的WLAN组网方案。
2. 第3层交换机通过哪些技术实现？
3. 查阅资料，了解SAN与NAS软件、硬件产品。
4. 请给出SAN与NAS融合的方案。
5. IPv6与IPv4相比，有哪些优越性？
6. IPv4如何实现向IPv6的平滑过渡？
7. 简述目前IPv6还有哪些研究课题。
8. 物联网由哪些技术和设备构成？
9. 说明RFID系统的工作原理。
10. 云技术有哪些服务？需要什么样的基础？

参考文献

[1] [美] 特南鲍姆, 韦瑟罗尔. 计算机网络 [M]. 第 5 版. 严伟, 潘爱民, 译. 北京: 清华大学出版社, 2012.

[2] [美] 库罗斯, 罗斯. 计算机网络 [M]. 原书第 6 版. 陈王属, 译. 北京: 机械工业出版社, 2014.

[3] 王达. 深入理解计算机网络 [M]. 北京: 水利电力出版社, 2017.

[4] 张少军, 谭志. 计算机网络与通信技术 [M]. 2 版. 北京: 清华大学出版社, 2017.

[5] 罗娅. 计算机网络基础 [M]. 北京: 清华大学出版社, 2011.

[6] 王辉, 雷聚超. 计算机网络原理及应用 [M]. 北京: 清华大学出版社, 2019.

[7] 于鹏. 计算机网络技术基础 [M]. 北京: 电子工业出版社, 2018.

[8] 薛力刚. 计算机网络原理创新教程 [M]. 北京: 水利水电出版社, 2017.

[9] 芮廷先, 陈岗, 曹凤. 计算机网络 [M]. 北京: 清华大学出版社、北京交通大学出版社, 2013.

[10] 石勇, 卢浩, 黄继军. 计算机网络安全教程 [M]. 北京: 清华大学出版社, 2012.

[11] 刘江, 杨帆. 计算机网络实验教程 [M]. 北京: 人民邮电出版社, 2018.

[12] 洪家军, 陈俊杰. 计算机网络与通信-原理与实践 [M]. 北京: 清华大学出版社, 2018.

[13] 吴功宜, 吴英. 计算机网络. 4 版 [M]. 北京: 清华大学出版社, 2017.

[14] 谢希仁. 计算机网络. 7 版 [M]. 北京: 电子工业出版社, 2017.

[15] 张波. 计算机网络应用基础 [M]. 北京: 高等教育出版社, 2019.

[16] 杨云江, 高鸿峰. 计算机网络基础 [M]. 北京: 清华大学出版社, 2016.

[17] 石鉴, 肖观滨. 计算机网络基础 [M]. 北京: 高等教育出版社, 2018.

[18] 石淑华, 池瑞楠. 计算机网络安全技术 [M]. 北京: 人民邮电出版社, 2016.

[19] 袁津生. 计算机网络安全基础 [M]. 北京: 人民邮电出版社, 2018.

［20］王秋华.计算机网络技术实践教程：基于 Ciso Packet Tracer ［M］.西安：西安电子科技大学出版社，2019.

［21］薛涛.计算机网络基础［M］.北京：电子工业出版社，2015.

［22］黄永峰，田晖，李星.计算机网络教程［M］.北京：清华大学出版社，2018.